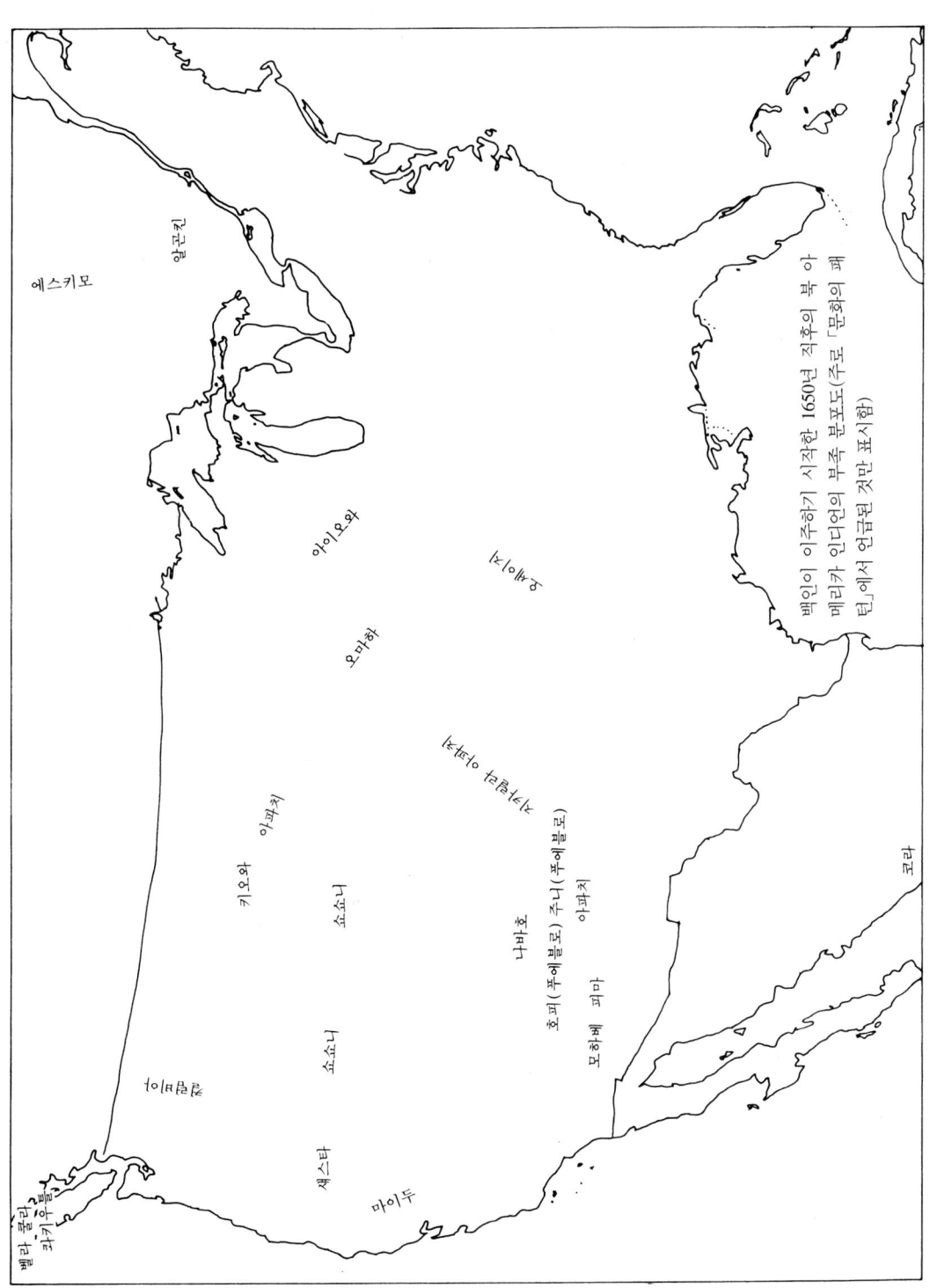

백인이 이주하기 시작한 1650년 직후의 북 아메리카 인디언의 부족 분포도(주로 「문화의 패턴」에서 언급된 것만 표시함)

에스키모

알곤킨

아이오와

오마하

오마하

다코타

앨곤킨

키오와

아파치

쇼쇼니

쇼쇼니

나바호

호피(푸에블로) 주니(푸에블로) 아파치

주마

파이유트

주마

체스티

마이두

벨라 쿨라

콰키우틀

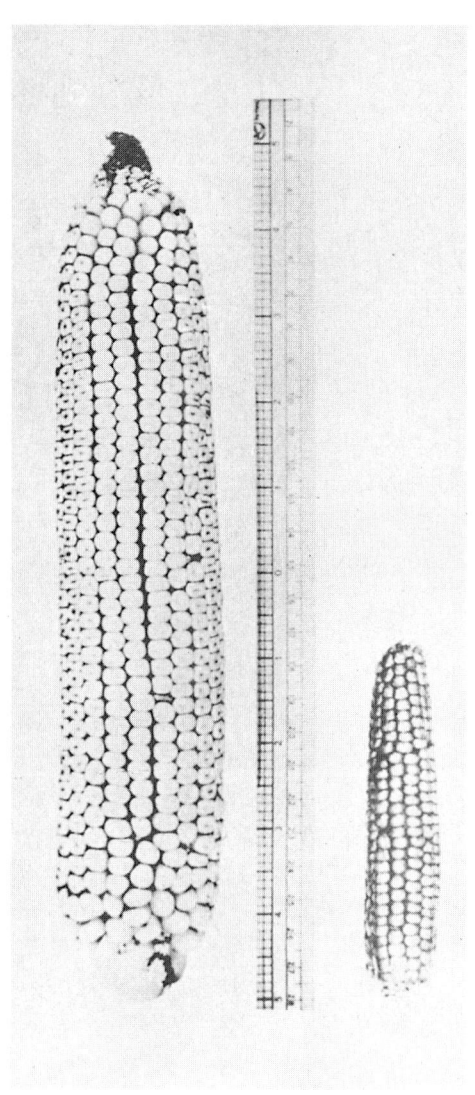

1,500년 전쯤에 콜로라도의 바스켓 메이커 족이 재배한 옥수수. 지금의 옥수수 길이의 채 절반이 되지 않는다.

호피 족의 영양 결사(羚羊結社)의 사제 (1897년 촬영).

역사 이전 시대의 푸에블로 문화의 대형 키바의 내부 모습.

푸에블로 족의 키바의 내부. 여러 가지 상징적인 장식들이 세워져 있으며 뱀은 뒤에 숨은 사람들이 조종한다. 막을 양쪽에서 잡고 있는 사람들은 진흙 가면을 쓰고 있으며 오른쪽의 인물은 여성 카치나이다.

호피 족의 뱀춤

호피 족의 키바에서 비를 비는 의식을 그린 그림. 가운데가 제단인데, 뱀은 구름에서 생겨나는 번개를 형성하고 있다. 제단 주위에는 기도봉이 꽂혀 있다.

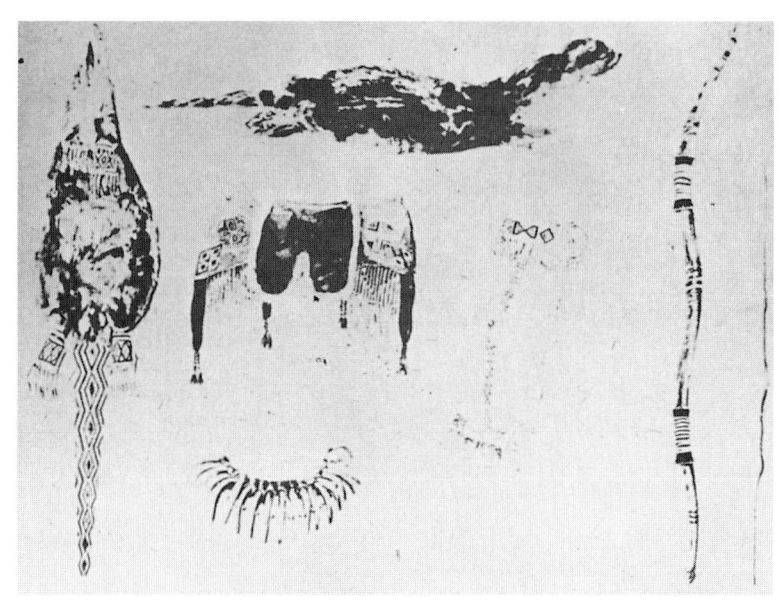

왼쪽으로부터 신성한 주물이 든 꾸러미, 안장 방석, 목걸이, 의식용의 활(오마하 족의
것으로 추정, 1830년대의 스케치).

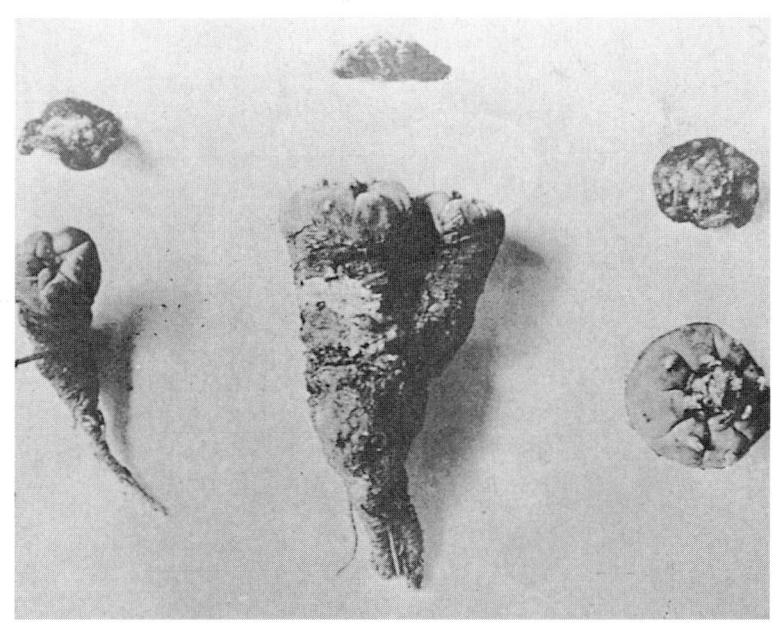

페요테와 그 꼭지 부분들.

포틀래치의 항로에 오른 카누를 재현한 것. 고물에 서 있는 것이 추장이고, 그 앞에 곰춤을 출 사람이 있다. 북을 치고 있는 사람은 샤먼이다.

북서 해안 지방 부족들의 생활 모습. 전면에 마을이 보이고 추장의 카누에 독수리로 분장한 사람이 있는 것을 볼 때 추장이 의식을 행하러 가고 있음을 알 수 있다. 왼쪽에서는 창으로 연어를 잡고 있으며 오른쪽에서는 불로 나무 껍질을 벗기고, 나무를 자르고 있다.

콰키우틀 족의 추장과 포틀래치 교환에서 가장 값
진 것으로 꼽히는 구리판. 추장은 교역에 쓰이는
담요를 입고 있으며 담요에는 조개 단추가 장식으
로 붙어 있다(1895년께 촬영).

포틀래치 행사에서 연설하는 콰키우틀 족의 추장. 그의 앞에 담요가 쌓여 있다. 청중들은 각
자의 지위에 따라서 앉아 있다(1890년대의 판화).

가면을 쓴 콰키우틀 족의 춤추는 사람들(1910년께 한 추장의 집 앞에서 찍은 사진).

브리티시 컬럼비아 중부의 해안 마을. 토템 폴이 세워져 있다(콰키우틀 족으로 추정. 1880년대 촬영).

루스 베네딕트

# 문화의 패턴

김열규 옮김

까치

Patterns of Culture

by Ruth Benedict, 1934

역자 김열규
인제대학교 국문학과 교수.
저서 : 「한국 민속과 문학 연구」, 「한국 신화와 무속 연구」, 「한국의 신화」

© 까치글방 1993

# 문화의 패턴

저자 / 루스 베네딕트
역자 / 김열규
발행처 / 까치글방
발행인 / 박종만
주소 / 서울시 마포구 월드컵로 31(합정동 426-7)
전화 / 02 · 735 · 8998, 736 · 7768
팩시밀리 / 02 · 723 · 4591
홈페이지 / www.kachibooks.co.kr
전자우편 / kachisa@unitel.co.kr
등록번호 / 1-528
등록일 / 1977. 8. 5
초판 1쇄 발행일 / 1980. 10. 10
    22쇄 발행일 / 2014. 10. 15

값 / 뒤표지에 쓰여 있음

# 새로 쓴 서문

4반 세기 동안 루스 베네딕트의 「문화의 패턴」은 인류학을 이해하는 데 알맞고도 자극적인 입문서 구실을 해왔다. 14개국 말로 번역되고 멘토르(A Mentor Book) 판만으로도 80만 부 이상 발행된 「문화의 패턴」은 과학과 인문학이 아직도 매우 멀리 떨어져 있던 시대에 이들을 결합시키는 데 보탬이 되었다.

1921년 루스 베네딕트가 인류학의 작업을 처음 시작했을 때, 오늘날 우리가 부모로부터 자녀들에게 전승되는 교양있는 행동의 체계적인 조직에 대하여 사용하는 "문화"라는 말은 단지 조그마한 기술 집단에 불과했던 전문적인 인류학자들이 사용하는 용어의 하나일 뿐이었다. 오늘의 현대 세계는 보다시피 이 문화라는 개념에 퍽 익숙해졌고, "우리의 문화에서는"이라는 말이 흡사 시대와 장소를 가리키는 말이기나 하듯이 교육받은 남녀의 입에서 아주 자연스럽게 나오고 있는데, 이것은 거의 대부분 이 책의 덕분이다.

이 책은 과거에도 그랬고 지금도 그렇지만 몇 가지 점에서 중요성을 지닌다. 첫째 이 책은 상이한 문화의 비교 연구에 의하여 시야를 확대하는 데에 우리가 가진 최상의 입문서이며, 또 우리는 이 연구를 통하여 사회적으로 전승된 우리 자신의 관습적인 행동을 우리와 다른 아주 이상한 민족의 행동과 비교해볼 수 있다. 루스 베네딕트는 비교의 방식을 사용하여 미국, 영국, 프랑스에서 인류학이라는 전반적으로 발전하는 학문을 대변하게 되었다. 그렇듯 명확하고 독특한 방식으로 말했다는 점이 그녀의 탁월한 점이다.

이러한 토대 위에서 그녀는 그녀 나름의 독특한 논의를 전개시켰다. 그것은 인간의 문화를 "대서 특필된 성격(personality write large)"으로 보는 견해, 즉 각각의 문화는 아무리 보잘것없고 미개하더라도 혹은 아무리 크고 복잡하더라도 거대한 호(弧)와 같은 인간의 잠재력에서 어떤 특성들을 선택하여, 어느 한 개인이 평생토록 할 수 있는 것보다 더 많은 힘을 쏟고 열성을 기울여서 그 특성들을 정교하게 만든 것이라고 보는 견해를 담고 있다. 그녀는 자신이 묘사한 문화에서 강조한 것들을 아폴로 형, 디오니소스 형, 그리고 편집광 형으로 명명했으며 자신의 주장에 근거를 마련하기 위하여 개인적인 성격의 묘사에 의존했다.

그러나 그녀는 유형론(typology)을 주장한 것은 아니었다. 그녀는 모든 사회에 니체적이라든가 정신병리학적이라든가 하는 꼬리표를 갖다붙이는 것이 적합하다고 생각하지는 않았던 것이다. 또한 그녀는 어떤 완결적인 체제일지라도 과거와 현재와 미래의 모든 인간 사회가 적응할 수 있도록 건설될 수 있다고는 믿지 않았다. 오히려 그녀는 결합의 가능성이 무진장할 정도로 많고 다양하기 때문에 어떠한 제한도 설정할 수 없는 인간 문화의 발전의 도식에 빠져들었다. 그러나 다른 문화에 대한 그녀의 지식이 커짐에 따라서 개인은 문화의 창조물이며 따라서 만약 그가 태어나서부터 문화에서 이탈되었거나 아니면 우연히 그렇게 되도록 자랐다면 그는 자신의 불안한 입장에 대해서 아무런 책임도 없다는 그녀의 본래의 의식은 인간이 어디서 어떠한 방법으로 자신의 최상의 미래상에 보다 가까운 문화를 형성할 수 있을까 하는 상세한 고찰로 바뀌었다. 그것이 가능하다는 믿음은 점점 더 커질 수 있었다.

원래 문학도였던 그녀는 "진실로 중요한 미지의 나라를 발견하기를" 희망했다. 그러나 처음에는 그녀는 이 모험을 러시아 어나 프랑스 어를 배워서 "참으로 운문에 정통해지는 것"이라고 생각했다. 나중에 그녀는 미개 문화가 저마다 회화나 문학의 대작에 견줄 만한 그 무엇을 표현하고 있다고 느끼게 되었고, 또한 항아리 가에 새겨넣은 디자인을 시스틴 성당의 천정의 벽화와 비교한다든가 딸기 따는 노래를 셰익스피어와 비교하기보다는 오히려 현대의 개인의 예술 작품과 미개 문화를 비교해야 할 것이라고 느꼈다. 단일한 예술만을 비교하면 미개 문화는 내놓을 만한 것이 거의 없다. 그러

나 미개 문화를 하나의 전체──종교, 신화, 남자와 여자의 일상
의 생활 방식──로서 받아들일 경우 그 내면에 있는 일관성과 복
잡성은 미학적으로 볼 때 다른 어떤 단일한 예술 작품만큼이나 자
칭 탐험가를 만족시켜줄 것이다.

또 다른 한 차원에서 볼 때 「문화의 패턴」은 루스 베네딕트 자신
의 생활의 중심 테마였던 문제, 즉 독특한 유전적인 천부의 재능
및 독특한 생활사를 가진 개별적인 인간과 그 혹은 그녀가 살고 있
는 문화와의 관계라는 문제와 관련되어 있다. 자기 확인의 탐구 과
정에서 그녀는 끊임없이 자기 자신이 현대의 미국보다는 다른 시
대, 다른 문화에 더 적합한 인간이 아닌가 하는 회의에 젖어 있었
다. 특히 그녀는 한 문화에서 비정상이라거나 가치 없는 것이라고
낙인을 찍은 인간의 극단적 행동들 예컨대 신비주의자나 예언가,
예술가들의 행동을 그와 다른 문화에서는 어느 만큼이나 받아들일
수 있는가 하는 점에 관심을 가졌다. 여기서 그녀는 정신 건강을
연구하는 사람들이 관심을 가지는 문제들, 즉 정상적인 행동과 비
정상적인 행동의 문제에 관심을 가졌던 것은 아니었다. 그녀는 비
정상적인 것과 문화의 관계에 대해서 질문을 제기함으로써 정신 질
환이라는 것이 문화에 따라서 다르다는 점에 관심을 가진 연구자들
에게 탐구할 수 있는 길을 열어놓았다. 그러나 그녀 자신은 오히려
다른 문제에 관심을 기울였다. 즉 "정상적인 행동"의 개념을 좁게
해놓음으로써 어떤 타고난 행동들이 얼마나 궁지에 몰리게 되거나
유리한 입장이 될 수 있는가, 또한 문화적인 정의를 확대함으로써
우리의 문화는 얼마나 풍부해질 수 있으며 문화적인 일탈자에게 고
통을 주고 있는 사회로부터의 거부의 무게를 얼마나 가볍게 할 수
있는가 하는 문제가 그녀의 관심사였던 것이다. 그녀의 동료와 연
구자들과의 관계에서 그녀의 적극적인 배려와 예민한 동정을 불러
일으킨 것은 바로 특이한 재능이나 개인적인 운명 또는 그런 재능
과 운명의 기이한 결합과 귀중한 독자성이었다.

마지막으로 「문화의 패턴」이 존속하는 것은 문화의 작용에 대한

지식은 인간에게 과거에 알려져 있던 것보다 더 큰 인간의 미래에 대한 지배력을 부여하고 있다는 그녀의 건전한 신념 때문인 것으로 나는 믿는다. 이 신념은 독자에게 하나의 놀라움으로 나타난다. 독자는 처음에는 문화의 그물의 힘을 인식하는 일에 사로잡혔다가 결국에는 바로 그 힘을 인류——그가 최초에 사로잡혔던 바로 그 문화의 그물에 대한 지식을 통하여 현명해진——라는 문맥 속으로 되돌려넣게 된다. 이러한 믿음은 루스 베네딕트가 인종, 교육, 승전, 그리고 평화의 쟁취에 대한 태도에 점점 더 큰 책임을 떠맡게 되는 가운데 해를 거듭할수록 더 강하게 자랄 수가 있었다.

1939년 나치의 인종 차별주의가 도처에서 자유를 위협하고 있을 때 그녀는 자신의 한 학기를 완전히 「인종 : 과학과 정치학」(*Race : Science and Politics*)의 집필에 쏟았다. 전쟁중에는 전쟁 상태로 인하여 접근이 불가능한 문화들——루마니아, 독일, 네덜란드, 타이, 그리고 마지막으로는 일본——을 연구하기 위하여 미국내 거주자들의 아이덴티티를 연구하여 문화 분석에 재능을 나타내었다. 전쟁 말기에 그녀는 「국화와 칼」(*The Chrysanthemum and the Sword*)을 썼다. 새로운 길을 모색하는 일본의 능력을 이해하는 것이 미국인의 전후 대일(對日) 관계를 보다 현명하게 해줄 것이라는 희망에서였다. 이 책에는 여러 해에 걸친 연구와 정책 결정의 결합 위에서 배양된 확고한 신념이 있다. 그러나 「문화의 패턴」에는 인류학이 인류가 선택한 여러 목적을 위해서 이용될지도 모른다는 희망으로 참신한 기운에 차 있다. 그 참신함은 마치 이슬처럼 그녀의 글에 나타나 있으며 그러한 세계관에 처음으로 마주치는 모든 독자들을 황홀하게 해주고 있다.

뉴욕, 1958년 10월
마가레트 미드

# 감사의 말씀

이 책에 기술되어 있는 세 종류의 미개 부족을 선택하게 된 이유
는 이들 부족에 대한 지식이 비교적 완전하고도 만족할 만한 것인
데다가 이들과 함께 가깝게 생활했고, 또한 이들 부족에 대해서 권
위 있는 기록을 쓴 현장의 민족학자(field ethnologist)들과의 많은
토론을 통하여 기왕에 출판된 기록들을 필자가 보충할 수 있었기
때문이다. 필자 자신도 수년 동안의 여름을 주니의 푸에블로 족,
혹은 필자가 푸에블로 문화와 대조하기 위하여 이용했던 몇몇 푸에
블로와 이웃한 부족들과 함께 생활했다. 필자는 루스 L. 번즐 박사
에게 큰 신세를 지고 있다. 그는 주니 어를 배웠으며 주니 족에 대
한 그의 조사와 그 연구 논문집은 모든 푸에블로 족 연구 중에서
가장 훌륭한 것이었다. 도부 족을 기술하는 데에는 레오 F. 포춘 박
사의 귀중한 글인 「도부 족의 축사자(逐邪者)」(*The Sorcerers of
Dobu*)를 많이 참고했다. 또 그와 유쾌한 대화도 많이 했는데 이 점
에 대해서 깊이 감사하는 바이다. 아메리카 북서 해안 지방에 대해
서는 콰키우틀 족의 생활에 대한 프란츠 보아스 교수의 연구 서적
과 이에 대한 상세한 자료 및 아직 출판되지 않은 그의 자료와 40
년 이상에 걸친 그의 북서 해안 지방에서의 경험에 관한 통찰력 있
는 주석들까지도 사용했다.

이 책에 실린 내용에 대한 책임은 필자에게만 있다. 이 책에서
필자는 다른 현지 연구자들이 생각했을는지도 모르는 것보다 더 앞
선 해석을 한 부분도 있지 않나 하는 생각이 들기도 한다. 그러나
그런 부분에 해당하는 장에 대해서는 해당 부족 연구의 대가들이
읽고 그 사실 여부를 가려주었다. 또한 이 기술을 전부 검토해보고
자 원하는 사람들을 위해서는 이들 대가들의 상세한 연구를 인용
문헌으로 실어놓았다.

나는 다음 논문에서 몇 구절을 재수록할 수 있도록 허락해준 최초의 출판자들에게 깊은 사의를 표하고자 한다. "The Science of Custom," *The Century Magazine* ; "Configurations of Culture in North America," *The American Anthropologist* ; "Anthropology and the Abnormal," *The Journal of General Psychology*.

또 「도부 족의 축사자」를 출판해준 E. P. 듀턴 사에도 감사를 드린다.

뉴욕 시, 컬럼비아 대학
루스 베네딕트

# 차례

## 제1장  관습의 과학 15

관습과 행동 — 어린아이가 물려받는 것 — 우리들의 그릇된 편견 — "인간성"과 지방적 관습간의 혼동 — 다른 문화에 대한 맹목성 — 인종 편견 — 인간은 본능이 아니라 관습에 의해서 형성된다 — "순수 인종"이라는 환상 — 미개인을 연구하는 이유

## 제2장  문화의 다양성 35

생명의 컵 — 선택의 필요성 — 여러 사회에서 취급하는 청년기와 사춘기 — 전쟁을 모르는 사람들 — 결혼의 관습 — 상호 교차되는 문화적 특성 — 수호신과 환상 — 결혼과 교회 — 생물학적으로가 아니라 사회적으로 불가피한 결합들

## 제3장  문화의 통일성 61

모든 행동 기준의 상대성 — 문화의 패턴화 — 인류학적 연구의 약점 — 전체라는 시점 — 슈펭글러의 「서양의 몰락」 — 파우스트적인 인간과 아폴로적인 인간 — 너무나 복잡한 서구 문명 — 미개 부족을 거치는 우회

## 제4장  뉴 멕시코의 푸에블로 족 73

훼손되지 않은 지역 사회 — 주니 족의 의식 — 사제와 가면신 — 의무 결사(medicine societies) — 철저히 사회화된 문화 — "중도"(中道) — 그리스 인의 이상의 연장 — 대평원 인디언의 대조적인 관습 — 디오니소스적인 광란과 환상 — 약과 알콜 — 과도함에 대한 주니 족의 불신 — 권력과 폭력에 대한 경멸 — 결혼, 죽음, 초상 — 풍요 의식 — 성의 상징 — "인간과 우주의 일치" — 전형적인 아폴로 형의 문명

# 서문

　금세기 동안에 사회 인류학의 문제에 대한 새로운 접근 방법은 많이 발달했다. 본질적인 여러 관계와 단절된 약간의 증거를 모든 시대, 모든 지역에서부터 수집하여 이를 토대로 하여 인간 문화의 역사를 구성하는 낡은 방법은 대부분 그 효력을 상실했다. 그 뒤를 이어서 한동안은 유별난 특징의 분포에 대한 연구를 토대로 하고 고고학적인 자료를 보충하여 역사적 여러 관계를 재구성해보려는 힘겨운 시도가 계속되었다. 이러한 관점에서부터 보다 광범한 지역이 관심의 대상이 되었다. 다양한 문화적 특징 사이의 확고한 관계를 수립하기 위한 시도가 있었고, 그 시도는 보다 광범한 역사적 관계들의 수립에 이용되었다. 유사한 문화적 특징의 독자적인 발전 가능성 —— 이것은 일반 문화사의 자명한 원리이다 —— 은 부정되거나 아니면 적어도 대수롭지 않은 것으로 여겨졌다. 문화 형태의 연관 관계를 해명하기 위해서 진화론적인 방법과 개별적연 지방 문화의 분석에 다같이 전적인 노력을 기울였다. 전자의 방법을 지지한 자들은 문화 및 문명의 역사를 하나의 통일된 모습으로 구성해 보려고 하였고, 반면 후자의 방법을 지지한 자들은, 적어도 그중에서 보다 더 보수적인 지지자들은 개별 문화를 하나의 단위로 그리고 개별적인 역사 문제로 보려고 하였다.

　집중적인 문화 분석의 영향하에서 문화 형식과 관계하여 빼놓을 수 없는 여러 사실의 수집이 크게 촉구되었다. 그렇게 하여 수집된 자료는 언뜻 보기에 경제 생활, 기술, 예술, 사회 조직, 종교 등과 같은 엄격히 분리된 범주로 구성되어 우리들에게 그것을 통일시킬 결합력을 찾기 어려울 것 같은 사회 생활에 대한 지식을 제공했다. 인류학자의 위치는 괴테가 풍자한 그것과 같아 보였다.

살아 있는 존재를 인식하여 이를 묘사하려는 자는
먼저 그 영혼을 쫓아내려고 한다.
그 다음에 부분을 손에 넣고 보면
유감스럽게도 영혼의 띠가 없다.


살아 있는 문화의 연구는 개개 문화의 전체성에 보다 강한 관심을 불러일으켰다. 어떤 문화 행위도 그것을 전체적인 구성에서 분리했을 때에는 거의 이해가 불가능하다는 것을 점차 느끼게 되었다. 문화의 전반을 단일한 배경의 조건에 의해서 지배되는 것으로 이해하려는 시도는 이 문제를 해결하지 못했다. 순전히 인류-지리적이며 경제적인 접근 방법이나 기타 형식론적 접근 방법은 실상을 왜곡하여 제시하는 것 같았다.

문화의 의미를 하나의 전체로서 파악하려는 욕구 때문에 우리는 표준화된 행동의 묘사를 단순히 다른 문제로 인도하는 디딤돌로 생각하지 않을 수 없게 된다. 그러나 우리는 개인을 자기 문화 안에서 살아가는 존재로, 그리고 문화는 그 개인에 의해서 실현되는 것으로 이해하지 않으면 안 된다. 이러한 사회 심리학적인 문제에 대한 관심은 결코 역사적인 접근 방식을 반대하지 않는다. 오히려 그것은 문화의 변화에 적극적인 활동을 한 동적인 여러 과정을 드러내 보여주고 우리로 하여금 관련 문화의 상세한 비교에서 얻은 증거를 평가할 수 있게 해준다.

그 자료의 성질 때문에 문화적 생활의 문제는 문화의 다양한 국면 사이의 상호 관계의 문제로 제기되는 경우가 왕왕 있다. 어떤 경우에 이 연구는 문화의 통일성의 강화나 약화를 보다 올바로 이해하게 해준다. 그것은 다양한 유형의 문화의 통일성의 형식을 분명히 보여주며, 그 형식은 문화의 상이한 국면간의 여러 관계가 가장 다양한 패턴을 따르며 따라서 그 자체는 일반화에 도움이 되지 않는다는 것을 증명한다. 그러나 그것으로써는 개인과 문화의 관계를 이해할 수 없고, 혹시 이해할 수 있다고 하더라도 간접적으로 이해할 수 있을 뿐이다.

이러한 사실 때문에 문화의 진수, 즉 개인과 집단의 행동을 지배하는 태도에 대한 지식에는 깊은 통찰력이 요구된다. 베네딕트 박사는 이 문화의 진수를 문화의 통합(configuration)이라고 부른다. 이 책에서 저자는 이 문제를 제기하였고 각각 하나의 지배적인 이념이 침투된 세 개의 문화를 예로 들어서 그 문화의 통합을 보여주었다. 이러한 취급 방식은 그것이 모든 문화적 항목의 기능상의 여러 관계보다는 오히려 기본적인 태도의 발견에 관한 것인 한, 이른바 사회 현상에 대한 기능상의 접근이라는 것과는 분명히 구별된다. 문화의 일반적인 통합은 그것이 존속하는 한 그 통합에 종속되는 변화의 여러 방향을 제한하기 때문에 역사적 예외는 아니다. 문화의 내용의 변화와 비교해도 문화의 통합은 왕왕 현저한 영속성을 가진다.

저자가 지적하고 있는 바와 같이 모든 문화가 다만 지배적인 성격에 의해서 특징지어지는 것은 아니다. 그러나 개인의 행동을 유발시키는 문화의 동인에 대한 우리의 지식이 깊어지면 질수록 어떠한 감정의 억제와 어떠한 행동의 모범이 우리 서구 문명의 관점에서 볼 때 이상한 태도로 생각되는 것들에 대한 유력한 설명이 된다는 것을 보다 더 잘 알게 될 것이다. 사회적인 것과 비사회적인 것, 정상과 비정상으로 생각되는 것들이 상대적이라는 것을 새로운 각도에서 보게 될 것이다.

저자가 선택한 극단적인 사례들이 이 문제의 중요성을 명확히 해주고 있는 것이다.

프란츠 보아스

15

# 제1장
# 관습의 과학

인류학이란 인간을 사회적 산물로 보고 연구하는 학문이다. 인류학은 한 사회를 상이한 전통에 속하는 다른 모든 사회와 구별짓는 자연적 특징과 산업 기술 및 관례와 가치에 강한 관심을 표시한다.

인류학이 다른 사회과학과 구별되는 특징은 우리 자신의 사회가 아닌 다른 사회를 진지한 연구 대상으로 포함한다는 점이다. 이러한 목적을 위해서는 성행위와 출산에 대한 어떤 사회적 규제──그것이 비록 해양 다야크 족(the Sea Dayaks : 보르네오 중부에 삼/역자 주)의 것이고 우리 문명의 규제와 역사적 관계가 있을 가능성이 전혀 없다고 하더라도──도 우리 자신의 그것만큼이나 중요한 가치가 있다. 인류학자에게는 우리들의 관습과 뉴 기니 부족민의 관습은 둘 다 똑같은 문제를 취급하기 위한 두 가지의 가능한 사회적 조직이며, 따라서 그가 인류학자인 한에서는 어느 한쪽을 편애하여 더 중요하게 취급하는 일은 절대로 있어서는 안 된다. 그는 어느 한 전통, 즉 우리 자신의 전통에 의해서 형성된 인간 행동이 아니라 어떤 전통이든지 간에 전통에 의해서 형성되는 인간 행동에 관심을 가진다. 그는 여러 가지 문화에서 발견되는 관습의 광범한 전영역에 대해서 관심을 가지며, 또한 이들 문화가 어떤 방식으로 변화되고 달라지며 어떻게 서로 다른 형식으로 스스로를 표현하는가, 그리고 어느 한 민족의 관습은 그 관습을 만드는 개인의 생활에 어떤 방법으로 기능하는가를 이해하는 것을 목적으로 삼는다.

이제까지 관습은 일반적으로 아주 중요한 문제라고는 생각되지 않았다. 우리는 두뇌의 정신적 작업 같은 것은 특히 조사할 가치가 있다고 생각하면서도 관습은 가장 당연한 행위에 불과하다고 생각하는 사고방식을 가지고 있다. 그러나 실상은 그와 완전히 반대이다. 전세계적인 입장에서 보면 전통적인 관습은 사소한 인간 행동의 커다란 덩어리이고, 또 어느 한 개인이 할 수 있는 지극히 이상한 행동보다 훨씬 더 놀라운 행동을 포함하고 있다. 그러나 이것은 이 문제의 다소 사소한 양상에 불과하다. 무엇보다도 중요한 사실은 관습이 경험과 신념에 작용하는 주요한 역할과, 관습이 보여줄지도 모르는 바로 그 커다란 다양성이다.

이 세계를 원래대로 보는 사람은 아무도 없다. 인간은 이 세계를 어떤 일정한 경향의 관습과 제도와 사고방식으로 손질하고 편집하여 보는 것이다. 심지어 그가 철학적인 탐구를 한다고 하더라도 이와 같은 일상의 상투적인 견해를 넘어설 수는 없다. 참과 거짓에 대한 그의 개념 자체에까지도 그의 특별한 전통적인 관습이 관련되어 있다. 듀이는 개인의 행동을 형성하는 데 관습이 작용하는 역할의 정도를 그 개인이 전통적인 관습에 끼치는 영향과 비교하는 것은 그의 모국어의 전체 어휘의 수효와 그가 어린아이 시절에 사용함으로써 그의 가족의 일상 회화 속에 채택된 말의 수효를 비교하는 것과 같다고 아주 진지하게 말했다. 자율적으로 발전할 기회가 있는 사회 질서를 진지하게 연구해보면 이와 같은 양상은 그야말로 아주 분명하고 평범한 관찰밖에 안 된다. 개인의 생활사는 무엇보다도 그의 사회가 전통적으로 승계한 양상과 기준에 대한 적응이다. 출생의 순간부터 그가 태어난 장소의 관습이 그의 경험과 행동을 형성한다. 말을 할 줄 알게 되면 그는 문화의 어린 피조물이 된다. 자라서 그 문화의 활동에 참여할 능력이 생기게 되면 문화의 습성이 자신의 습성으로, 문화의 신앙이 자신의 신앙으로 되고, 또한 그 문화에서 도저히 존재할 수 없다고 생각하는 것은 자신도 그렇게 생각하게 된다. 모든 아이들은 태어나서 자기 집단 속으로 들어가면 이런 것들을 공유하게 되며 지구의 반대쪽에 있는 집단에서 태어난 아이는 결코 그것의 천분의 일도 공유할 수 없게 된다. 우리가 이해해야 할 사회 문제 가운데서 이와 같은 관습의 역할보다 더 중요한 것은 없다. 우리가 관습의 법칙과 다양성에 대해서 이해하지 못하는 한 인간 생활의 복잡한 주요 사실들은 불가해한 것으로 남아 있을 것이다.

관습의 연구는 어떤 예비적인 전제가 인정되고 난 뒤라야 유익한 것이 될 수 있고, 또 이들 전제 중에서 어떤 것은 격렬한 반대에 부딪치고 있다. 무엇보다도 과학적인 연구에서는 그 어느 것을 막론하고 연구에서 고려의 대상으로 선택한 일련의 항목 중에서 어느 하나에 차별적인 비중을 두어서는 안 된다고 요구한다. 선인장이나 흰개미 혹은 성운(星雲)의 성질에 대한 연구 같은, 보다 논란의 여지가 적은 분야에서는 관련 자료를 한데 모아서 모든 변화 가능한 형태와 조건에 주목하는 것이 연구에서 필요한 방식이다. 이런 식으로 하여 우리는 말하자면 천문학적 법칙이나 사회성 곤충의 습성에 대한 모든 지식을 습득해왔던 것이다. 오직 인간 자신을 연구하는 경우에서만 사회과학의 주요 분야는 단 한개의 지방적 변종에 불과한 서구 문명에 대한 연구로써 그 연구 전체를 대체했던 것이다.

우리들 서구인과 원시인, 우리 자신과 야만인, 우리 자신과 이교도 하는 식으로 우리를 다른 사람과 구별하는 것이 우리의 마음을 사로잡는 한 인류학이라는 정의(定義)는 전혀 불가능한 것이었다. 우선 우리가 더 이상 우리 자신의 신념을 우리 이웃의 미신보다 우위에 두지 않게 되는 세련된 단계에 도달하는 것이 무엇보다도 필요했다. 또한 예컨대 초자연적인 것과 같은 동일한 전제를 토대로 한 우리 이웃의 여러 가지 제도도 다른 것과 함께 우리 자신의 제도로서 고려되어야 한다는 것을 인식하는 것도 필요했다.

19세기 전반에는 인류학의 이러한 초보적인 원리를 서구 문명의 가장 개화된 사람조차 깨닫지 못했다. 인간은 모든 역사를 통해서 자신의 독자성을 무슨 명예에 관계되는 문제인 것처럼 방어해왔다.

코페르니쿠스 시대에는 인간의 우월성에 대한 주장이 너무나 포괄적이어서 심지어 우리가 살고 있는 지구까지도 삼켜버렸으며, 14세기의 사람들은 이 지구가 태양계의 어느 한 자리에 속한다는 것을 한사코 거절했다. 다윈의 시대에 와서는 태양계의 존재를 인정하게 되었으나 이번에는 영혼이라는 것, 즉 신이 인간에게 준 불가사의한 속성의 독자성을 위해서 모든 무기를 총동원하여 인간의 조상이 동물계에 속한다는 가설을 논박했다. 이 논쟁의 일관성의 결여와 "영혼"의 본질에 대한 회의, 심지어 19세기에는 다른 이방인 집단과의 형제애를 조금도 옹호하려고 하지 않았다는 사실 등——이 모든 사실 중 그 어느 것도 진화론이 인간의 독자성이라는 개념에 반대하여 일으켰던 모욕 때문에 야기되었던 엄청난 흥분에 비하면 아무것도 아니었다.

우리는 이런 싸움들에서 이겼다고 할 수 있다. 설령 아직은 그렇지 않다고 하더라도 조만간 이길 것이다. 그러나 싸움은 또 다른 전선(戰線)으로 옮겨졌을 뿐이다. 요즈음 우리는 태양의 둘레를 지구가 돈다거나 인간의 조상이 동물이라는 사실과 우리 인간이 이룩해놓은 독자성과는 거의 아무 관련이 없음을 기꺼이 인정한다. 만약 우리가 무수한 태양계 중에서 우연히 어느 한 위성에 살고 있다면 그것은 그만큼 더 영광스러운 것이고, 서로 어울리지 않는 인종들이 진화에 의해서 동물과 연결되어 있다면 우리들과 동물들 사이에 증명할 수 있는 차이점은 더욱더 극단적으로 될 것이고 우리들의 제도의 독자성도 더 한층 눈에 돋보이게 될 것이다. 그러나 "우리의" 업적, "우리의" 제도가 독자적인 것이라고 말할 때 이 말에는 "우리의" 업적과 제도는 우리보다 못한 인종들의 그것과는 다른 수준에서 나온 것이므로 어떤 희생을 치르고서라도 보호해야 한다는 의미가 들어 있다. 그것이 제국주의이건 인종 편견이건 혹은 기독교와 이교도간의 비교에 관한 문제이건 간에 우리는 아직도 우리 자신의 제도와 업적의 독자성, 즉 우리 자신의 문명의 독자성에만 온통 마음을 빼앗기고 있다. 따라서 전세계 인간의 제도의 독자성에 대해서는 지금까지 그 어느 누구도 신경을 쓰지 않았다.

서구 문명은 예기치 않은 역사적 환경 때문에 지금까지 알려진 다른 어떤 지역의 문명 그룹보다 더 광범하게 확산되었다. 그 서구 문명이 세계 대부분의 지역에서 기준이 되었고 따라서 서구인은 다른 환경에 있었더라면 발생하지 않았을 인간 행동의 단일성이라는 신념을 가지게 되어버렸다. 심지어 미개한 사람들도 이따금 우리들보다 훨씬 더 깊이 문화적 특성의 역할을 의식하며 또 그럴 만한 충분한 이유도 있다. 왜냐하면 그들은 상이한 문화와 밀접하게 접촉한 경험이 있기 때문이다. 그들은 자신들의 종교과 경제 제도, 결혼에 관한 금기들이 백인들의 그것들 앞에서 무너지는 것을 보았다. 그들은 어느 한쪽을 버리고 이따금 도저히 이해할 수 없는 이유로 다른 쪽을 받아들였다. 그러나 그들은 인간 생활에는 여러 가지 조정 방법이 있음을 아주 분명히 알고 있다. 그들은 백인들의 지배적인 성격의 원인을 그들의 상업적인 경쟁이나 군사 제도의 덕으로 돌리는 경향이 가끔 있다. 이러한 경향은 바로 인류학자들이 쓰는 방식과 매우 흡사하다.

백인은 이와는 다른 경험을 가지고 있다. 그는 이방인을 결코 본적이 없다. 혹시 이방인을 보았다고 하더라도 그 이방인은 이미 유럽화된 사람이었다. 만약 그가 여행을 했다고 하더라도 코즈모폴리턴적인 호텔을 벗어난 곳에서는 한번도 머물지 않고 세계를 돌아다녔기가 십상이다. 그는 자신의 생활 방식을 제외하고는 거의 아는 바가 없다. 그의 주위에서 눈에 띄는 관습과 외관의 단일성은 아주 설득력이 있어 보인다. 따라서 그는 그러한 단일성이 결국은 하나의 역사적인 우연의 결과에 불과하다는 사실을 깨닫지 못하게 된다. 백인은 인간성과 자신의 문화 기준간에 공통점이 있다는 생각을 아주 순순히 받아들인다.

그러나 백인 문명의 대확산은 그들에게만 국한된 역사적 사건은 아니다. 비교적 최근에도 폴리네시아 인 집단(Polynesian group)은 자바(Java)의 온통(Ontong)에서 이스터 섬(Easter Island)까지, 하와이에서 뉴질랜드까지, 그리고 사하라 사막에서 남아프리카 지역에 분포되어 있는 반투 어 사용 부족에까지 확산되었다. 그러나 어느 경우에도 우리는 이들 민족을 지역적으로 지나치게 확산된 인종의 변종 이상으로조차 간주하지 않는다. 서구 문명에서는 자체 문명의 대규모적인 확산을 지원할 수 있는 온갖 교통 수단을 발명했고 광범위한 상업 설비들도 갖추었다. 따라서 이러한 산포가 어떻게 일어났는지 역사적으로 이해하기는 쉽다.

백인 문명의 확산이 준 심리적 영향은 유물론자들의 생각보다 훨씬 컸다. 서양 문명의 이러한 범세계적인 문화 전파(cultural diffusion)는 과거에는 그 유례를 찾아볼 수 없었을 만큼 서구인들을 보호하여 다른 사람들의 문명을 심각하게 받아들이지 못하도록 했다. 그것은 우리 문화에 당당한 보편성을 부여했고, 이것 때문에 우리는 이 보편성에 대한 역사적 고찰을 오랫동안 멈추어왔으며, 단지 이 보편성을 필연적이며 불가결한 것으로 간단히 생각했던 것이다. 우리는 우리의 문명에서 경제적 경쟁에 의해서 인간성이 좌우되는 것을 가지고 이것은 경쟁이 인간성이 근거할 수 있는 가장 주요한 동기임을 증명하는 것이라고 해석한다. 또한 우리는 우리 문명 안에서 형성되어 어린이 임상학에 기록된 어린아이들의 행동을 어린이들 일반의 심리 혹은 인간이라는 동물의 어린 시절의 행동 일반으로 해석하기도 한다. 이와 같은 점은 우리의 윤리학이나 가족 제도에서도 마찬가지이다. 우리가 항상 우리가 사는 지방의 행동 방식을 바로 행동 일반과 동일시하고 사회적으로 인정되는 습관을 인간성 바로 그것으로 생각하려고 시도하면서 방어하는 것은 우리들이 잘 알고 있는 동기의 필연성 때문이다.

현대인은 요즘 이 명제를 자기 사상과 실제 행동에서 중요한 문제로 취급한다. 그러나 이 명제가 미개인 사이에 일반적으로 퍼져 있는 것을 볼 때 그 기원은 인간의 가장 오래된 구분법 중의 하나, 즉 "내 자신의" 폐쇄된 집단과 국외자는 본질적으로 다른 것이라는 생각으로까지 거슬러올라가게 된다. 모든 미개 부족들은 이와 같은 국외자라는 범주를 인정하는 데 동의하는데 이들 국외자는 자기 민족의 범위 안에서 효력이 있는 도덕률 조항에서도 국외자일 뿐만 아니라 인간의 조직이 존재하는 어디에서이건 간단히 거절당하는 사람들로 여겨진다. 보통 사용되는 부족들의 하고많은 명칭들, 예컨대 주니(Zuñi), 데네(Déné), 키오와(Kiowa) 등은 미개인들이 자기 자신을 가리키는 이름이고, 또한 그들의 언어 중에서 자기 자신들, 즉 "인간"을 의미하는 유일한 말이기도 하다. 이 폐쇄된 집단 바깥에는 인간이란 존재하지 않는다. 객관적으로 볼 때 각 부족은 그 기술과 물질적 발명품을 공유하며 어느 한 사람과 다른 사람이 서로 주고받는 행동을 통하여 성장해온 정교한 관행을 공유하는 사람들에 둘러싸여 있다는 사실이 받아들여지고 있음에도 불구하고 이러한 현상은 존재한다.

미개인은 결코 이 세계를 전체적으로 조망하지 않았고, "인류"를 하나의 집단으로 생각지 않았으며 자기 종족과 인류가 공통적인 근거를 가졌다고 전혀 느끼지 않았다. 처음부터 그는 장벽을 높이 올린 지역인이었다. 아내를 선택하는 문제이든 추장을 뽑는 문제이든 가장 중요한 구별은 그 자신의 인간 집단과 그 범위를 넘어선 사람들간의 구별이었다. 자신의 집단과 집단의 모든 행동 양식들은 유일한 것으로 생각되었던 것이다.

이와 같이 현대인은 선민(選民)과 위험한 이방인을, 즉 오스트레일리아의 미개지 안에 있는 부족들이 누구나 행하듯이 유전학적으로 그 자신의 문명 안에서 서로 관련되는 집단을 구별하는데, 이러한 태도의 배경에는 그와 같은 구별을 정당하다고 변명할 만한 역사적 영속성을 충분히 가진 이유가 있다. 피그미 족(Pygmies)조차 똑같은 주장을 하는 것이다. 우리는 이와 같은 인간의 기본적인 특성에서 쉽사리 해방될 것 같지는 않다. 그러나 적어도 우리는 그러한 인간성의 역사와 그것이 마치 히드라(hydra) 같이 근절되지 않고 나타나는 현상임을 인정하는 것은 가능하다.

그런데 이러한 징표의 하나이며 또 일반적인 지역적 편협성에 의해서라기보다는 종교적 감정에 의해서 가장 먼저 초래되는 현상으로 지적되는 것은 종교가 중요한 문제로 존속하는 한에는 그것이 서구 문명에서 보편적으로 지속될 태도라는 것이다. 어떤 폐쇄된 집단과 국외자 사이의 차이점은 종교라는 말에서 보면 진정한 신자와 이교도간의 차이점이 된다. 이들 두 개의 범주 사이에는 지난 수천년 동안 공통적인 합류점이 없었다. 어느 한쪽에서 효력이 있는 사상이나 제도는 다른 쪽에서는 효력이 없었다. 오히려 대개의 경우 모든 제도들은 약간의 차이밖에 나지 않는 두 개의 종교 중 어느 쪽에 속하느냐에 따라서 서로 대립적인 것으로 생각되었다. 한쪽에서 그것은 신의 진리의 문제, 진정한 신자의 문제, 계시와 신의 문제였고, 다른 쪽에서는 치명적인 잘못의 문제, 전설과 저주받은 자와 악마의 문제였다. 반대편 집단의 태도를 자기들 집단의 태도와 동등한 것으로 본다는 것은 생각조차 할 수 없었고 따라서 객관적으로 조사된 자료에 의해서 이 중요한 인간의 특성인 종교의 성질을 이해한다는 것도 도저히 불가능했다.

우리는 이러한 표준적인 종교적 태도에 관한 기록을 읽을 때 정당화된 우월감을 느낀다. 적어도 우리는 그처럼 까다롭게 구는 어리석음은 벗어던졌고 비교 종교의 연구도 받아들였다고 생각한다. 그러나 예컨대 인종 편견과 같은 형태로 우리 문명에 존재하는 이와 비슷한 태도의 범위를 고려해보면, 우리가 종교 문제에서 세련된 입장을 취할 수 있는 것은 우리가 천진난만하고 유치하던 과거에서 벗어났기 때문인지 혹은 간단히 말하여 종교가 이제는 중요한 현대의 분쟁이 일어나는 생활 영역이 아니라는 데에서 기인하는 것인지에 대해서는 다소 회의를 가지지 않을 수 없다. 우리 문명이 당면한 문제에 대해서는 종교 분야에서 우리가 그처럼 광범하게 이룩해놓은 초연한 자세를 전혀 획득하지 못한 것 같아 보인다.

이밖에 관습에 관한 진지한 연구를 뒤늦게서야, 그것도 가끔 마지못해서 추구해야 할 분야로 생각하는 상황이 또 하나 있는데 이것은 방금 위에서 이야기한 상황들보다 극복하기가 더 어렵다. 관습이 사회 이론가들의 관심을 끌지 못했던 이유는 그것이 바로 그들의 사고 자체였기 때문이다. 그들에게 관습은 렌즈와 같아서 그것이 없으면 전혀 볼 수가 없었다. 관습은 중요한 것일수록 그 정도에 정확히 비례하여 의식적인 관심 분야의 바깥에 존재했다. 이러한 맹목성은 전혀 이상할 것이 없다. 어떤 학자가 국제적 신용이나 학습 과정 혹은 신경성 노이로제의 한 요인으로서의 나르시시즘에 대한 연구를 위해서 풍부한 자료를 모았다면, 경제학자나 심리학자 혹은 정신 의학자는 바로 이와 같은 자료 체계를 통해서 그리고 그것 안에서 활동하게 된다. 그는 모든 요인들이 서로 다르게 조정되어 있을지도 모르는 다른 사회적 장치는 사실 계산에 넣지 않는다. 다시 말해서 그는 문화적인 조건은 계산에 넣지 않는 것이다. 그는 자신이 연구하는 특성을 과거부터 알려진 것으로 또 반드시 나타나지 않을 수 없는 것으로 본다. 이러한 것들은 모두 생각할 때 재료로 삼지 않을 수 없는 것이기 때문에 그는 이것들을 절대적인 것으로 객관화한다. 그는 1930년대의 어떤 지방적인 태도를 인간성 일반과 동일시하고, 그것을 기술한 것을 경제학 혹은 심리학 그 자체와 동일시한다.

실제로 이것은 그다지 큰 문제가 아니다. 우리 어린이들은 우리들의 교육 전통 안에서 교육을 받지 않을 수 없다. 그래서 우리네 학교에서의 학습 과정에 대한 연구는 매우 중요하다. 우리는 다른 공동체의 경제 제도에 관한 토론을 할 때도, 늘 그렇게 하듯이, 어깨를 으쓱거리면서 그 타당성을 표시하는데 이것도 위와 같은 종류이다. 결국 우리는 우리 자신의 문화가 제도화해놓은 나 자신과 너 자신의 틀 안에서 살아가지 않을 수 없다.

이것은 사실이다. 문화의 다양성은 현상 그 자체로서 가장 잘 토론될 수 있는데, 이러한 사실은 우리의 무관심을 그럴듯하게 꾸며준다. 그러나 우리가 시간적인 문화의 변천으로부터 사례가 되는 것들을 끌어내지 못하는 것은 역사적 자료에 한계가 있기 때문이다. 문화의 변천 그 자체는 우리가 피하려고 해도 피할 수 없다.

심지어 한 세대만 되돌아보아도 문화에 수정이 일어난 것을 깨닫게 되는데 그것도 이따금 우리들에게 가장 익숙해진 행동에 대해서 일어나는 것을 깨닫게 된다. 지금까지 이러한 수정은 가려져서 보이지 않았고, 그 상황의 결과는 오직 회고해봄으로써만 가능할 수 있었다. 우리는 잘 알고 있는 사물의 문화적 변화에 직면하기를 꺼리다가 어쩔 수 없게 되어서야 받아들이는데, 이런 경우를 제외한다면 더욱 지적이고 방향이 바른 태도를 취하는 것도 불가능하지 않을 것이다. 대부분의 경우 그러한 저항은 우리들의 문화적 관습에 대한 잘못된 인식의 결과이고 특히 우연히 우리 나라와 우리 시대에 속하게 된 문화 관습에 대하여 과대 평가를 해온 결과이다. 다른 관습에 아주 조금만 친숙해지고 관습이란 것이 얼마나 다양할 수 있는가를 알기만 하면 우리는 합리적인 사회 질서를 증진시키는 일을 충분히 할 수 있을 것이다.

서로 다른 문화들에 대한 연구는 현재의 사고와 행동에 대해서 또 다른 중요한 의미를 지니고 있다. 현대의 생활은 많은 문명끼리 밀접하게 접촉하게 했고 또한 현재로서는 이러한 상황에 대해서 민족주의와 인종적인 속물 근성이 압도적인 반응으로 나타난다. 문명이 진실된 문화적 의식을 가진 개인, 즉 두려움과 비방 없이 사회적으로 조건지어진 다른 사람의 행위를 객관적으로 볼 수 있는 개인을 지금보다도 더 절실히 필요로 한 때는 없었다.

외국인에 대한 경멸만이 오늘날 우리들이 다른 인종과 다른 국적인과 접촉함으로써 생기는 문제를 해결할 수 있는 유일한 방법인 것은 아니다. 이것은 과학적인 기초가 없는 해결이기 때문이다. 앵글로 색슨 족의 전통적인 편협한 태도는 다른 것과 마찬가지로 지역적이고 일시적인 문화 특성이다. 심지어 스페인 사람과 혈통과 문화가 거의 같은 민족까지도 그와 같은 특성이 없고, 스페인 사람들이 정착한 나라들의 인종 편견은 영국과 미국이 지배하는 국가에서의 그것과 전혀 딴판이다. 미국의 경우 그것은 생물학적으로 아주 인연이 먼 종족간의 혼혈에 대한 불허용이 아니다. 왜냐하면 이따금 캘리포니아의 동양인에 대한 긴장이 고조되는 경우가 있는데 이것은 보스턴의 아일랜드계의 가톨릭 교도나 뉴 잉글랜드 공장 지대의 이탈리아 인에 대해서도 마찬가지이기 때문이다. 이와 같은 인종 편견 현상은 내집단(in-group)과 외집단(out-group)에 대한 낡아빠진 구별에서 유래한 것이다. 이 문제에다 미개인의 전통을 결부시켜보면 우리는 야만인 부족보다 변명의 여지가 한층 더 없다. 우리는 이곳저곳 여행도 했고 우리의 세련됨에 자부심도 느끼고 있다. 그러나 우리는 문화적 관습의 상대성을 이해하지 못하며, 기준이 다른 민족과 인간 관계를 가짐으로써 많은 이득과 즐거움을 얻을 수 있는데도 그러지를 못하고, 또한 그들과 교섭할 때도 여전히 그들을 신뢰하지 못한다.

인종 편견에 문화적인 토대가 있음을 인식하는 일이 오늘날 서구 문명에서는 절실히 요청되고 있다. 우리는 혈연상으로는 우리와 형제간인 아일랜드 인에게도 인종 편견을 품고 있으며, 노르웨이와 스웨덴은 마치 각각 다른 혈통을 대표하고나 있는 것처럼 서로 적의를 나타내는 상태에까지 도달했다. 프랑스와 독일이 서로 적이 되어 싸우던 전쟁 기간 동안 이른바 인종선(race line)이라는 것이 바덴 인(Baden)과 알자스 인(Alsace)을 구분하는 데 효력을 발했다. 그러나 그들은 신체의 형상을 보면 다같이 알프스 아형(亞型) 인종(Alpine sub-race)에 속한다. 사람들이 마음대로 이동할 수 있고, 각각의 조상을 가진 사람들이 사는 공동체 사회에서의 가장 바람직한 요소인 다른 종족간의 결혼이 이루어지고 있는 시대에 살면서도 우리는 부끄러움도 없이 순수한 인종이라는 복음을 전파하고 있다.

이 점에 대하여 인류학자는 두 가지의 대답을 한다. 하나는 문화의 성질에 대한 것이고 다른 하나는 유전의 성질에 대한 것이다. 문화의 성질에 대한 대답은 우리로 하여금 인간 이전의 사회로 되돌아가게 한다. 가장 하찮은 행동 양식도 대자연이 생물학적인 매커니즘에 의해서 영속시켜주는 사회가 있다. 이러한 사회는 인간의 사회가 아니라 사회성 곤충의 사회이다. 여왕개미는 외따로 떨어진 개미집으로 옮겨놓아도 성적 행동의 특성과 그 집의 세부 사항을 모두 재현할 것이다. 사회성 곤충은 달리 아무런 방법을 취할 수 없는 대자연을 대변한다. 대자연은 전체 사회 구조의 패턴을 그 개미의 본능적인 행동에 따르도록 만들어놓았다. 개미 사회의 사회적 계급이나 먹이를 구하는 방식은 개미를 그 집단으로부터 격리시킨다고 하더라도 상실되지 않는다. 이 점은 개미가 자기 촉각의 형태나 그 복부 구조를 재생하는 데 실패할 가능성이 없는 것과 마찬가지로 확실하다.

옳고 그른 것은 제쳐두고라도, 인간의 해결 방법은 정반대이다. 그의 부족 사회의 조직과 언어, 그 지역 종교 등 어느 한 항목도 그의 생식 세포 속에 들어 있는 것은 없다. 유럽에서는 예전에 기아가 되어 다른 인간과는 떨어져서 숲속에서 혼자 살다가 발견된 아이들이 가끔 있었다. 이런 아이들은 모두 너무나 똑같아서 린네 (Linné : 스웨덴의 박물학자/역자 주)는 이들을 특별한 종, 즉 호모 페루스(Homo ferus)라고 분류하고 인간이 좀처럼 만나기 어려운 난쟁이 종류라고 생각했다. 이들은 자기 주위에서 일어나는 일에 전혀 관심이 없었고, 동물원에 있는 야생 동물처럼 규칙적으로 왔다갔다했으며, 말하고 듣는 기관이 있었으나 사용할 수 있도록 훈련도 거의 받지 못했다. 이들은 넝마조각을 걸치고도 꽁꽁 얼어붙은 날씨를 견뎠고 펄펄 끓는 물 속에서 감자를 끄집어내면서도 아픔을 느끼지 않았다. 그래서 린네는 이들 아둔해빠진 짐승들을 인간이라고는 생각할 수가 없었다. 물론 그들은 어렸을 때 기아가 되었던 것이 분명하고, 그들에게 부족한 것은 같은 종족과의 어울림이었을 것이다. 인간은 오로지 이런 사회화 과정을 통해서만이 그 능력이 증진되고 일정한 형식을 가지게 되는 것이다.

우리는 좀더 인간적인 문명 사회에서는 야생아를 만나지 못한다. 그러나 유아를 다른 인종과 다른 문화 속으로 양자로 보낼 경우에는 그 어느 경우를 막론하고 그런 현상이 분명하게 증명된다. 서양

인의 집에 양자로 보내진 동양인 아이는 영어를 배우고, 함께 노는 아이들과 같은 태도를 양부모에게 보여주고, 자라서는 다른 아이들이 선택하는 것과 같은 직업을 가지게 된다. 그는 자신이 양자로 들어간 사회의 문화적 특성을 전부 배우며, 그의 친부모 집단은 아무런 역할도 못 한다. 어떤 민족 전체가 2-3세대 동안 자신의 전통적인 문화와 절연하고 이질적인 문화 집단의 관습을 받아들일 때는 이와 똑같은 과정이 대규모로 일어난다. 미국의 북부 지방에 있는 흑인의 문화는 세부적인 면에서까지 같은 도시의 백인 문화와 거의 비슷하다. 몇년 전 뉴욕의 할렘 지역을 대상으로 문화 조사를 했는데, 그때 나타난 흑인들의 행위의 특징 중의 하나가 그 다음날 증권 거래액의 마지막 세 자리 숫자를 알아맞추는 노름의 유행이었다. 적어도 이 노름 방식은 이에 상응하는 백인들의 주식 노름에 대한 백인들의 기호보다 돈은 덜 들었으나 불확실성이나 흥분도에서는 그것과 거의 마찬가지였다. 이것은 비록 크게 벗어나지는 못했지만 백인들의 노름 양식의 변형이었다. 할렘 지역의 흑인들의 행위는 대부분 백인 집단에서 통용되는 형식과 상당히 가까운 관계를 지속하고 있다.

　인류 역사가 시작된 이래 전세계에 걸쳐서 여러 민족들은 다른 핏줄을 가진 민족의 문화를 채택할 능력이 있음을 보여주었다. 인간의 생물학적인 구조상 이것을 어렵게 만드는 것은 아무것도 없다. 인간은 생물학적인 체질에 의해서 어느 특정한 행동의 다양성에만 적응하도록 되어 있지는 않다. 예컨대 성행위나 상업 행위에 대하여 인간이 서로 다른 문화에서 이루어놓은 굉장히 다양한 사회적 해결책은 애초에 인간의 타고난 재능을 토대로 한 것으로서, 이것은 어느 경우에나 다같이 가능하다. 문화는 생물학적으로 유전된 복합체가 아니다.

　인간은 대자연이 그 안전을 보장해준 것 중에서 상실한 부분 대신에 가소성(可塑性, plasticity)이라는 보다 유리한 점으로써 그것을 보충받는다. 인간이라는 동물은 곰과는 달라서 몇 세대가 지나도 북극에 자신을 적응시킬 수 있는 극지의 외피를 가지게 되지는 않는다. 대신 인간은 바느질로 외투를 만드는 것과 눈집을 짓는 것을 알게 된다. 인간 사회뿐만 아니라 인간 이전의 사회의 지능 발달의 역사를 통해서 우리가 알 수 있는 것은 이러한 가소성이 인간의 진보가 시작되고 진보 그 자체가 지속될 수 있도록 한 토양이었다는 것이다. 맘모스 시대에는 가소성이 없는 여러 종의 동물이 생겨났으나 자연과의 균형을 잃게 되어 전멸했는데, 이것은 환경에 적응하기 위하여 동물이 생물학적으로 만들어낸 여러 가지 특성의 발달 바로 그것에 의해서 파멸한 것이었다. 맹수의 시대에 뒤이어서 결국 약간의 지능이 있는 유인원들이 서서히 생물학적인 적응 이외의 방법에 의존하게 되었다. 이러한 새로운 방법의 가소성이 증대된 결과 지능의 발달이라는 방향으로 조금씩 나아가는 토대가 마련되었다. 자주 암시되는 바와 같이 인간도 아마 바로 이러한 지능의 발달에 의해서 자신을 파괴할는지도 모른다. 그러나 어떤 수단에 의해서이건, 사회성 곤충의 생물학적인 매커니즘으로 우리가 되돌아갈 수 있다고 생각하는 사람은 없다. 따라서 우리에게는 어떤 대안도 남아 있지 않다. 옳든 그르든 간에 인간의 문화 유산은 생물학적으로 계승되는 것은 아니다.

현대 정치학에서는 인간의 정신적, 문화적 업적이 어떤 선택된 유전 생식질에서 유래한다는 논쟁은 전혀 근거가 없다는 것이 당연한 논리의 결과로 되어 있다. 서구 문명에서 지도권은 시대에 따라서 셈 어족(Sem 語族), 함 어족(Ham 語族), 백인종의 지중해 아형(地中海亞型), 그리고 최근에는 북유럽 민족(Nordic)으로 연속적으로 전달되었다. 당시의 문명의 전달자가 누구였든지 간에 문명의 문화적 연속성에 대해서는 의심의 여지가 없다. 우리는 인간의 유산이 의미하는 모든 것을 인정해야 한다. 거기서 가장 중요한 것 중의 하나는 전통의 계승에서 생물학적으로 계승된 행동의 역할은 매우 소규모였던 반면 문화적인 과정의 역할은 크나컸다는 것이다.

인종의 순수성에 대한 논쟁에서 인류학자가 말한 두번째 대답은 유전의 성질과 관계가 있다. 인종의 순수성을 주장하는 사람들은 신화의 희생물이다. "인종적 유전질"이란 무엇을 위한 것인가? 우리는 유전이란 아버지에게서 아들로 전해지는 것이라고 대략 알고 있다. 한 가계(家系) 안에서 유전은 대단히 중요하다. 그러나 유전은 가계에 속하는 문제이다. 가계를 넘어선 유전은 신화이다. 고립된 에스키모 마을같이 조그맣고 정적인 사회에서는 "인종적" 유전과 부모에서 자식으로 이어지는 유전은 실제로 동등한 것이고, 따라서 이런 곳에서의 인종적 유전은 의미가 있다. 그러나 인종적 순수성이라는 개념이 예컨대 북유럽 민족같이 넓은 지역에 흩어져 있는 집단에 적용될 때에는 현실적인 토대가 없다. 우선 모든 북유럽 국가에는 알프스나 지중해 사회에서 나타나는 것과 같은 가계가 있다. 유럽 인의 신체적 특징을 분석해보면 어디서나 중복되는 점을 볼 수 있다. 즉 검은 눈에 검은 머리카락을 가진 스웨덴 사람은 그곳보다 더 남쪽 지방에 모여사는 가계의 특징을 나타낸다. 따라서 우리는 이들 남쪽 그룹에 대하여 알고 있는 것과 관련하여 스웨덴 사람을 이해하여야 한다. 스웨덴 인의 유전은 그것이 어떤 신체적 실체를 가지는 한 그의 가계의 문제이며, 이 점은 스웨덴 민족에게만 한정되는 것은 아니다. 우리는 신체적인 형태가 상호 혼합이 없이도 얼마나 다양해질 수 있는가에 대해서는 알지 못하지만, 근친혼이 하나의 지방적 형태를 가져온다는 것은 알고 있다. 그러나 이러한 상황은 코즈모폴리턴적인 우리 백인 문명에서는 좀처럼 존재하지 않는다. 인간은 대부분의 경우 같은 학교를 졸업하고 같은 주간지를 읽으며 같은 경제적 신분을 가진 집단을 규합하기 위하여 종종 "인종적 유전"을 자극한다. 그러나 그러한 범주는 내집단과 외집단의 또 다른 변형에 불과할 뿐 그 집단의 실제적인 생물학적 동질성과는 관계가 없다.

인간을 진실로 한데 결합시켜주는 것은 그 문화, 즉 그들이 공동으로 가지고 있는 생각과 기준이다. 만약 어느 국가가 공통적인 혈통의 유전 따위의 상징을 선택하여 그것을 선전하는 것 대신에 그

주의력을 자기 민족을 결합시키는 문화에다 돌리고, 그 민족의 주요 장점을 강조하고, 상이한 문화에서 발전할 수 있는 상이한 가치를 인정한다면, 그 국가는 국민을 오도할 위험이 있는 상징주의 같은 것을 버리고 현실적인 사고를 할 수 있을 것이다.

문화 형태에 대한 지식은 사회적 사고에 필요하며 이 책도 그것에 관련된 문제에 관심을 가진다. 우리가 방금 본 바와 같이 신체적 형태 즉 인종은 문화와 구별될 수 있다. 따라서 이 책이 목적하는 것을 위해서 어떤 특수한 연유로 인종이라는 것을 관련시키는 특정한 경우를 제외하고는 인종은 이 책의 관심권 바깥에 놓일 수 있다. 문화를 토의하는 데 꼭 요구되는 사항은 가능한 한 문화 형태가 될 수 있는 여러 가지 것 중에서 폭넓은 선택을 기초로 하여 토의해야 한다는 점이다. 오직 이러한 사실을 통해서만이 우리는 문화적으로 조건지어진 인간의 여러 적응(adjustment)과, 인류에게 공통적이고도 —— 우리가 보는 한에서는 —— 불가피한 적응을 구별할 수 있다. 우리는 어느 한 사회만을 분석하거나 관찰해서는 무슨 행동이 "본능적인" 것 즉 신체의 기관에 의해서 결정된 것인지를 알아낼 수 없다. 어떤 행동을 본능적이라고 분류하기 위해서는 그 행동이 자동적으로 일어나는 것임을 증명하는 것보다 훨씬 더 많은 작업이 필요하다. 어떤 상태에서 조건지어진 반응은 신체의 기관에 의해서 결정된 것만큼이나 자동적이다. 따라서 문화적으로 조건지어진 반응은 거대한 자동 행동 장치의 많은 부분을 이루고 있다.

그러므로 문화 형태와 과정을 토의하는 데 가장 좋은 자료는 가능한 한 역사적으로 우리 자신과 관계가 없고 상호간의 관계가 거의 없는 사회의 자료이다. 위대한 문명을 방대한 지역에 확산시킨 역사적인 접촉에 의해서 그물처럼 얽힌 상호 관계 속에 있는 우리에게 미개 문화는 이제 우리가 관심을 돌릴 수 있는 유일한 자료가 되고 있다. 미개 문화는 인간 제도의 다양성을 연구할 수 있는 실험실이다. 미개 문화는 비교적 격리되어 있었기 때문에 많은 미개 지역에서 인간은 수세기 동안 그들 자신의 것으로 만든 문화적 테마를 정성들여 다듬어왔다. 그들은 우리들에게 인간의 적응 능력의 굉장한 변이의 가능성에 관하여 필요한 정보를 쉽사리 제공한다. 이러한 것들을 정밀하게 조사하는 것은 문화의 과정에 대한 어떠한 이해에도 반드시 필요하다. 이것은 우리가 현재 가지고 있거나 아니면 앞으로 가지게 될 사회 형태에 대한 유일한 실험실이다.

이 실험실은 또 다른 이점이 있다. 즉 미개 문화에서의 문제들은 거대한 서구 문명에서보다 더 단순한 조건으로 되어 있다는 점이다. 교통, 국제 전신 전화, 라디오 송신을 용이하게 해주는 발명품들, 인쇄물의 영구성과 광범한 분배를 보장해주는 발명품들, 경쟁적 직업 집단과 종파와 계급 및 이런 것들의 세계적인 표준화의 발전으로 인하여, 현대 문명은 우리가 문화 연구를 위하여 의도적으로 소규모 단면으로 쪼개지 않으면 충분한 분석을 할 수 없을 만큼 너무나 복잡해졌다. 그러나 이러한 부분적인 분석은 많은 외적 요소들을 통제할 수 없기 때문에 불충분한 것이 된다. 어느 한 집단에 대한 조사라도 상이한 기준, 상이한 사회적 목표, 상이한 가족 관계 및 상이한 도덕을 가진 이질적인 집단에서 나온 개인을 포함하지 않을 수 없다. 이들 집단의 상호 관계는 너무나 복잡하여 필요한 세부 사항에서 이 관계를 평가하기는 불가능하다. 반면에 미개 사회에서는 문화적 전통이 너무나 간단하여 성인 한사람 한사람의 지식 안에 이 전통이 포함되어 있으며, 그 집단의 관례와 도덕은 하나의 명확한 일반적 양상을 형성하고 있다. 이러한 단순한 환경에서는 여러 특성의 상호 관계를 평가할 수 있지만 여러 요소가 서로 뒤섞이며 엉키는 우리의 복잡한 문명에서는 그러한 방법이 불가능하다.

미개 문화의 이러한 사실들을 강조하는 위의 두 가지 이유 중 그 어느 것도 이 자료를 고전적으로 이용하는 것과는 관계가 없다. 고전적 이용은 사회적 기원을 재구성하는 것과 관계가 있었다. 초기의 인류학자들은 서로 다른 문화의 모든 특성을 원시 상태로부터 최종적이라고 할 수 있는 서구 문명의 발전에 이르기까지 진화론적인 연속 관계 안에서 정리하고자 노력했다. 그러나 우리 자신의 종교 대신에 오스트레일리아 인의 종교를 토론함으로써 우리가 원시 종교의 정체를 벗기고 있다거나 아니면 이로쿼이 족(Iroquois : 북아메리카의 원주민/역자 주)의 사회 조직을 토론함으로써 인간의 초창기 조상들의 혼인 풍습에로 돌아가고 있다고 생각하는 것은 당치않은 일이다.

우리는 인류가 하나의 종(種)임을 믿지 않을 수 없기 때문에 전 세계의 인간은 다같이 기나긴 역사를 가지고 있다고 보아야 한다. 어떤 미개 부족은 개화된 인간에 비해서 상대적으로 원시적인 형태에 더 가까운 역사를 가지고 있다고 생각할 수도 있지만 이것은 단지 상대적일 뿐이며, 우리의 추측은 옳을 수도 있지만 그와 마찬가지로 틀릴 수도 있다. 우리 시대의 어느 한 미개 부족의 관습을 인간 행동의 기원적 유형(type)과 동일시하는 것은 타당성이 없다. 방법론적으로 우리가 이들 초창기에 대한 대체적인 지식을 얻을 수 있는 수단은 단 한가지가 있다. 그것은 인간 사회에서 보편적인 또는 거의 보편적으로 되어 있는 극소수의 초창기의 특성들이 분포되어 있는 것을 연구하는 것이다. 잘 알려진 특성들이 몇 가지 있다. 이런 것 중에서 누구나 인정하는 것이 물활론과 결혼에서의 족외혼의 제한이다. 인간 영혼과 내세라는 개념은 비록 그 개념은 다양하지만 더 많은 문제점을 제기한다. 우리는 이 같은 거의 보편적인 믿음들을 아주 오랜 옛날 인류가 발명한 것으로 간주할 수도 있는데 이것은 타당성이 있다. 그러나 그것들을 생물학적으로 결정된 것으로 간주하는 것은 타당하지 않다. 왜냐하면 그것들은 인류의 가장 초기의 발명품, 즉 모든 인간적인 사고의 토대가 된 "요람기"의 특성이었던 것 같기 때문이다. 요컨대 초창기의 보편적인 특성들도 어떤 지방적인 관습과 마찬가지로 사회적으로 조건지어진 것인지도 모른다. 그러나 그것들은 오래전부터 인간의 행동 안에서 무의식적인 것이 되었다. 그것들은 오래되었고 또 보편화되어 있다. 그러나 오늘날 관찰할 수 있는 형태가 원시 시대에 시작되었던 원형과 같다는 말은 아니다. 또한 그것들의 다양성을 연구해보아도 그것들의 기원을 재구성할 방법은 전혀 없다. 이러한 사고의 보편적인 핵심을 격리시켜놓고 이 핵심으로부터 그것들의 지방적 형태를 구분하여 차이점을 찾아낼 수는 있을 것이다. 그러나 그렇다고 하더라도 그 특성은 분명히 어떤 지방적인 형태로부터 나오는 것이지, 관찰되는 모든 유사한 특성의 어떤 시원적인 최소 공배수로부터 추출되는 것은 아닌 것 같다.

　이런 이유가 있기 때문에, 미개 관습을 이용하여 기원을 확증하려는 것은 모험이다. 우리가 바라는 어떤 기원, 즉 보완적인 기원뿐만 아니라 상호 배타적인 기원에 대해서도 논거를 세우는 것은 가능하다. 그러나 인류학적인 자료의 여러 가지 사용 방법 중에서 이것이 가장 빠른 속도로 억측이 억측을 낳는 것이고, 또 여기서는 그 사례의 성질상 어떤 증명도 할 수 없다.

　또 사회적 형태를 토의하기 위하여 미개 사회를 이용하려는 것이 반드시 미개 시대로 되돌아가자는 낭만적인 생각과 관계가 있는 것은 아니다. 또 좀더 소박한 미개인들을 시적으로 미화시키려는 생각에서 제시하는 것도 아니다. 오늘날과 같이 이질적인 기준과 기계적인 혼동으로 뒤죽박죽된 시대에는 어느 한 민족이나 다른 민족의 문화가 여러 가지 점에서 우리에게 강력한 매력을 불러일으킨다. 그러나 우리가 미개인들이 보존하고 있는 이상향으로 되돌아감으로써 우리 사회 자체의 병폐를 치료하게 되는 것은 아닐 것이다. 그리고 단순한 미개 시대를 지향하는 낭만적인 유토피아 사상은, 비록 그것이 이따금 매력적이기는 하지만, 민족학 연구에 도움이 될 때도 있고 또 그만큼 방해가 될 때도 있는 것이다.

　우리가 지금까지 말한 바와 같이 미개 사회에 대한 오늘날의 주의 깊은 연구는 중요한 과제가 되고 있다. 그것은 미개 사회가 문화 형식과 과정에 관한 연구에 개별 자료를 제공하기 때문이다. 미개 사회에서 얻을 수 있는 자료는 지방적 문화 유형에 특유한 반응과 전인류의 보편적인 반응을 구별하는 데 도움을 준다. 이것말고

도 미개 사회는 문화적으로 조건지어진 행동이 대단히 중요한 역할
을 한다는 것을 우리가 가늠하고 이해하도록 도와준다. 과정 및 기
능을 가진 문화는 우리가 이룩할 수 있는 모든 계발이 요구되는 연
구 대상이다. 우리는 다른 어떤 방면에서보다도 문자 이전의 사회
의 문화적 사실들을 추구하는 데서 더 큰 보답을 받을 수 있다.

# 제2장
# 문화의 다양성

1

캘리포니아 사람들이 디거 인디언(Digger Indian)이라고 부르는 부족(Mission Indians)의 한 추장은 내게 그들의 옛날 생활 방식에 대하여 무척 많은 이야기를 해주었다. 그는 기독교인이었고, 부족들에게 물을 댄 땅에 복숭아나무와 살구나무를 심는 일을 지도하는 사람이었다. 그러나 곰춤을 추다가 그의 눈앞에서 곰으로 변했던 샤먼(shaman)의 이야기를 할 때 그의 손은 부들부들 떨렸고, 목소리는 흥분에 들떠서 막혔다. 그것은 아무것과도 비교할 수 없는, 옛날의 자기 부족들이 가졌던 힘에 대한 이야기였다. 그는 옛날에 사막에서 먹었던 음식물에 관해서 이야기하기를 가장 좋아했다. 그는 즐거운 마음으로 뿌리 뽑힌 식물에 대해서 하나씩 하나씩 이야기했고, 그 중요성에 대한 확신을 가지고서 이야기했다. 옛날에 그의 부족들은 "사막의 건강"을 먹었다고 말했다. 그들은 통조림 깡통 안에 무엇이 들어 있는지 알지 못했고 푸줏간에서 무엇을 파는 지도 몰랐다. 바로 이러한 기술 혁신들이 나중에 그의 부족들을 타락시켰다.

어느날, 이 라몬이라는 사람은 메스키트 나무(mesquite : 미국 남서부에서 나는 콩과의 관목/역자 주)를 갈고 또 도토리 수프를 만드는 일에 대해서 이야기하다가 어조를 조금도 바꾸지 않은 채 조용히 말머리를 돌렸다. "처음엔," 하고 그는 말했다. "신이 모든 사람들에게 물컵, 찰흙으로 된 물컵을 주었다. 이 컵으로 그들은 자기 생명을 마셨다.” 나는 이 비유가 내가 결코 발견하지 못한 그들의 어떤 전통적 의식(儀式)에서 나온 것인지 아니면 그 자신의 상상에 의한 것인지를 모른다. 그가 이 비유를 바닝(Banning)에서 알았던 백인에게서 들은 것이라고 생각하기는 힘들다. 백인들은 다른 민족의 에토스에 대해서 토론하려고 하지 않는 자들이기 때문이다. 어쨌든 이 소박한 인디언의 심중에서 이 말[言]의 비유는 분명했고 의미도 풍부했다. “그들은 모두 물에 잠겼다”라고 그는 말을 계속했다. “그러나 그들의 컵은 달랐다. 이제 우리의 컵은 깨어졌다. 사라져버렸다.”

**우리의 컵은 깨어졌다.** 그의 부족의 생활에 의미를 부여했던 것들, 즉 가정적인 식사 의식, 경제 제도상의 책임, 마을 의식의 계승, 곰춤에 홀리는 것, 그들의 선악의 기준——이 모든 것들은 사라져버렸고 그것과 함께 그들 생활의 외형과 의미도 사라져버렸다. 이 노인은 여전히 정력적이었고 백인과의 관계에서도 지도자였다. 그는 그의 부족의 멸망은 의심할 여지도 없다는 것을 말하려는 것은 아니었다. 그러나 그는 생명 그 자체의 가치와 맞먹는 가치를 지닌 어떤 것, 즉 그의 민족의 기준과 신앙의 모든 구조가 상실되었다는 생각은 강하게 가지고 있었다. 다른 생명의 컵은 남아 있었다. 이 컵에도 아마 같은 물이 담겨 있었던 것 같았다. 그러나 잃어버린 것을 돌이킬 수는 없었다. 이것은 여기에 뭔가 좀 덧붙이거나 혹은 저기서 어떤 것을 잘라내는 식의 문제가 아니었다. 그 모형은 기본적인 것이었고 그것은 누가 뭐래도 하나의 전체였다. 즉 그것은 그들 자신의 것이었다.

라몬은 자기가 이야기한 문제를 직접 경험했다. 그는 사고의 가치와 방법이 엄청나게 다른 두 개의 문화에다 양다리를 걸쳤다. 그것은 혹독한 운명이었다. 우리들이 서구 문명에서 경험한 것과는 달랐다. 우리는 하나의 코즈모폴리턴적인 문화에 적응될 수 있도록 양육되고 있으며, 우리의 사회과학, 심리학, 신학에서는 라몬의 비유 속에 표현되는 진리를 완강하게 무시하고 있다.

　인간의 상상력의 독창성은 물론이고 인생의 행로와 환경의 압박은 생활의 길잡이 노릇을 할 수 있는 모범들을 믿을 수 없을 만큼 많이 공급하며, 이 모든 모범들 덕택에 한 사회는 그것에 준하여 영위되는 것 같다. 소유권이라는 조직이 있으며, 아울러 재산과 관계될 수도 있는 사회적 위계 질서도 있다. 물질적인 대상과 이것들을 정교하게 다듬을 수 있는 기술도 있고, 성생활의 모든 면과 친자 관계가 있고, 또 이 친자 관계 다음에 오는 친자 관계도 있다. 사회의 골격을 이루는 동업 조합과 종파도 있다. 경제적 교환도 있으며, 신도 있고, 초자연적인 제재 규약도 있다. 이 모든 것과 이보다 더 많은 것들을 이룩하기 위해서는 문화의 에너지를 독점하고 다른 문화적 특성을 만들 여유를 거의 남겨놓지 않을 정도로 문화적이고 의례적(儀禮的)인 세련됨이 있어야 할 것이다. 그러나 우리들에게 가장 중요하다고 생각되는 생활 양상들은 그것들과 다른 방향에 기원을 두고 있는 문화——그렇다고 해서 그들의 문화가 보잘것없는 것은 결코 아니다——를 가진 사람들의 관심을 거의 끌지 못하고 가볍게 취급되어져버리는 경우도 있다. 반면에 그들과 공통적으로 가지고 있는 문화의 측면에 대해서 우리만이 지나치게 공을 들여서 굉장한 것으로 생각하는 경우도 있다.

　언어에서와 마찬가지로 문화 생활에서도 선택은 가장 중요하다. 우리 성대(聲帶)와 구강(口腔)과 비강(鼻腔)이 만들어내는 소리의 수는 실로 무한하다. 영어라는 말이 가진 서너 다스의 음은 심지어 독일어와 프랑스 어같이 서로 아주 밀접한 관계에 있는 파생 언어와도 일치하지 않는다. 어느 누구도 전세계의 서로 다른 언어에서 사용되고 있는 음의 총수효를 감히 측정조차 하지 못했다. 그러나 각각의 언어는 선택을 해야 하고 그것을 위반하면 전혀 상대방이 알아들을 수 없게 된다는 조건하에서 그 선택을 준수해야 한다. 심지어 가능성이 있는 수백개의 음소(音素, 音聲元素)——그리고 이 음소는 실제로 기록이 된 것이다——를 사용한 언어도 의사 소통에 도움이 될 수 없었다. 한편 우리 자신의 언어와 관계없는 언어에 대해서 우리는 무척이나 잘못된 이해를 하고 있는데 이것은 우리가 이들 낯선 음성 체계를 우리 자신의 음성 조직을 참고로 하여 생각하려고 시도하기 때문이다. 미국인들은 단지 한 개의 k 음만 인식하고 있다. 만약 다른 민족이 목구멍과 입의 위치를 달리하여 다섯 개의 k 음을 소리낸다면 이들 음의 차이에 의한 어휘와 구문을 구별하는 일은 우리가 그 음을 마스터하기 전까지는 불가능하다. 미국인들은 한 개의 d 음과 한 개의 n 음을 가지고 있다. 다른 언어에는 d와 n의 중간음이 있는지도 모른다. 그런데 미국인은 그것을 확인하지 못할 경우 그 중간음을 어떤 때는 d로, 또 어떤 때는 n으로 표기하면서 실제로는 존재하지도 않는 차이점을 끌어들이고 있는지도 모른다. 언어 분석에서 초보적이고도 필수적인 것은 각 언어가 믿을 수 없을 만큼 많은 소리를 가지고 있으며 그중에서 자기 자신의 소리를 선택한다는 것을 의식하는 것이다.

　문화라는 것도 역시 인간의 세대나 환경 혹은 인간의 다양한 행위가 가져다줄 수 있는 여러 가지 이해 관계를 내포하는 커다란 호(弧)임을 상상하지 않으면 안 된다. 만약 어떤 문화가 이러한 다양성을 상당한 비율로 포함하고 있다면 그 문화는 모든 파열음, 성문폐쇄음, 순음, 치음, 치찰음을 사용하고, 연구개음을 무성음에서 유성음에 걸쳐서 또 구음에서 비음에 걸쳐서 사용하는 언어와도 같이 이해할 수 없는 것이 되어버릴 것이다. 하나의 문화로서의 주체성은 이러한 많은 이해 관계를 내포하는 호에서 어느 정도의 단편들을 선택하느냐에 달려 있다. 모든 인간 사회는 어느 지역에 있든지 간에 그 문화 제도 중에서 이러한 선택을 한다. 다른 문화에 속한 사람들의 관점에서 보면 이들 모든 인간 사회는 기본적인 것을 무시하고 전혀 엉뚱한 것을 개발하고 있는 것으로 보인다. 어떤 문화에서는 화폐의 가치를 거의 인정하지 않는가 하면 또 다른 문화에서는 그것을 모든 행복 분야의 기초로 생각한다. 어떤 사회에서는 기술을 인간의 생존을 영위하는 데 반드시 필요한 것으로 생각하면서도 생활의 여러 국면에서는 그것을 도저히 믿기 어려울 정도로 경시한다. 그런가 하면 똑같이 단순한 또 다른 사회에서는 기술 면에서의 업적은 감탄을 일으킬 만큼 멋지고 정교하게 그 상황에 합치된다. 어떤 사회에서는 청년기를, 어떤 사회에서는 죽음을, 또 어떤 사회에서는 내세(來世)를 기초로 하여 거대한 문화적 상부 구조를 세운다.

청년기를 기초로 하는 경우는 그것이 우리 자신의 문명에서도 주목의 대상이 되고 있고 또한 다른 문화로부터도 많은 정보를 얻고 있기 때문에 특히 우리의 흥미를 끈다. 서구 문명에서 도서관에 있는 많은 심리학적 연구 자료는 사춘기의 심리적 불안정을 피할 수 없는 것이라고 강조한다. 우리의 전통에서 장티푸스가 열에 의해서 특징지어지듯이 사춘기의 심리학적 상태도 가정의 파괴와 반항에 의해서 명백히 특징지어진다. 이것은 의심할 여지가 없는 사실이며 미국에서 보편적인 현상이 되고 있다. 문제는 그것보다는 오히려 이런 현상이 불가피하다는 사실에 있다.

여러 사회가 청년을 취급하는 방법에 대한 가장 평범한 조사에서도 한 가지 사실은 피할 수 없는 것으로 생각된다. 즉 청년기의 특징을 중시하는 문화에서조차도 그 주의력을 집중적으로 받는 연령의 범위는 상당히 넓다는 것이다. 그러므로 생물학적인 사춘기로 생각한다면 이른바 사춘기 관습(puberty institution)이라고 부르는 것들은 잘못 붙인 이름이라는 것이 처음부터 분명해진다. 그 문화가 인정하는 사춘기는 사회적인 것이고, 사춘기의 의식(儀式)은 아이가 자라서 획득한 새로운 성인으로서의 지위를 어떤 형태로 인정한다는 것을 의미하게 된다. 새로운 직업과 의무를 부과하는 일도 결과적으로는 그 직업과 의무 자체만큼이나 다양하고, 문화적으로 조건지어진다. 만약 인간으로서 가질 수 있는 유일한 명예로운 의무가 전투 행위로 생각되는 사회의 경우라면 전사 임명식은 다른 의식보다 더 늦게 행해질 것이고 또 그 경우는 가면을 쓰고 신을 재현하는 춤에 참가하는 특권을 부여받아야 성인이 될 수 있는 사

회의 경우와는 다를 것이다. 사춘기 관습을 이해하기 위해서 통과
의식(rites de passage)의 전제가 되는 연령의 성질을 분석할 필요
는 없다. 오히려 필요한 것은 상이한 문화에서 성인의 시작이란 어
떤 것이며 성인으로서의 새로운 지위를 허가해주는 방식이 어떤 것
인지를 아는 것이다. 생물학적인 의미에서의 사춘기가 아니라 그
문화에서 성인이란 것이 의미하는 바가 성인 의식(puberty cere-
mony)을 조건짓는다.

　북아메리카 중부 지방에서는 성인이 된다는 것은 전쟁 행위를 뜻
한다. 전쟁을 통해서 얻을 수 있는 명예는 모든 남자들의 가장 큰
목표이다. 젊은이가 성인이 될 때, 또한 어느 연령에서이건 전쟁에
대한 준비를 할 때 끊임없이 반복되는 주제는 전쟁에서 이기기 위
한 주술적 의식(呪術的儀式)이다. 그들은 상대방을 괴롭히는 것이
아니라 자기 자신을 괴롭힌다. 그들은 자기 팔과 다리의 살갗을 벗
겨내고 손가락을 으깨어버린다. 또한 가슴이나 다리 근육을 꿰뚫어
굉장한 부담이 될 정도의 무거운 짐을 매달고 끈다. 이러한 의식의
대가로 그들은 전쟁에서 강력하고 용감무쌍한 힘을 발휘하게 된다.

　이와는 달리 오스트레일리아에서는 성인이 된다는 것은 배타적인
남성 예찬 의식에 참여하는 것을 의미한다. 이 남성 예찬 의식의
기본적인 특성은 여성을 배제한다는 것이다. 만약 여자가 이 의식
에 사용되는 불-로아레르(bull-roarer : 오스트레일리아 원주민의 의
식용 악기/역자 주)의 소리를 듣는다면 누구든지 살해당한다. 여자
들은 절대로 이 의식에 대해서 알아서는 안 되기 때문이다. 성인
의식은 여성과의 연대 관계를 완전히 청산하는 정교한 상징적 의식
이다. 남성은 이 의식을 통하여 상징적인 자주성을 가지게 되고,
자신이 속한 공동 사회에 대해서 전적으로 책임을 지는 구성분자가
된다. 이러한 목적을 달성하기 위하여 남자들은 철저한 성의식(性
儀式)을 하게 되고 초자연적인 보증을 받는 것이다.

　그러므로 청년기의 명백한 생리적인 사실은 심지어 그것이 강조
되는 곳에서조차 맨 처음에는 사회적으로 해석된다. 그러나 사춘기

의 여러 제도를 조사해보면 여기서 더 나아가 다음과 같은 사실, 즉 사춘기란 남자와 여자의 일생에서 생리적으로 서로 다른 현상이 라는 점이 명백해진다. 만약 사춘기에 대해서 생리적인 면을 강조 하고 난 뒤에 문화적인 면을 강조하게 될 경우 소녀들의 의식은 소 년들의 그것보다 더 뚜렷이 눈에 띌 것이다. 그러나 사실은 그렇지 가 않다. 성인 의식은 사회적인 사실, 즉 어느 문화에서도 성인 남 성의 특권은 성인 여성의 그것보다 훨씬 더 큰 영향을 미친다는 사 회적 사실을 강조한다. 따라서 위에서 본 바와 같이 여러 사회가 사춘기 소녀들보다 사춘기 소년들에게 주목한다는 것은 일반화된 현상이다.

그러나 사춘기 소년과 소녀는 같은 부족 안에서는 같은 방식으로 사회적인 축하를 받을 수도 있다. 예컨대 브리티시 컬럼비아 주 (州)의 내륙 지대 같은 곳에서는 성인 의식은 모든 직업에 대비한 주술적인 훈련이고, 소녀들도 소년들과 똑같은 조건하에서 이 훈련 에 참가한다. 발을 빠르게 하기 위하여 남자 아이들은 돌을 산 아 래쪽으로 굴리고 산 밑까지 그 돌을 두드리면서 달리거나 혹은 노 름에서의 행운을 빌기 위하여 노름 막대를 던진다. 여자 아이들은 멀리 떨어진 우물에 가서 물을 길어오거나 자기 옷 안으로 돌을 떨 어뜨리는 의식을 행한다. 이것은 돌이 땅 위에 떨어지듯이 아기를 그처럼 쉽게 낳을 수 있도록 하기 위함이다.

동아프리카의 호수 지방의 난디 족(Nandi) 같은 부족에서도 남자 아이들과 여자 아이들은 공평한 성인 의식을 받는다. 그러나 그 문 화에서는 남성이 지배적인 역할을 행하기 때문에 남자 아이들의 훈 련 기간은 여자 아이들의 그것보다 더 강조된다. 이곳에서의 성인 의식은 이미 성인으로서의 지위를 인정받은 사람들이 앞으로 성인 의 지위를 인정해주지 않을 수 없는 젊은이들에게 가하는 혹독한 시련이다. 성인들은 젊은이들이 할례와 관련되는 기발한 고문을 받 게 되더라도 그야말로 철저한 극기를 할 것을 요구한다. 남자와 여 자에 대한 의식은 각각 따로 하지만 둘 다 동일한 양식을 따른다.

남자이든 여자이든 간에 처음으로 그 의식을 받은 자들은 자기 연인의 옷을 입는다. 할례를 받는 동안 그들의 연인은 자기 연인의 얼굴에 고통의 흔적이 나타나는지를 주시한다. 용감하다고 생각되면 연인들은 크게 기뻐하며 앞으로 뛰어나가서 자기 옷을 되돌려받는다. 바로 이것이 연인의 용감한 행동에 대한 보상이다. 청년 남녀들은 이 의식을 받음으로써 새로운 성적(性的) 지위를 **허가받게** 된다. 남자는 이제 전사이고 애인을 가질 수 있으며, 여자는 이제 결혼할 수 있다. 이러한 청년기의 시험은 남자와 여자에게 주어지는 결혼 전의 시련이며, 그 승리의 영예는 그들의 연인들에 의해서 수여된다.

성인 의식이 여자의 사춘기에 나타나는 여러 가지 사실을 토대로 하여 만들어지며 따라서 소년들에게는 적용되지 않는 경우도 있다. 그 가장 소박한 예 중의 하나가 중앙 아프리카의 "여자를 살찌게 하는 집"이라는 제도이다. 이런 지방에서는 여성의 아름다움이 오직 살진 상태와 동일시된다. 그러므로 사춘기의 처녀들은 외부와 격리된 장소에서 달고 지방질이 있는 음식만 먹어야 하고, 운동도 전혀 할 수 없으며, 온몸에 기름을 문지르면서 지내야 하는데, 때로는 수년 동안 이렇게 하기도 한다. 이 기간 동안 처녀들은 자신의 장래의 의무를 배운다. 그들의 격리 생활은 자신의 살진 모습을 자랑함으로써 끝난다. 그 뒤를 이어 그들은 우쭐거리는 신랑에게 시집을 가게 된다. 그들은 남자들도 결혼 전에 여자와 같이 육체적인 아름다움을 먼저 갖추어야 한다고는 생각지 않는다.

소녀들의 사춘기 관습의 중심이 되는 관념으로서 남자들에게는 관계가 없는 보편적인 관념은 월경과 관계가 있다. 월경중의 여성이 불결하다는 관념은 꽤 널리 퍼져 있고, 몇몇 지방에서는 초경(初經)이 사춘기 관습과 관련되는 모든 태도의 초점이 된다. 이런 경우의 성인 의식은 지금까지 이야기한 사례와는 전혀 그 성격이 판이하다. 브리티시 컬럼비아 주의 캐리어 인디언(Carrier Indian)의 경우, 사춘기에 대한 여자의 두려움과 공포는 무엇보다 강하다.

그녀의 3-4년간의 격리 생활은 "생매장"이라고 불리며, 그 기간 동안 그녀는 모든 일상적인 통로와는 멀리 떨어진, 광야에 있는 나뭇가지로 지은 오막살이집에서 혼자 살아가야 한다. 그녀를 흘낏 보기만 해도 그것은 위협적인 일이 되며 그녀가 어떤 길을 걷거나 강을 건너기만 해도 그 길이나 강은 더러워졌다고 생각된다. 그녀는 무두질한 가죽으로 된 큰 덮개로 얼굴과 가슴을 뒤덮고 등뒤로도 발끝까지 감싸고 있는다. 팔과 다리는 동물의 근육으로 된 밴드를 감는데 이것은 그녀를 에워싸고 있는 악령으로부터 자신을 보호하기 위한 것이다. 그녀 자신이 위험에 처해 있음은 물론이고 다른 사람에게도 그녀는 위험의 원천이 되는 것이다.

월경과 관계 있는 관념을 토대로 하여 만들어진 여자의 성인 의식은 당사자인 개인의 입장에서 볼 때에는 전혀 상반되는 행동으로 전환될 수도 있다. 신성하다는 것에는 항상 두 가지 국면이 가능하다. 즉 그것은 위험의 원천도 될 수 있고 축복의 원천도 될 수 있는 것이다. 어떤 부족에서는 여자의 초경은 강력한 초자연적인 축복이 된다. 내가 만난 아파치 족(Apache)에서는 엄숙하게 줄지어서 서 있는 어린 소녀들 앞으로 성직자들이 무릎을 꿇고 지나가는데 이것은 소녀들의 몸을 스침으로써 소녀들의 축복을 받기 위함이었다. 병든 유아들과 노인들도 몸의 질병을 제거하기 위하여 이와 같은 일을 하러 왔다. 이들 사춘기 처녀들은 위험의 원천으로서 격리되기는커녕 오히려 초자연적인 축복을 지배하는 존재로서 정중한 대접을 받았다. 캐리어 족과 아파치 족에서는 처녀들의 성인 의식의 중요한 관념들은 다같이 월경과 관계 있는 믿음을 토대로 하고 있다. 따라서 처녀들과 관계 있는 성인 의식은 남자들과는 관계가 없다. 남자들의 성인 의식은 그 대신 간단한 테스트와 성인 증명으로써 가볍게 취급된다.

따라서 청년기의 행동은 심지어 여자의 경우에도 그 시기에 나타나는 어떤 생리적인 특징에 의해서 지배되는 것이 아니라 결혼이나 주술적인 요구 등과 같이 그 시기와 사회적인 관련을 맺고 있는 것에 의해서 지배된다. 이러한 생각들은 어느 부족의 청년기를 온화하며 종교적이고 자비로운 것으로 만드는가 하면, 다른 부족의 처녀를 매우 위험할 정도로 불결한 존재로 만들어버려서 이런 곳에서는 다른 사람들이 숲속에서 처녀를 피할 수 있도록 아이들은 경고의 울음소리를 내야 한다. 위에서 본 바와 같이 여자의 청춘기도 남자의 경우와 마찬가지로 문화적으로 제도화되지 않은 테마로 볼수도 있다. 오스트레일리아의 대부분의 지역에서처럼 남자의 청춘기를 정성들여서 취급하는 곳에서는 성인 의식이란 남성으로서의 지위를 얻어서 부족의 여러 가지 일에 남자로서 참여하는 일이 시작되는 것을 뜻하고, 여성의 청년기는 전혀 공식적인 인정을 받지 못한 채 지나가버린다.

그러나 이러한 사실로써는 근본적인 문제가 여전히 미해결로 남게 된다. 비록 청년기가 제도화되지 않은 것이라고 할지라도 모든 문화에서 청년기의 자연적인 혼돈 상태에 대처할 필요가 없다고 할 수 있을까? 미드 박사는 사모아에서 이 문제를 연구한 적이 있다. 사모아에서의 소녀의 일생은 명확히 구분되는 시기들을 지나게 된다. 유아기를 지나서 처음 몇해 동안은 이웃에 있는 같은 또래의 소녀들과 함께 지낸다. 이 시기에 어린 소녀들은 이들 생활에서 엄격하게 배제된다. 소녀가 속해 있는 마을의 한 귀퉁이는 매우 중요한 곳이 되고 소년들은 전통적으로 적이 된다. 소녀들에게는 한 가지 의무, 즉 아기를 보는 의무가 있지만 귀찮게 어린애를 집에서 데리고 있기보다는 밖에 데리고 나간다. 따라서 아기 보는 일은 소녀들이 노는 데 크게 방해되지 않는다. 사춘기에 도달하기 2년 전쯤이 되면 소녀는 자신에게 요구되는 더 힘든 일을 할 만큼 몸도 튼튼해지고 나이도 들어서 보다 숙련이 필요한 기술을 배울 수 있게 된다. 이때가 되면 그녀는 그때까지 자라오면서 속했던 유희 집단에서의 생활도 끝내야 한다. 그녀는 여성의 의복을 만들어야 하고 가사도 돌보아야 한다. 이 시기는 그녀에게 아무런 변화도 가져다주지 않는다.

소녀가 성인이 되어 몇년이 지나면 무책임한 연애 사건이 심심찮게 일어나는 즐거운 생활이 시작된다. 이런 기간은 수년간이나 계속되어 결혼 적령기에 도달할 때까지 연장될 수도 있다. 사춘기 그 자체를 확인할 수 있는 어떤 사회적 인정도, 태도와 기대의 변화도 없다. 그녀가 사춘기 이전에 가졌던 수줍음도 두서너 해가 지나도 역시 변하지 않은 채 지속된다. 사모아 소녀들의 생활은 생리적 성적 성숙이 아닌 다른 것이 고려의 대상이 되어 만들어지는 것이므로 사춘기는 특히 평온하고 평화로운 시기이다. 이 기간 동안에 청춘의 갈등은 전혀 나타나지 않는다. 따라서 이곳에서의 청춘기는 문화적으로도 아무런 의식 절차도 없이 지나갈 뿐만 아니라 그 소녀의 정서적 생활과 그녀에 대한 마을 사람들의 태도에서도 중요시될 만한 것은 전혀 보이지 않는다.

전쟁이라는 것도 또 하나의 사회적 테마이다. 이 테마는 각각의 문화에 따라서 사용할 수도 있고 사용하지 않을 수도 있다. 전쟁이 중요시되는 곳에서 그 전쟁이라는 것은 대조적인 목적을 가질 수도 있으며, 국가와 관련해서 볼 때 대조적인 조직을 가질 수도 있으며, 대조적인 제재 방식을 가질 수도 있다. 아스텍(Aztec : 멕시코의 원주민/역자 주) 문화의 경우 전쟁은 종교적인 제물로 쓸 포로를 잡는 한 방법에 불과하였다. 스페인 인들은 살상을 목적으로 싸우는 사람들이었으므로 아스텍 인들의 기준에서 볼 때 이들은 게임의 규칙을 어긴 것이었다. 그래서 아스텍 인들은 놀란 나머지 패했고 코르테스는 승자로서 수도에 입성했던 것이다.

우리의 관점에서 볼 때 전쟁과 관련하여 훨씬 더 기묘한 나라들도 세계 도처에 있다. 여기서는 상호간의 살육이 사회적인 집단간에서는 결코 조직적으로 일어나지 않는 지역이 있다는 것만 주목해서 보아도 우리의 연구 목적에는 충분할 것이다. 우리들은 전쟁을 익히 알고 있기 때문에 전쟁 상태라는 것을 어떤 다른 부족과 관계를 가질 경우에 평화 상태와 번갈아가며 일어나는 것이라고 생각한다. 물론 이러한 생각은 세계적으로 보편화되어 있다. 그러나 다른

한편으로는 평화 상태의 가능성을 도저히 생각할 수 없는 사람들도
있다. 그들의 개념으로는 평화 상태란 적을 자기들과 같은 인간이
라는 범주 안에 받아들이는 것과 같은 의미이기 때문이다. 그들의
정의(定義)에 따르면 그들이 배척하는 부족은 비록 자기들과 같은
인종과 문화에 속한다고 할지라도 분명히 인간이 아니기 때문이다.

이와는 반대로 전쟁 상태의 가능성을 도저히 생각할 수 없는 사
람들도 있다. 라스무센은 에스키모 인들에게 우리의 관습에 대해서
설명해주었을 때 그들이 그것을 듣고 멍청해하던 것을 이야기하고
있다. 에스키모 인도 살인 행위에 대해서 매우 잘 알고 있다. 만약
어떤 남자가 당신을 방해한다면 당신은 먼저 자신의 힘을 재어보고
한번 해보겠다는 생각이 들면 그를 죽일 것이다. 우리의 강자에게
는 사회적인 보복이 가해지지 않는다. 그러나 에스키모 인들에게는
한 마을이 다른 마을에 대하여 혹은 한 부족이 다른 부족에 대하여
전쟁을 한다는 생각이나, 심지어는 어떤 마을이 공정하게 매복전을
한다는 생각도 생소하다. 모든 살인 행위는 한 범주에 속해 있어서
우리들의 경우처럼 어떤 때는 칭찬할 만한 것이 되고 어떤 때는 최
악의 범죄가 되는 식으로 분리되지는 않는다.

내 자신도 캘리포니아의 미션 인디언들(Mission Indians)에게 전
쟁에 관한 이야기를 해주려고 했지만 전혀 불가능했다. 전쟁에 대
해서 그들은 캄캄절벽이었다. 그들 자신의 문화에서는 전쟁이라는
관념이 존재할 수 있는 토대조차 전혀 없었다. 그들이 전쟁이라는
것을 아무리 논리적으로 생각해본다고 해도, 우리들이 도덕적 정열
로써 몸바쳐 싸울 수 있는 위대한 전쟁도 그들의 눈에는 뒷골목의
패싸움 정도밖에 되지 않았다. 그들에게는 위대한 전쟁과 뒷골목의
패싸움을 구별해주는 문화의 패턴이 없었을 뿐이다.

비록 전쟁이 우리 문명에서 거대한 위치를 점하고 있음을 인정하
지 않을 수 없지만 전쟁은 반사회적 행위이다. 제1차 세계대전중에
용기와 이타주의와 정신적 가치 등을 북돋워주었던 전시하의 모든
논의들은 전쟁 이후의 혼란 상태에서 허구적이고 적대적인 것이었

음이 밝혀졌다. 우리 문명에서 전쟁이라는 것은 문화에 의해서 선택된 인간의 행위가 발전하여 얼마만큼 파괴적으로 될 수 있는가를 보여주는 좋은 예이다. 우리가 전쟁을 정당화한다면 모든 사람은 항상 자신이 행하는 온갖 행위들을 정당화할 수 있다. 이런 점에서만 전쟁이 정당화될 수 있을 뿐이지 전쟁 자체가 객관적인 검토의 대상이 될 수 있는 장점이 있는 것은 아니다.

전쟁만이 그와 같은 경우에 속하는 것은 아니다. 세계 각지의 모든 문화의 복잡한 단계로부터 전쟁과 같이 인간을 무시하면서도 마침내는 반사회적인, 정교하기 짝이 없는 문화적 행위를 예시하는 일이 가능하다. 이러한 경우는 예컨대 식사나 성행위의 규제와 같이 전통적인 관습이 생물학적인 충동과 상치될 때 가장 명료하게 나타난다. 인류학에서 사회 조직이라는 것은 특별한 의미를 가진다. 이것은 모든 인간 사회가 서로 결혼하는 것이 금지된 친족 집단을 중시하는 점에서는 일치한다는 사실에서 기인한다. 모든 여자와 다 성행위를 할 수 있다고 생각하는 사람은 아무도 없다. 이것은 흔히 생각하는 것처럼 근친혼을 막기 위한 것은 아니다. 세계 도처에서 볼 때 사촌이나 외삼촌의 딸이 자신의 색시감으로 예정되어 있는 곳도 많다. 결혼이 금지되는 친척의 범위는 민족에 따라서 전혀 다르기는 하지만 모든 인간 사회가 어쨌든 제한을 두고 있다는 점에서는 일치한다. 문화 가운데서 근친혼을 금지하는 관념만큼 일관성 있고 복잡하며 지극히 세련된 인간의 관념은 없다. 그런데 근친혼이 불가능한 근친 집단은 대개 그 부족 사회에서 가장 중요한 기능을 맡는 단위가 되며, 다른 사람과 관련하여 이들 개개인이 맡는 의무는 그 집단 안에서의 상대적인 위치에 따라서 정해진다. 이들 근친 집단은 종교적인 의식과 경제적인 교환 과정에서 개별 단위로서 기능한다. 따라서 이들 집단이 사회와 역사에서 맡고 있는 역할의 중요성은 아무리 강조해도 부족하다.

어떤 지역에서는 이러한 근친혼의 금지가 적당히 취급되어 비록 금지 규제가 있기는 해도 한 남자가 결혼할 수 있는 여자의 수는

상당히 많다. 또 다른 지역에서는 그 금지 규제가 사회적 허구에
의해서 근친혼이 금지되는 공통된 조상을 찾을 수 없는 광범위한
수의 개인들에게로까지 확대되어 있어서 배우자 선택은 결과적으로
지나치리만큼 제한을 받는다. 이러한 사회적 허구는 친족 관계를
나타내는 말에서 명료하게 나타난다. 우리는 아버지와 삼촌, 형제
와 사촌 하는 식으로 직계와 방계를 구별하지만, 그러한 지역에서
사용하는 말은 글자 그대로 "나의 아버지 뻘이 되는 이들의 집단
(친족 관계, 지역 관계 등)의 사람"을 뜻하며, 이것은 직계와 방계
의 구별이 아니라 우리에게는 생소한 구별에 따른 말이다. 오스트
레일리아 동부 지방의 어떤 부족들은 이와 같은 제도, 이른바 분류
적 친족 제도(classificatory kinship system)라는 극단적인 형식을
사용하고 있다. 이들이 형제 자매라고 부르는 사람들은 그들과 조
금이라도 혈연 관계가 있는 같은 항렬에 속한 사람들 전부를 뜻한
다. 여기서는 사촌이라는 범주도 없고 그것에 대응하는 다른 것도
없다. 같은 항렬에 속하는 모든 친척들은 전부 형제 자매가 된다.

친족 관계에 대한 이러한 사고방식은 세계적으로 볼 때 진기한
것은 아니다. 그러나 오스트레일리아에서는 더 나아가서 자매 결혼
(sister marriage)에 대한 극도의 공포 때문에 족외혼의 금지가 유
래가 없을 만큼 발달되어 있다. 쿠르나이 족(Kurnai)은 극단적인
분류적 친족 제도 때문에 그들의 모든 "자매"와의 성관계, 즉 어떻
든 간에 자기들과 관련이 있는 같은 항렬에 속한 여성들과의 성관
계에 대하여 오스트레일리아 인들과 같은 공포를 느끼고 있다. 이
밖에도 쿠르나이 족은 배우자 선택에 엄격한 지역적인 규제를 가한
다. 15-16개의 지역으로 이루어진 부족에서는 이따금 그중 두 지역
끼리만 서로 여성을 교환해야 하며 그외의 지역과는 결혼이 허용되
지 않는다. 또 다른 경우에는 2-3개 지역 집단은 다른 2-3개 지역
집단과 통혼(通婚)할 수도 있다. 게다가 오스트레일리아 전역에서
처럼 연장자들이 특권 집단인 경우에는 그들의 특권은 젊고 매력
있는 처녀와 결혼하는 데까지 미친다. 물론 이러한 규칙이 적용되

면 젊은 남녀의 결합 조건을 엄격하게 규정하고 있는 모든 지역 집단에서는 이들 금지 규정의 어느 쪽에도 저촉되지 않는 처녀는 하나도 없다는 결론이 나온다. 어떤 처녀라도 어머니 쪽의 혈연으로 보면 자기 "자매"의 한 사람이거나, 아니면 이미 어떤 연장자에게 짝지워져 있거나 하는 둘 중의 한 쪽에 걸린다. 그것도 아니라면 그보다 이유는 좀 빈약하지만 그 처녀는 결혼 상대가 될 수 없도록 금지된 사람이다.

그러나 쿠르나이 족은 이런 이유가 있다고 해서 그들의 족외혼 제도를 개혁하지는 않았다. 젊은이들이 폭력으로 맞서도 이 제도는 완강히 유지되었다. 그래서 보통 그들이 결혼할 수 있는 유일한 방법은 이러한 금지 규정에 맞서서 불법적으로 도망하는 것뿐이었다. 눈이 맞은 남녀는 사랑의 도피 행각을 한다. 이러한 도피 행각이 일어난 것을 마을에서 알게 되면 즉시 추격전을 벌이게 되는데 만약 도망간 한 쌍이 잡히면 둘 다 죽는다. 추격하던 사람들도 아마도 모두 같은 방법으로 결혼했겠지만 그것이 중요한 문제는 아니다. 도덕적인 분노가 극에 달하는 것이다. 그러나 전통적으로 안전한 도피처로 인정되는 섬이 하나 있는데 도망친 한 쌍이 그곳에 도착하여 첫 아이를 낳을 때까지 거기에 머무르게 되면 그들은 다시 마을로 돌아올 수 있다. 물론 혹독한 처벌을 받게는 되지만 자신을 변호할 수 있다. 그들은 두 줄로 늘어선 사람들 사이를 벌거벗은 채 달리면서 채찍이나 몽둥이로 얻어맞고 난 뒤에 그 부족에서 기혼자로서의 지위를 획득하게 된다.

쿠르나이 족은 그들의 문화적인 딜레마를 아주 전형적인 방법으로 보여주고 있다. 이들은 어떤 행동의 특수한 국면을 확대시키고 복잡하게 하여 그것이 사회적인 부담이 되도록 했다. 그들은 이것을 수정하든지 아니면 어떤 핑계를 내세워서 그냥 두든지 해야 한다. 그런데 핑계를 사용하는 방법을 취했다. 그들은 족외혼 제도를 소멸시키는 방법을 피하고 이를 개정하는 것도 인정하지 않으면서도 자기들의 윤리를 유지하고 있다. 이러한 방법으로 **관습**의 문제를 처리해왔기 때문에 문명이 진보해도 그 제도는 아무런 손실도 받지 않았다. 서구 문명의 구세대 사람들도 이와 유사한 방법으로 일부 일처 체제를 유지하면서 매춘 행위를 지지했다. 홍등가의 전성기 때만큼 일부일처제에 대한 찬사가 열렬했던 적도 없었다. 사회는 항상 체제 옹호적인 전통적 형식을 정당화해왔다. 이러한 형식의 행위가 쓸모 없어지고 약간의 보충적인 행동 형식이 그 자리에 들어서면 마치 이러한 보충적인 행동은 존재하지도 않았다는 듯이 전통적인 형식에 대해서 입에 발린 찬사를 늘어놓게 마련이다.

인간의 여러 문화 양식에 대한 이러한 조감도적인 조사는 몇 가지의 공통적인 오해를 분명하게 없애준다. 첫째로 주위 환경이나 인간의 생리적 요구가 암시해주는 것을 토대로 하여 인간의 문화가 구축한 여러 가지 제도는 우리가 쉽게 상상하는 바와 같이 원초적인 충동과 밀접한 관계가 있는 것은 아니라는 것이다. 이러한 암시들은 실제로는 아무렇게나 그린 스케치, 즉 적나라한 사실의 한 목록에 불과한 것이다. 그것들은 약간의 잠재력인데 그것들을 세련되게 하여 문화로 만드는 것은 그것들과는 관계없는 여러 가지 고려에 의해서 결정된 것들이다. 전쟁은 싸우기를 좋아하는 본능의 표현이 아니다. 인간의 호전성은 인간의 잠재 능력 중에서 지극히 작은 하나의 암시에 불과하므로 그것은 부족 상호간의 관계에서 전혀 나타나지 않을 수도 있다. 그것이 문화로서 제도화될 때 취해지는 형식은 원초적인 충동에 속하는 사고방식이 아니라 일상적인 사고방식을 따른다. 인간의 호전성은 관습이라는 공(ball)이 굴러갈 때 공에 부딪치는 것에 불과하며 어떤 경우에는 그것조차도 억제당해서 관습으로서 인정받지 못할 수도 있다.

문화 과정에 대한 이러한 견해는 우리의 전통적인 제도를 지지하는 현재의 많은 논의를 재고하도록 요구한다. 현재의 논의들은 대체로 독특한 전통적 형식이 없이는 인간은 전혀 그 기능을 다할 수 없다는 생각을 토대로 하고 있다. 사유 재산 제도라는 특수한 제도하에서 일어난 경제적 욕구의 특수한 형태와 같은 문화적인 특성조차도 바로 이러한 타당성을 가진 예라고 할 수 있다. 이 경제적 욕구는 대단히 특수한 행동 동기이지만, 심지어 우리 세대에서도 크게 수정되고 있다는 것을 증명할 수 있다. 어쨌든 우리는 이 문제가 생물학적인 생존 가치의 문제이기나 한 것처럼 토론하여 혼란에 빠질 필요는 없다. 자립이라는 동기는 우리 문명이 크게 중요시하는 행동 동기이다. 만약 우리의 경제 구조가 변한다면 그 결과 자립이라는 행동 동기도 과거 위대했던 개척의 시대와 팽창하는 산업주의 시대에서처럼 강력한 추진력으로서의 역활을 더 이상 하지 못하게 될 것이다. 그렇게 되면 변화된 경제 조직에 적절히 어울리는 다른 행동 동기들이 많이 생겨날 것이다. 모든 시대의 모든 문화는 무한한 가능성 중에서 몇개의 소수를 개발하여 이를 이용한다. 변화라는 것은 무척 불안한 것이고 커다란 손실을 가져올 수도 있다. 그러나 이것은 변화 그 자체가 어려운 것이기 때문이지 우리 시대, 우리 나라가 인간 생활을 영위할 수 있는 토대가 되는 유일하게 가능한 행동 동기에 고정되어 있기 때문은 아니다. 변화는 어떤 애로가 있을지라도 반드시 일어난다는 점을 우리는 기억하지 않으면 안 된다. 우리는 아주 사소한 관습의 변동에도 겁을 집어먹는데 이것은 보통 이 문제와는 전혀 별개의 것이다. 문명은 그 어떤 개혁 의지나 상상력을 가진 인간의 권위보다 훨씬 더 급진적으로 변화될 수 있으며, 그러면서도 여전히 완벽하게 제 할 일을 할 수도 있다. 오늘날 무척이나 많은 반대를 불러일으키는 사소한 변화들, 예컨대 이혼의 증가, 도시에서의 세속화의 증가 현상, 페팅 파티(petting party : 남녀가 자유롭게 포옹, 키스를 하는 모임/역자 주)의 유행 등의 제반 현상들은 과거와는 약간 다른 문화의 패턴으로 쉽사리 받아들여질 수도 있다. 그러나 이런 현상들이 전통이 되려면 그것들은 과거의 여러 가지 문화의 패턴들이 그 세대에서 가졌던 것만큼의 풍부한 내용과 중요성과 가치를 부여받아야 할 것이다.

그러나 이 문제가 시사하는 진리는 오히려 다음과 같은 점에 있다. 즉 인간의 제도와 행동 동기가 될 수 있는 가능성을 가진 것은 문화의 단순 복잡의 정도에 관계없이 무한하며, 이러한 다양성을 폭넓게 받아들이는 것이 인간의 지혜라는 점이다. 인간이 어떤 문화에 완전히 참가할 수 있으려면 그 문화 형식에 따라서 양육되고 생활해야 한다. 그러나 인간은 자기 자신이 속한 문화에 대하여 인정하는 것과 같은 의미를 다른 문화에도 인정해줄 수는 있다.

2

인간 사회는 가능성 있는 존재 양상을 쉽사리 받아들여서 이것을 세련되게 하기도 하고 혹은 간단히 거부하기도 하는데, 문화의 다양성은 이런 것에 의해서만 비롯되는 것은 아니다. 오히려 문화의 다양성은 이것보다는 문화적 특성의 복잡한 상호 교차에서 더 많이 비롯된다. 우리가 위에서 이야기한 것같이 어떤 전통적인 제도의 최종 형태는 원초적인 인간의 충동에서 훨씬 벗어나 있다. 대개의 경우 이러한 최종 형태는 하나의 문화적 특성이 다른 경험 분야에서 나온 다른 특성과 합쳐지는 방식에 의해서 결정된다.

널리 퍼져 있는 어떤 문화적 행위는 어떤 사람들의 종교적 신념과 결부되어서 그들 종교의 중요한 한 국면으로서 기능하기도 한다. 또 다른 지역에서는 똑같은 행위가 전적으로 경제적 이전(移轉)의 문제가 되어서 통화 제도의 한 양상이 되기도 한다. 이러한 가능성은 끝이 없으며 그 적용되는 상황이 이상야릇하게 보일 때도 있다. 이러한 행위의 본질은 그것과 결합되는 요소에 따라서, 지역에 따라서 상당히 다를 수도 있다.

이러한 문화적 과정을 분명하게 알아두는 것은 중요한 일이다. 그렇지 않을 경우 우리는 이러한 인간 행위가 지역적으로 결합됨으로써 생기는 여러 결과들을 하나의 사회학적 법칙에 의해서 간단히 일반화하려는 유혹에 빠지거나 이러한 결합을 일반적인 현상이라고 가정해버리게 되기 때문이다. 유럽의 조형 예술의 위대한 시대에는 종교적인 동기가 많이 작용했다. 그때의 예술은 그 시대의 견해에서 볼 때 기본적이었던 종교적인 장면과 교리들을 그림으로 그렸고 그것은 공동 재산이 되었다. 만약 중세 미술이 종교와 제휴하지 않고 순전히 장식적이었다면 현대 유럽의 미학은 지금과는 전혀 달라졌을 것이다.

역사적으로 보면 위대한 예술의 발달이 종교적인 동기와 종교를 이용한 것으로부터 크게 분리되었던 적도 가끔 있었다. 예술과 종교는 심지어 고도로 발달하였을 경우에도 분명하게 서로 독자적일 수도 있다. 미국 남서부의 원주민 부락에서의 도예와 직물의 예술 양식은 어떤 문화의 예술가들로부터도 존경을 받는다. 그러나 그들의 성직자들이 휴대하거나 제단에 바치는 성스러운 사발들은 겉만 번지르르하고 장식도 조야하며 일정한 양식도 없다. 남서부의 종교적인 물건들은 그들의 전통적인 기술 수준에도 훨씬 못 미치기 때문에 미술관에서도 이것을 받아들이지 않는다는 것은 잘 알려진 사실이다. "우리는 거기에 개구리 한 마리를 놓아야 합니다"라는 주니 인디언들의 말은 종교적인 절대적 요구에 의해서 예술적인 요구는 전혀 배제된다는 의미이다. 이와 같은 종교와 예술의 분리는 푸에블로 족(Pueblo : 미국 남서부에 사는 원주민 종족/역자 주)에게만 있는 유일한 특성은 아니다. 남아메리카와 시베리아에 있는 부족들도 이와 같은 특징을 보여준다. 다만 이들에게는 그 동기가 여러 가지이다. 이들은 종교 의식에다 예술적인 기술을 사용하지 않는다. 그러므로 우리는 과거의 미술 비평가들이 했던 것처럼 한 지방의 중요한 주제인 종교에서 미술의 원천을 찾지 말고, 오히려 종교와 예술이 서로 얼마만큼 영향을 미치는가, 그리고 그러한 상호 융합이 어떠한 결과를 가져다주는가를 연구할 필요가 있다.

이질적인 경험 분야가 서로 영향을 미치고 그 결과 그 두 분야간에 수정이 일어나는 현상은 경제, 성관계, 민간 전승, 물질 문화, 종교 등 모든 생활 분야에서 볼 수 있다. 이러한 과정은 북아메리카 인디언들에게 널리 퍼져 있는 종교적인 행위를 예로 들어서 설명할 수 있을 것이다. 남서부의 푸에블로 족의 문화를 제외한 북아메리카 대륙 전역에 걸쳐서 초자연적인 능력은 꿈이나 환상을 통하여 획득되는 것이라고 생각되었다. 이러한 신앙에 따르면 인생에서의 성공은 그 개인이 초자연적인 능력과 접촉함으로써 가능하다. 모든 사람들은 자신의 평생을 위한 능력을 환상을 통하여 부여받는다. 또 어떤 부족에서는 보다 깊은 환상을 추구함으로써 끊임없이 정령(精靈)과의 개인적인 관계를 갱신하기도 한다. 그가 본 것이 동물이든 별이든 식물이든 혹은 초자연적 존재이든 간에 그는 환상을 통해서 본 것을 개인적인 보호자로서 받아들인다. 그는 필요할 때 그 보호자를 부를 수가 있다. 대신 그는 환상의 후원자에게 공물을 바치고 온갖 종류의 의무를 진다. 그러면 그 정령은 약속했던 특별한 능력을 환상을 통하여 그에게 준다.

이러한 수호신 콤플렉스는 북아메리카 대부분의 지역에서 볼 수 있으며 이것과 아주 밀접한 관계가 있는 다른 문화의 여러 특성에 따라서 갖가지 형태를 취하고 있다. 브리티시 컬럼비아의 고원 지대에서는 이 수호신 콤플렉스가 위에서 이야기한 청년기의 의식과 융합된다. 이들 부족의 소년 소녀들은 청년기가 되면 주술적인 훈련을 받기 위하여 산으로 들어간다. 성인 의식은 태평양 연안 전역에 걸쳐서 널리 분포되어 있고, 이들 대부분 지역에서 이것은 수호신 관습과는 확연히 구별된다. 그러나 브리티시 컬럼비아에서는 성인 의식과 수호신 관습이 서로 융합되어 있는 것이다. 소년의 청년기의 주술적 훈련의 클라이맥스는 수호신을 얻게 되는 때인데, 이 수호신은 공물을 받고서 그 소년이 평생 동안 종사할 직업을 결정해준다. 그는 이 초자연적인 정령의 결정에 따라서 전사, 샤먼, 사냥꾼 혹은 노름꾼이 된다. 소녀들도 그녀들의 가정에서의 의무를 나타내는 수호신을 받게 된다. 이들 부족에게 수호신 경험은 청년기의 의식과 너무나 밀접하게 관련되어 형성되어 있다. 그래서 이 지역을 알고 있는 인류학자들은 미국 인디언들의 모든 환상 콤플렉스는 그 기원을 성인 의식에 두고 있다고 주장한다. 그러나 그 두 가지가 서로 관계가 있는 것은 아니다. 그것들은 지역적으로 융합된 것이고, 그 융합을 통하여 두 가지의 특성들이 특수하고도 독특한 형태를 취하게 된 것이다.

북아메리카 대륙의 그외의 지방에서는 수호신을 사춘기에 추구하지도 않으며 부족의 젊은이들 모두가 추구하는 것도 아니다. 결국 이 지역 문화에서의 수호신 콤플렉스는 설사 그러한 것이 있다고 하더라도 성인 의식과는 관계가 없다. 남부 평원 지대에서는 그와 같은 신비적인 강제력을 획득하지 않으면 안 되는 것은 오히려 성인 남자들이다. 환상 콤플렉스는 성인 의식과는 전혀 다른 특성과 결합되어 있다. 오세이지 족(Osage)은 부계를 이어받고 모계를 무시하는 친족 집단으로 조직되어 있다. 이 친족 집단은 초자연적인 축복을 공동의 유산으로 상속받는다. 각 친족들의 옛이야기를 들어 보면 그 조상들이 어떤 방법으로 환상을 추구했고 또 환상에서 만난 동물로부터 어떻게 축복을 받았는가를 알 수 있다. 각 친족들은 그 동물의 이름을 유산으로 물려받는다. 홍합을 수호신으로 삼는 친족의 조상은 눈물을 줄줄 흘리면서 수차례나 초자연적인 축복을 추구했던 것이다. 마침내 그는 홍합을 만나서 다음과 같이 말했다.

    오! 조상님이시여,
    어린 것들은 제 한몸을 만들 것조차 없습니다.

그러자 홍합이 그에게 대답했다.

    너는 어린 것들이 제 한몸을 만들 것조차 없다고 하는구나.
    그러면 내 몸으로 어린 것들의 몸을 만들어라.
    내 몸으로 어린 것들의 몸을 만들면
    그들은 항상 장수하리라.
    내 피부[조개 껍질]의 주름살을 보아라.
    내가 장수의 수단이 되어
    어린 것들이 내 몸으로 제 몸을 만들면

어린 것들은 살갗에서 장수의 표시를 보게 될 때까지 살게 되리라.

[생명의] 강의 일곱 구비를

나는 훌륭하게 지나간다.

내가 여행할 때는 신(神)들도 내가 만든 길을 볼 수 없다.

어린 것들이 내 몸으로 제 몸을 만들면

그 누구도, 신들까지라도 그들이 만드는 길을 보지 못하리라.


이들에게 환상을 찾게 해주는 잘 알려진 요소들은 지금도 모두 그대로 있다. 그러나 그 환상은 자기 친족의 최초의 조상만이 획득했고, 그 축복은 혈연 관계가 있는 집단에게 상속되고 있다.

오세이지 족에서 볼 수 있는 이런 현상은 토테미즘(totemism) 세계의 완벽한 모습을 보여주는 하나의 그림을 제공한다. 즉 그것은 사회 조직과 조상에 대한 종교적인 숭배가 밀접하게 혼합되어 있음을 말해준다. 토테미즘은 세계 각지에서 묘사되고 있다. 인류학자들은 씨족 토템이 "개인적인 토템" 즉 수호신에서 시작되었다고 주장한다. 그러나 오세이지 족의 상황은 환상 추구가 청년기의 의식과 융합되는 브리티시 컬럼비아의 고원 지대의 경우와 아주 비슷하다. 다만 오세이지 족의 경우에는 환상 추구가 씨족이 계승하는 특권과 융합되어 있을 뿐이다. 오세이지 족에게서 볼 수 있는 이러한 새로운 결합은 너무나 강력하여 이제 그들은 더 이상 환상이 자동적으로 능력을 준다고는 생각지 않는다. 환상의 축복은 오직 상속받은 유산에 의해서만 달성된다고 생각한다. 그래서 오세이지 족 사이에서는 그들의 조상들이 환상과 조우(遭遇)했던 것과 그리고 그 결과로서 후손들이 받게 될 축복을 자세하게 설명한 노래들이 오래전부터 만들어져왔다.

이 양자의 경우에서 볼 때, 오직 환상 콤플렉스만이 성인 의식이나 씨족 집단과 융합되어 서로 다른 지역에서 서로 다른 성격을 부여받는 것은 아니다. 청년기의 의식들과 사회 조직도 다같이 환상

추구의 상호 교차에 의해서 채색된다. 이 양자는 서로 영향을 주고
받는다. 환상 콤플렉스, 성인 의식, 씨족 조직 및 환상과 밀접한
관계가 있는 다른 많은 특성들은 많은 결합체로 꼬여진 끈이라고
할 수 있다. 이러한 특성들이 서로 혼합됨으로써 만들어지는 여러
가지 결합체는 그 중요성을 아무리 강조해도 지나치다고 할 수가
없다. 방금 이야기한 두 지역, 즉 종교적 체험이 성인 의식에 융합
되는 지역과 씨족 조직에 융합되는 지역에서는 해당되는 부족의 모
든 사람들은 무슨 일에서든지 성공을 바랄 경우 환상으로부터 그
능력을 받을 수 있다. 이것은 결합된 관행에서 나온 당연한 논리의
결과이다. 어떤 직종에서이건 성공을 하면 그 명예는 그 개인의 환
상 체험으로 돌아가게 된다. 그가 기막힌 노름꾼이든 솜씨좋은 사
냥꾼이든 간에 그는 훌륭한 샤먼과 마찬가지로 환상 체험으로부터
그 능력을 부여받았다고 생각한다. 이러한 그들의 교리에 따르면
초자연적인 후원자를 얻지 못한 사람들에게는 지위 향상의 모든 길
이 막혀 있는 것이다.

　그러나 캘리포니아에서는 이 환상은 샤먼의 직업적 권능이다. 환
상으로 인하여 샤먼은 특수한 사람으로 구별된다. 바로 이런 지역
에서 가장 이상스러운 환상 체험의 여러 모습이 발달했다. 이곳에
서 환상은 환각도 아니고 이를 위하여 단식과 고통과 격리의 무대
를 설치할 필요도 전혀 없다. 이 지역 사회에서 환상이라는 것은
정신적으로 극히 불안정한 사람과 특히 여성들을 사로잡는 몽환경
(夢幻境)을 체험하는 것을 말한다. 섀스타 족(Shasta)의 경우 여성
만이 그런 축복을 받는 것이 상례로 되어 있다. 여기서 요구되는
체험은 명백한 경직 증세로서 초심자는 예고적인 몽환을 경험한 뒤
에 이 증세를 맞이한다. 그녀는 의식을 잃고 경직된 상태에서 쓰러
진다. 다시 의식을 되찾으면 입에서 피가 스며나온다. 수년이 지난
후 그녀를 샤먼으로 부를 수 있음이 모든 의식(儀式)을 통하여 증
명되는데, 이 모든 의식은 그녀가 경직증 발작을 일으키기 쉬운 사
람임을 오히려 더욱더 과시하는 것이며, 또한 그녀의 생명을 구해

주는 치료라고 생각된다. 섀스타 족과 같은 부족에서는 환상 체험이 종교적 시술자(宗敎的施術者)들을 다른 사람과 구별지어주는 격렬한 발작으로 변했을 뿐만 아니라 샤먼의 특성도 몽환경의 본질에 의해서 이와 똑같이 수정되었다. 그들은 분명히 그 지역 사회에서 이상(異常) 성격자들이다. 이 지역에서 행해지는 샤먼들 사이에서의 경기는 상대방을 넘어뜨리는 춤, 즉 춤을 추면서 필경 그들을 엄습하고야 말 경직성 발작을 누가 더 오래 견딜 수 있는가를 보여주는 춤의 형식을 취한다. 환상 체험과 샤머니즘은 서로 밀접한 관계가 있기 때문에 서로 깊은 영향을 끼친다. 이들 두 개의 문화 특성의 융합은 환상 체험과 성인 의식 또는 환상 체험과 씨족 조직의 융합과 같이 양자의 행동 분야를 크게 변형시켰다.

　이와 마찬가지로 우리들의 문명에서도 교회와 결혼 승인이 서로 분리된 것은 역사적으로 볼 때 분명하지만 결혼의 종교적 예식은 수세기 동안 성적(性的) 행동과 교회의 발전을 좌우해왔다. 이 수세기 동안 결혼의 독특한 성격은 본질상 아무 관계가 없는 두 개의 문화 특성이 융합한 데서 기인되었다. 다른 한편, 결혼은 재산을 이전시킬 수 있는 전통적인 수단이 되는 경우도 있다. 결혼을 이런 수단으로 여기는 문화권에서는 결혼과 경제적 재산의 이전이 밀접하게 결합되어 있기 때문에, 결혼이 근본적으로는 성생활과 자녀 양육의 조정 문제라는 사실을 까맣게 잊어버릴 수도 있다. 위의 두 가지 경우 중 어디에 속하든 간에 결혼은 그것과 동화되어 있는 다른 문화 특성과 관련하여 이해하지 않으면 안 된다. 그러므로 우리는 동일한 사고로써 이들 두 경우의 "결혼"을 이해할 수 있다고 오해해서는 안 된다. 결국 우리는 문화 특성이 되어버린 서로 다른 요소들을 고려하지 않으면 안 된다.

　우리들에게는 우리 자신의 문화 유산의 특징들을 몇개의 부분으로 분석할 수 있는 능력이 매우 필요하다. 만약 우리들의 가장 단순한 행동이 내포하고 있는 복합성까지를 이런 방식으로 이해하게 된다면 사회 질서에 대한 토론으로 분명히 얻는 것이 있을 것이다.

앵글로-색슨 민족들에게는 인종 차별과 위신이라는 특권이 서로 깊이 융합되어 있기 때문에 생물학상의 인종 문제를 사회적으로 조건 지어진 편견과 구분할 수 없게 된다. 심지어 앵글로-색슨 민족과 가까운 관계에 있는 라틴 민족 사이에서도 이러한 편견은 다른 형태를 취하고 있다. 따라서 구(舊)스페인의 식민지들과 구영국 식민지들에서도 인종 차별이 똑같은 사회적 의미를 가진 것은 아니다. 이와 마찬가지로 기독교와 여성의 지위 문제도 역사적으로 상호 관계가 있는 문화 특성이며, 시대에 따라서 그 상호 관계도 크게 다른 형식을 취했다. 오늘날 기독교국들에서 여성이 차지한 높은 지위는 기독교의 "결과"가 아니다. 이는 오리겐(Origen : 알렉산드리아의 신학자. A.D. 185-254/역자 주)이 여성을 무시무시한 유혹과 결부시켜서 연상한 것이 기독교의 영향이 아닌 것과 마찬가지이다. 이러한 문화 특성의 상호 침투 현상은 발생했다가 스러졌다가 한다. 문화의 역사는 상당한 정도까지는 이러한 상호 침투 현상의 본질과 운명과의 결합의 역사이다. 우리는 어떤 복합적인 문화 특성에서 아주 쉽사리 유전적인 관계를 생각하고, 이 문화 특성의 상호 관계에서 조금이라도 혼란이 일어나면 큰 공포를 느끼는데 이것은 대부분 착각이다. 결합의 가능성은 무한히 다양하다. 따라서 적절한 사회 질서는 이러한 무한한 다양성의 토대 위에다 무차별적으로 구축할 수 있다.

# 제3장

## 문화의 통일성

문화의 다양성에 대해서는 끝없이 기록할 수 있다. 인간 행동의 어떤 분야는 어떤 사회에서는 거의 소멸될 때까지도 무시될 수 있다. 더군다나 어떤 경우에는 생각조차 되지 않을 수도 있다. 그러나 이와 똑같은 인간 행동의 분야도 다른 사회에서는 그 사회의 모든 조직된 행동을 독점하다시피 할 수가 있고, 가장 생소해 보이는 상황도 그 자체 사회의 여러 조건하에서는 잘 처리될 수 있을 것이다. 본질적으로는 서로 아무 관계도 없고 역사적으로도 각자 독립적인 문화 특성들이 결합하여 설명하기 어려운 것이 되고, 그와 같은 문화 특성을 가지지 않은 지역에서 새로운 행동이 일어날 수 있는 좋은 기회를 제공한다. 바로 이러한 현상의 자연스러운 결과로서 서로 다른 문화 속에서의 인간 행동의 기준들은 그 행동의 양상이 어떠하든지 간에 긍정의 극에서 부정의 극에까지 이르는 범위를 포함한다. 예컨대 살인 행위는 모든 사람이 비난하리라고 생각된다. 그러나 이웃한 나라와 외교 관계가 단절된 경우에는 살인 행위에 대해서 아무런 비난도 받지 않을 수도 있다. 또한 사람들은 관습에 따라서 첫 아이와 둘째 아이를 죽일 수도 있고, 남편은 아내에 대해서 생살 여탈권이 있는 경우도 있으며, 부모가 늙기 전에 자식이 부모를 죽이는 것이 도리라고 생각하는 경우도 있을 것이다. 이럴 때의 그들의 살인 행위는 비난의 대상이 되지 않을 것이다. 또한 닭 한 마리를 훔치거나 윗니가 먼저 나오는 아이들, 수요일에 태어나는 아이들을 관습에 따라서 죽이는 경우도 있을 수 있다. 어떤 사람들은 사고사(事故死)를 일으켰다고 해서 괴로운 고통을 감내하는가 하면 똑같은 행위라도 전혀 문제로 삼지 않는 사람들도 있다. 이와 마찬가지로 자살도 어떤 부락에서는 약간만 퇴짜를 받아도 사람들이 저지르는 가벼운 문제일 수 있고 어떤 부락에서는 항상 일어나는 행위일 수도 있다. 또는 자살이 현명한 사람이 취할 수 있는 가장 고귀한 행위일 수도 있다. 그러나 다른 곳에서는 바로 이와 같은 자살 이야기가 도저히 믿을 수 없을 만큼 우스꽝스러운 것이 될 수 있으며 인간이 할 수 있으리라고는 전혀 생각조차 할 수 없는 행위가 될 수도 있을 것이다. 또 다른 지역에서는 자살 행위가 법에 의해서 처벌받는 범죄가 될 수 있고, 신에 대한 죄악으로 간주될 수도 있다.

　그러나 세계의 관습의 다양성은 그저 기록만 할 수 있을 뿐 달리 어쩔 수가 없는 그런 문제가 아니다. 여기서는 자학적인 관습이, 저기서는 사람 사냥하는 관습이 있고, 이 부족에서는 혼전(婚前)의 순결이 중시되고 저 부족에서는 청년기의 자유가 있는 등 이러한 모든 현상은 서로 관계가 없는 사실의 나열이 아니다. 이러한 것이 있든 없든 간에 이들 하나하나의 현상은 기꺼이 받아들여야 한다. 이와 마찬가지로 자살 행위나 살인 행위에 대한 금지도 비록 절대적인 기준과는 관계가 없다고 하더라도 전혀 우연적인 것은 아니다. 문화적 행동은 그것이 지방적이고 인위적이며 크나큰 다양성을 지닌 것이라고 분명히 이해한다고 하더라도 그것만으로는 문화적 행동의 의미를 완전히 이해한다고 할 수는 없다. 그것은 또한 통일되려는 경향을 지니고 있다. 문화란 개인과 마찬가지로 정도의 차이가 있기는 해도 앞뒤와 옆이 잘 짜여진 생각과 행동의 패턴이다. 각 문화에는 독자적인 목적이 생성되는데 다른 형태의 사회에서 이것이 반드시 공유되는 것은 아니다. 이 목적에 따라서 사람들은 누구나 경험들의 매듭을 차츰 엮어가게 된다. 이와 같은 통일성(integration)의 충동이 절실하면 할수록 행동의 이질적 요소들은 더욱더 잘 어울린 모습을 갖추게 된다. 가장 어울리지 않는 행동도 잘 통일된 문화가 이를 받아들이면 그 문화의 특수한 목표의 한 특성이 된다. 이러한 현상은 도저히 있을 법하지 않은 변모를 통해서도 자주 일어난다. 이러한 행동이 취하는 형식은 우선 그 사회의 정서적이고 지적인 원천을 이해함으로써 이해가 가능하다.

문화의 이와 같은 패턴화를 마치 아무 의미가 없는 사소한 것인 양 무시할 수는 없다. 현대 과학이 많은 분야에서 주장하고 있듯이 전체란 그것을 이루는 모든 부분들의 단순한 집합이 아니다. 전체란 부분을 독특하게 조정하고 상호 관계를 만들어 새로운 실체를 가져온 결과인 것이다. 예컨대 화약은 유황과 탄소와 규석의 단순한 집합체가 아니다. 자연 상태에 있는 이들 세 가지 요소의 온갖 형식을 다 알고 있다고 하더라도 그것만으로는 화약의 성질을 나타낼 수가 없다. 독특한 합성의 결과 각각의 요소 안에서는 존재하지 않던 새로운 가능성이 생겨나는 것이다. 행동의 문화 양식은 그 행동의 요소를 다르게 결합할 경우 전혀 다르게 변해버린다.

이와 마찬가지로 문화란 것도 그 특성의 단순한 집적(集積) 이상의 것이다. 우리는 어떤 부족의 결혼 형식, 의식 때의 춤, 성인 의식 등에 대해서 모두 잘 알고 있지만 그러면서도 이들 요소를 독자적인 목적에 사용하고 있는 그 부족의 전체로서의 문화는 이해하지 못하는 경우가 있다. 이 목적은 주변 지역에 존재하는 문화 속에 있을 수 있는 특성 중에서 이용할 수 있는 것은 선택하고 그렇지 못한 것은 버린다. 다른 특성들은 필요에 따라 이를 개조하여 목적에 맞게 조화시킨다. 물론 이러한 모든 과정은 결코 의식적으로 일어나는 것이 아니다. 그러나 인간 행동의 패턴화 연구에서 이 점을 간과한다는 것은 지적인 해석의 가능성을 스스로 포기하는 것과 마찬가지이다.

개별 문화의 이런 통일성은 결코 신비적인 것이 아니다. 예술에서 어떤 양식이 생겨나서 존속되는 것도 이와 같은 과정을 거친다. 고딕 건축은 기껏해야 높이와 빛에 대한 선호(選好)에서 출발했지만 자체 기술 안에서 발달한 미적 감각의 규준(規準)을 약간 조작

함으로써 13세기의 독특하고도 균질성 있는 예술이 되었다. 어울리지 않는 요소는 버리고, 다른 요소들은 그 목적에 맞추어 수정하고, 또 다른 요소들은 그 미적 감각에 일치하도록 만들어냈다. 이러한 과정을 역사적으로 기술해보면 위대한 예술 형식의 성장 과정에 대해서 마치 예술 자체가 선택을 하고 목적을 세우는 듯한, 즉 애니미즘적인 표현 형식을 사용하지 않을 수 없게 된다. 그러나 이것은 우리들의 언어 형식에 결함이 있기 때문이며 사실은 의식적인 선택이나 목적은 없다. 처음에는 국부적인 형식과 기술에서 나타난 사소한 경향에 불과하던 것이 점점 더 힘을 얻어서 자신을 표현하고 나아가 더욱더 명확한 기준하에서 자신을 통일하여 마침내 고딕 예술이 된 것이다.

위대한 예술 양식에서 일어나는 현상은 문화 전반에서도 일어난다. 식생활과 성행위, 전쟁과 신을 숭배하는 일 등의 이 모든 자질구레한 행동은 그 자체 문화 안에서 발전한 무의식적인 선택 기준에 따라 일관성 있는 패턴으로 형성된다. 어떤 시기의 예술과 마찬가지로 어떤 문화는 통일에 실패하기도 한다. 우리는 다른 많은 문화에 대해서 아는 것이 너무나 없어서 그 문화를 움직이는 동기를 이해하지 못한다. 그러나 모든 발달 단계에 있는 문화는 심지어 가장 단순한 문화라고 할지라도 통일을 이루고 있다. 어쨌든 이러한 문화는 통일된 행동을 달성하는 데 성공한 셈이다. 그런데 놀라운 것은 통합(configuration)의 가능성이 매우 많다는 점이다.

인류학적 연구는 지금까지 여러 문화 특성의 개별적인 분석에만 지나칠 만큼 전념해왔지 그 문화를 잘 정돈된 전체로서 연구해오지는 않았다. 이것은 대개의 경우 초기의 민족학적 기술(description)의 성격에서 비롯된 것이다. 고전적인 인류학자들은 미개인들에 대하여 자신의 직접적인 지식을 가지고 쓴 것이 아니었다. 그들은 의자에 가만히 앉아서 여행자나 선교사들의 이야기와 초기 민족학자들의 공식적이고 도식적인 해석을 제 마음대로 써버렸다. 이러한 세부 묘사를 통하여 이빨을 뽑는 관습과 동물의 창자로 점을 치는 관습의 분포 상황을 추적할 수는 있었다. 그러나 이러한 문화 특성들이 어떻게 하여 그것의 변화 절차에 형식과 의미를 부여하는 독자적인 통합으로 여러 부족에 깊이 스며들었는가를 알아보는 것은 불가능했다.

「황금 가지」(*The Golden Bough* : J. G. Frazer가 1891-1915년에 저술한 인류학의 고전/역자 주) 같은 문화 연구서와 일반적인 비교 민족학 서적들에서는 여러 문화의 특성들이 분석, 논의되었으며 문화 통합의 측면은 전부 무시되고 있다. 예컨대 성적 행동이나 죽음의 관습에 대해서는 전혀 다른 문화로부터 무차별적으로 선택한 단편적인 행동을 예를 들어 설명하고 있다. 이러한 논의는 오른쪽 눈은 피지 섬(Fiji : 남태평양에 있는 영국 자치국/역자 주)에서, 왼쪽 눈은 유럽에서, 한쪽 다리는 티에라 델 푸에고(Tierra del Fuego : 남아메리카 최남단에 있는 群島/역자 주)에서, 다른 쪽 다리는 타히티에서, 그리고 모든 손가락과 발가락은 또 다른 지역에서부터 가져와서 프랑켄슈타인(Frankenstein : 셸리의 동명의 소설에 나오는 주인공. 자신을 만든 주인공을 죽이는 인조 인간/역자 주)과 같은 기계적인 괴물을 만든다. 이런 괴물은 과거와 현재에 걸쳐 전혀 현실에 대응하지 못한다. 이러한 현상과 같은 오류가 일어나는 근본적인 이유는 말하자면 정신 의학에서 정신 질환자들이 사용하는 여러 가지 상징을 가지고 하나의 목록을 작성하는 데에 그치고 그러한 상징들이 나타나는 증상들 예컨대 분열증, 히스테리, 조울증 등의 패턴에 대한 연구를 무시하는 것과 같은 방법론적 맹점에서 유래한다. 정신 질환자의 행동에 나타나는 특성의 역할과 그것이 전체 퍼스낼리티를 움직이는 정도 및 그것과 다른 모든 체험의 항목과의 관계는 완전히 다르다. 정신의 과정에 관심을 가지려면 특수한 상징을 그 개인의 전체적인 통합과 관계지음으로써만이 만족할 만한 결과를 가져올 수 있다.

문화에 대한 이와 비슷한 연구에서도 마찬가지로 크나큰 비현실성이 있다. 문화의 과정에 관심을 가지려면 그 문화 안에 제도화되어 있는 행동 동기와 정서와 가치의 배경에 도전하는 것이 선택된 세부 행동의 의미를 알 수 있는 유일한 방법이 된다. 따라서 살아 있는 문화를 연구하고 그 문화의 사고 관습과 그 제도의 기능을 아는 것이 오늘날 가장 중요한 방법으로 생각되고 있다. 그런데 이러한 지식은 시체 해부나 그것의 재구성 같은 작업에서는 얻을 수 없는 것이다.

문화에 대한 기능적 연구의 필요성을 말리노프스키는 수없이 강조해왔다. 그는 일반적으로 행해지는 전파 연구 방법을 유기체의 시체 해부라고 비판한다. 오히려 그 유기체를 살아서 기능하는 활력으로서 연구해야 한다고 주장한다. 미개인에 대하여 최초로 가장 훌륭하고도 완벽한 묘사를 하여 현대 민족학을 가능하게 했던 것 중의 하나가 멜라네시아의 트로브리안드(Trobriand) 섬 주민에 대한 말리노프스키의 광범위한 보고서이다. 그러나 말리노프스키는 민족학적인 일반화를 시도하면서 문화 행위는 그 자체가 일부로서 기능하고 있는 문화 안에서 살아 있는 전후 관계를 가지고 있다는 점을 강조하는 데 만족한다. 그리고 나서 그는 트로브리안드 섬의 문화 특성인 상호 의무 관계의 중요성, 주술의 지방적 특성, 트로브리안드 섬의 가족 생활 등이 미개 사회에 꼭 들어맞는 것이라고 일반화했다. 대신에 그는 트로브리안드 섬의 문화 통합이 이미 관찰된 많은 유형들(types) 중의 하나이며, 이 유형들도 그 경제적, 종교적, 가족적 측면에서 각각 독특한 조정 장치를 지닌 것이라는 점은 인식하지 못했다.

그러나 문화적 행동에 관한 연구에서는 이제는 더 이상 특정 지방의 조정 장치를 미개인 전체의 그것과 동일하게 취급할 수는 없다. 인류학자들은 하나의 일반적인 미개 문화의 연구에서부터 다수의 개별 문화에 대한 연구로 방향 전환을 하고 있다. 이러한 하나의 일반적인 문화의 연구에서 복수의 개별 문화에 대한 연구로의 방향 전환이 의미하는 것은 이제 비로소 명백해지기 시작했다.

전체를 이루는 부분에 대한 계속적인 분석보다는 전체 통합에 대한 연구가 더 중요하다는 점은 현대 과학의 모든 분야에서 강조되고 있다. 슈테른은 이 점을 자신의 철학과 심리학 연구의 기초로 삼았다. 그는 분화되지 않은 종합으로서의 개인이 연구의 출발점이 되어야 한다고 주장하고 있다. 그는 내관적(內觀的) 심리학과 실험 심리학 두 분야에서 거의 일반적으로 되어 있는 원자론의 연구를 비판하고 퍼스낼리티의 통합에 대한 조사로써 이를 대체시킨다. 구조주의 학파는 여러 분야에서 이런 종류의 작업에 전념해왔다. 보링거는 이러한 접근 방법이 미학 분야에서 얼마나 근본적인 차이점을 가져오는가를 보여주었다. 그는 두 시대에 제각기 고도로 발달한 예술인 그리스 예술과 비잔틴 예술을 대조시키고 있다. 그는 다음과 같이 주장했다. 즉 예술을 엄격하게 정의하여 그것을 고전적인 기준과 동일시했던 과거의 비평가들은 비잔틴 회화와 모자이크에 표현되어 있는 예술 과정을 이해할 수 없었다는 것이다. 이 두 개의 예술은 제각기 너무나 다른 목표를 달성하려고 시도했기 때문에 한쪽에서 이룩한 업적을 다른 쪽에서는 판단할 수가 없다. 그리스 인들은 그들의 예술에서 자신의 행동의 즐거움을 표현하고자 시도했다. 그들은 그들의 활력과 객관적인 세계와의 일치를 구체화시키려고 추구했다. 이와는 달리 비잔틴 예술은 추상성, 즉 자연의 외관에 관계없이 분리된 심원한 감정을 객관화했다. 어쨌든 이 두 개의 예술을 이해하려면 그들의 예술적인 능력에 대한 비교뿐만 아니라 그 예술적인 의도의 차이점에 훨씬 더 주의를 기울이지 않으면 안 된다. 이 두 개의 형식은 서로 대조적이면서도 각자 완전한 통합을 이루고 있다. 따라서 한쪽은 다른 쪽에서는 도저히 믿을 수 없는 형식과 기준을 사용할 수가 있었다.

게슈탈트(Gestalt, configuration) 심리학은 부분이 아니라 전체를 출발점으로 하는 위의 견해의 중요성을 정당화하는 데 몇 가지 괄목할 성과를 거두었다. 게슈탈트 심리학자들은 가장 단순한 감각-지각 작용에서 지각을 개별적으로 분리하여 분석하면 전체적인 체험은 전혀 설명할 수 없다는 점을 보여주었다. 지각 작용을 객관적인 단편으로 분리하는 것은 충분하지 못한 것이다. 주관적인 틀 (framework), 즉 과거의 체험에 의해서 주어진 형식도 매우 중요하며 불가결한 것이 된다. "전체적인 성질"과 "전체적인 경향"도 로크 시대 이래 심리학이 만족스레 생각해온 단순한 연상 매커니즘과 더불어 연구 대상이 되어야 한다. 전체가 부분을 결정한다. 전체는 부분간의 관계뿐만 아니라 부분의 바로 그 성질까지도 결정한다. 두 개의 전체 사이에는 본질적으로 연속성이 없었다. 이것을 조금이라도 이해하려면 그것들에 속해 있는 유사한 요소를 인정하기에 앞서 서로 다른 성질을 고려하지 않으면 안 된다. 게슈탈트 심리학의 업적은 실험실에서 실험에 의해서 증거를 얻을 수 있는 분야에서 주로 이루어졌다. 그러나 이 업적이 의미하는 것은 이것과 관련된 단순한 논증을 훨씬 넘어선다.

사회과학에서 통일성과 통합성의 중요성은 지난 3년 동안 딜타이에 의해서 강조되었다. 그의 주된 관심사는 위대한 철학과 인생에 대한 해석에 있었다. 특히 그는 「세계관의 유형들」(*Die Typen der Weltanschauung*)에서 철학 체계의 상대성을 보여주기 위하여 사상사의 일부를 분석한다. 그는 철학 체계를 생활의 다양성, 무드, 혹은 생활의 리듬(Lebensstimmungen)에 대한 위대한 표현, 다시 말해서 기본적인 범주는 한쪽에서 다른 쪽으로 용해될 수가 없는 통일된 생활 태도로서의 표현이라고 생각한다. 그는 이것 중에서 어느 하나가 최종적인 것이 될 수 있다는 가정을 강력하게 반대한다. 그는 자신이 검토하고 있는 상이한 태도를 문화적인 것이라고 공식화하지는 않는다. 그러나 위대한 여러 철학적인 통합과 프레데릭 대제 시대와 같은 역사적인 시대를 검토의 대상으로 삼고 있기 때문에 그의 연구는 자연히 점점 더 문화의 역할을 의식적으로 인정하는 방향으로 나아가게 되었다.

문화의 역할에 대한 이러한 인정은 슈펭글러에 의해서 가장 정교하게 표현되었다. 그의 「서양의 몰락」(*Der Untergang des Abend-landes, Umrisse einer Morphologie der Weltgeschichte*)이라는 표제

는 그 자신이 문명의 탁월한 패턴화라고 부른 숙명론적 주제에서
나온 것이 아니라, 우리가 지금 논의하고 있는 것과는 관계없는 명
제, 즉 이들 문화적 통합이라는 것도 유기체와 같아서 일정한 수명
이 있고 그 수명을 넘어설 수는 없다는 명제에서 나왔다. 문명의
몰락이라는 명제는 서양 문명에서의 문화의 중심이 이동된다는 것
과, 고도의 문화 업적이 가지는 주기성(週期性)을 토대로 하여 논
의되고 있다. 그는 결코 유추 이상은 될 수 없는 유추 논리를 가지
고, 문명을 살아 있는 유기체의 삶과 죽음의 순환에 입각하여 주장
하고 있다. 그는 모든 문명에는 욕망에 가득 찬 청년기와 강력한
장년기, 그리고 해체되기 시작하는 노년기가 있다고 생각했다.

　「서양의 몰락」에서는 역사가 방금 위에서 이야기한 것같이 해석
된다고 일반인들은 생각한다. 그러나 슈펭글러가 이룩한 이보다 훨
씬 더 가치 있고 독창적인 분석은 서양 문명의 대조적인 문화 통합
에 대한 분석이다. 그는 서양 문명에서 두 개의 커다란 숙명적인
사상을 구별해낸다. 그 하나는 아폴로적인 고전적 세계이고 다른
하나는 파우스트적인 현대 세계이다. 아폴로적인 인간은 자신의 영
혼을 "우수한 부분들의 한 무리 안에 들어 있는 질서 있는 하나의
우주라고"(as a cosmos ordered in a group of excellent parts)　생
각했다. 이 우주 안에는 의지가 자리할 곳이 없었고 갈등이란 그의
철학이 비난하는 하나의 악이었다. 퍼스낼리티의 내적 발전이라는
사상은 아폴로적인 인간에게는 생소한 것이었다. 그는 인생이란 것
은 항상 외부에서 야수처럼 위협하는 재앙의 그림자 아래 놓여 있
다고 생각했다. 그의 비극은 쾌적한 풍경화 같은 정상적인 존재가
본인의 의사와는 하등의 관계도 없이 제멋대로 파괴된다는 데서 절
정을 이루었다. 이러한 사건은 다른 개인에게도 똑같은 방식으로
일어나 똑같은 결과를 가져올 수도 있었다.

　이와는 달리 파우스트적인 인간은 자신의 모습을 끊임없이 장애
와 싸워나가는 힘으로 그리며, 개인 생활의 과정을 내적 발전의 과
정으로 본다. 따라서 그의 존재에 나타나는 재앙은 과거 그의 선택

과 경험에서 오는 피할 수 없는 집적인 셈이다. 갈등이란 존재의 요체이다. 갈등이 없으면 인간의 생활은 아무 의미가 없고 오직 존재의 피상적인 가치들만 획득할 수 있을 뿐이다. 파우스트적인 인간은 무한한 것을 동경하고 그의 예술은 그것에 도달하려는 시도이다. 파우스트적인 인간과 아폴로적인 인간은 존재에 대한 상반된 해석이다. 한쪽에서 일어나는 가치들은 다른 쪽에서는 생소하고 사소한 것으로 보인다.

고전적 세계의 문명은 아폴로적인 인생관 위에서 구축된 것이고 현대 세계는 그 모든 제도에서 파우스트적인 인생관이 의미하는 바를 실현하고 있다. 슈펭글러는 이밖에도 "냉혹하게 예정된 좁은 인생 행로를 지나서 마침내 죽어서 심판관 앞에 서게 될 것이라고 생각하는" 사람들을 이집트적인 인간이라고 보았고, 정신과 육체라는 엄격한 이원론을 가진 사람들을 마기적인 인간(Magian)이라고 생각했다. 그러나 그의 큰 주제는 아폴로적인 인간과 파우스트적인 인간이다. 그는 수학, 건축, 음악, 회화는 서구 문명에서 서로 다른 시대의 두 개의 커다란 대립적인 철학을 표현한 것이라고 생각한다.

슈펭글러의 책이 혼돈된 인상을 주는 것은 부분적으로는 그 표현 방식에 원인이 있지만 그 보다는 그가 취급하고 있는 문명의 풀기 어려운 복잡함에 훨씬 더 큰 이유가 있다. 서구 문명은 그 역사적인 다양성, 직업과 계급에 의한 계층화, 비교할 수 없을 정도로 풍부한 세부적인 사실들로 인해서, 아직도 한두 마디의 표제어로 요약할 수 있을 만큼 충분히 이해되지는 못하고 있다. 매우 제한된 지적 예술적 집단 밖에서 파우스트적인 인간이 혹시 나타난다고 하더라도 그는 우리들의 문명을 자기 마음대로 어떻게 할 수 없을 것이다. 강력한 행동가도 있고 파우스트적인 인간과 마찬가지로 바비트(Babbitt : 독선적인 속물 취미를 가진 실업가. 미국 작가 루이스 소설의 주인공/역자 주)들도 있다. 현대 문명에 대하여 민족학적으로 만족할 만큼 묘사하려면 부단히 나타나는 이와 같은 여러 가지 유형들을 결코 무시할 수는 없다. 우리는 우리의 문화 유형의 특징을 철저히 외향적이고, 끝없이 세속적인 활동에 몰두하고, 창조적이며 통치적이고, 카펜터가 말한 것처럼 "끝없이 그 열차를 타려고 하는 것"이라고 아주 확신을 가지고 말할 수 있다. 이와 마찬가지로 우리가 확신을 가지고 말할 수 있는 것은 우리들의 문화 유형이 무한한 것을 동경하는 파우스트적인 것이라고 특징지을 수도 있다는 것이다.

　슈펭글러는 현대의 계층화된 사회를 흡사 민족 문화의 기본적인 동질성을 갖고 있기라도 한 것처럼 애써 취급하고 있는데, 인류학적으로 말하자면 이러한 취급 방법은 그로서는 필요한 것이었다고 하더라도 세계 문명에 대한 그의 묘사가 이것 때문에 피해를 입고 있다. 오늘날 우리들의 지적 상황으로는 서구 유럽 문화의 역사적 자료는 너무나 복잡하고 그 사회적 분화도 너무나 철저해서 필요한 분석을 할 수가 없다. 파우스트적인 인간에 대한 슈펭글러의 논의가 유럽 문학과 철학의 연구에 대하여 시사하는 바가 아무리 많다고 하더라도, 또한 가치의 상대성에 대한 그의 강조가 아무리 정당하다고 하더라도 그와 똑같이 타당성이 있는 묘사를 다른 쪽에서도 할 수 있기 때문에 그의 분석은 최종적인 것이 될 수 없다. 다시 생각해보면, 서구 문명같이 거대하고 복잡한 전체를 적절하게 특징 짓는 것은 가능할 수도 있을 것 같다. 그러나 슈펭글러의 비교할 수 없는 숙명론적인 사상이 중요하고 진실이 있다고 하더라도 현재로서는 서구 세계를 어떤 하나의 선택된 문화 특성이라는 말로 해석하고자 하는 시도는 혼돈을 가져온다.

　미개인을 연구하는 데 대한 철학적인 정당성의 하나로서, 보다 단순한 문화는 복잡한 문화에서는 사람을 당혹하게 만들고 그 실상이 제대로 드러나지 않는 사회적 사실들을 분명하게 밝혀준다는 점을 들 수 있다. 이 점은 다른 어떤 분야에서보다도, 존재의 패턴을 결정하고 그 문화에 참여하고 있는 개인의 사고와 정서를 조건지어 주는 기본적이고도 특징적인 문화 통합의 문제에서 가장 그렇다.

개인의 관습 패턴이 전통적인 관습의 영향하에서 어떻게 형성되는
가 하는 모든 문제는 현재로서는 보다 단순한 사람들에 대한 연구
를 통하는 것보다 더 잘 이해할 수 있는 방법은 없다. 이것은 우리
가 이런 방법으로 발견할 수 있는 사실과 그 과정의 적용 범위가
미개 문명에 한정된다는 의미는 아니다. 문화 통합은 우리가 알고
있는 가장 고도로 복잡한 사회에서도 마찬가지로 강제적이고 중요
하다. 그러나 그 재료는 너무나 복잡하게 뒤얽혀 있고 또 우리 눈
에 너무나 친숙한 것이기 때문에 이것을 성공적으로 다루기가 불가
능하다.

　우리들은 우리 문화의 과정을 이해할 필요가 있으며 이것은 우회
적인 방법을 통하여 가장 능률적으로 도달할 수 있다. 다윈은 동물
계에서의 인간의 바로 직계 조상과 인간과의 관계가 지나치게 역사
적으로 서로 관련되어 있어서 생물학적인 진화의 사실을 논증하는
데 이를 사용할 수 없게 되자, 그 대신 딱정벌레의 구조를 이용했
다. 인간의 신체 조직의 복잡성은 혼란을 일으키지만 좀더 단순한
재료 안에서는 그 진화 과정이 설득력 있게 분명히 나타났다. 문화
의 매커니즘의 연구에서도 이 점은 마찬가지이다. 우리는 더 단순
한 집단 안에 조직되어 있는 것과 같은 사고와 행동을 연구하여 이
것으로부터 필요한 모든 해명을 끌어낼 수 있다.

　필자는 세 개의 미개 문명을 선택하여 이들을 약간 자세하게 묘
사했다. 행동의 시종일관된 조직체로 이해되는 소수의 개별 문화는
몇개의 두드러진 특색만 포착되는 많은 개별 문화보다 더 많은 것
을 설명해줄 수 있다. 출생과 사망, 사춘기, 결혼 등에 대한 문화
적 행동의 항목들이 그 개별 문화의 행동 동기나 목적과 어떤 관계
가 있는가 하는 문제는 세계를 포괄적으로 조사해서는 결코 명확하
게 이해할 수가 없다. 우리는 조금 덜 야심적인 작업, 즉 소수 문
화에 대한 다각적인 이해에 우리의 주의를 집중시켜야 한다.

# 제4장
# 뉴 멕시코의 푸에블로 족

　남서부 지방의 푸에블로 인디언은 서구 문명에서 가장 널리 알려진 미개 민족의 하나이다. 그들은 아메리카 대륙을 횡단하는 여행자라면 누구라도 쉽게 가볼 수 있는 아메리카의 중심부에 살고 있다. 그들은 옛날의 자연스러운 생활 방식을 좇아 생활하고 있다. 그들의 문화는 애리조나와 뉴 멕시코 지역 이외에 있는 모든 인디언 사회의 문화와는 달리 붕괴되지 않았다. 달이 가고 해가 바뀌어도 신들의 옛날 춤은 그들의 돌로 된 마을에서 행해지며 생활은 기본적으로는 옛날의 습관을 따르고 있다. 그들은 서구 문명에서 취한 것을 개조하여 그들 자신의 생활 태도에 맞게 받아들였다.

　그들은 낭만적인 역사를 가지고 있다. 아직도 그들이 살고 있는 아메리카의 전역에 걸쳐서 그들 문화의 조상들이 살던 집의 터인 단애 주거지(斷崖住居址) 및 푸에블로의 황금 시대에 거대하게 계획되었던 계곡 도시가 발견되고 있다. 믿을 수 없을 만큼 많은 그들의 계곡 도시는 12-13세기에 건축되었다. 그러나 우리는 그들의 역사를 이것보다 훨씬 더 거슬러올라가서 방 한 개와 지하에 의식용 방이 하나 딸린 석조 가옥이라는 단순한 초기의 단계까지 추적해볼 수 있다. 그러나 이들 초기의 푸에블로 인들은 이 남서부 지방의 사막을 그들의 보금자리로 잡은 최초의 주민들이 아니었다. 이들보다 더 오래된 민족인 바스켓 메이커 인(Basket maker)들은 훨씬 오래전부터 이 사막 지대에서 살았기 때문에 그들의 주거 시기는 추측할 수도 없다. 이들 바스켓 메이커 인은 초기의 푸에블로 인들에 의해서 밀려나서 아마 대부분 멸족된 것 같다.

푸에블로 문화는 건조한 고원 지대에 자리잡고 난 뒤에 크게 번성했다. 그 문화는 푸에블로 인들에게 활과 화살, 석조 건축술 및 다양한 농사일을 가져왔다. 왜 푸에블로 인들이 북쪽에서부터 콜로라도 강으로 유입되는 황량하고도 거의 물이 없는 샌 환(San Juan) 계곡을 가장 크게 발전할 수 있는 장소로 선택했는가 하는 점은 아무도 해석할 수 없다. 샌 환 계곡은 오늘날 미국이라고 불리는 전체 지역 중에서 가장 생활하기 어려운 지방의 하나로 생각되고 있다. 그러나 멕시코 북부에서 가장 큰 인디언 도시가 형성된 곳이 바로 이곳이었다. 이 도시에는 두 종류의 주거지가 있다. 하나는 단애 주거지이고 또 하나는 반원의 계곡 주거지인데 모두 다 같은 시기에 같은 문명에 의해서 만들어진 것 같다. 절벽의 단면을 파고 들어가거나 혹은 계곡의 하상(河床)으로부터 몇 미터 떨어진 석대(石臺) 위에 건축된 단애 주거지는 인류의 가장 낭만적인 주거지의 하나이다. 그들로 하여금 밭이나 물의 공급원으로부터 멀리 떨어진 곳에다 주거를 짓도록 한 상황은 추측할 수는 없으나 만약 그들의 단애 주거지가 요새로서 계획된 것이었다고 하더라도 이것은 틀림없이 심각한 문제가 되었을 것이다. 그러나 지금까지 남아 있는 몇 군데의 폐허는 그 정교함과 아름다움으로 아직도 우리들의 감탄의 대상이 되고 있다. 이 집이 아무리 견고한 암석 위에 축조되었다고 하더라도 한 가지만은 결코 빼놓을 수 없는 것이 있었다. 그것은 키바(kiva)라고 불리는 지하의 의식용 방인데 사람이 설 수 있도록 만들어졌고, 집회실로 사용할 수 있도록 수용 면적도 충분했다. 이 방은 사다리를 타고 출입구로 들어가게 되어 있다.

또 다른 하나의 주거 형태는 현대의 계획적인 도시의 원형이었던 것이다. 요새로서 사용된 외벽은 3층으로 둥그렇게 반원형으로 되어 있고, 거대한 석조 벽에 감싸여 있는 지하 키바로 내려가는 길은 층계로 되어 있다. 이런 형태로 된 몇개의 대계곡 도시들에는 조그마한 키바뿐만 아니라 그 부속으로 키바와 마찬가지로 지하로 들어가 있는 가장 완전하고 완성된 형태의 석조 건물인 커다란 사원도 있다.

스페인의 모험가들이 황금의 도시를 찾아서 이곳에 오기 전에 푸에블로 문명은 절정에 달했다가 쇠퇴했다. 아마 북쪽에 있던 나바호-아파치 족(Navajo-Apache)이 이들 고대 민족의 도시의 물 공급원을 차단하고 이들을 정복했던 것 같다. 스페인 사람들이 왔을 때 이들은 이미 그들의 단애 주거지와 거대한 반원형의 도시를 포기하고 지금 살고 있는 리오 그란데 강 연안의 마을에 정착해 있었다. 리오 그란데의 서쪽에도 거대한 서부 푸에블로 족인 아코마 족(Acoma), 주니 족, 호피 족(Hopi) 등이 있었다.

그러므로 푸에블로 문화의 배후에는 장구한 동질성의 역사가 있다. 이들 민족의 문화적 생활은 북아메리카의 다른 민족의 문화적 생활과 대단히 다른 점이 많기 때문에 이들 문화에 대한 지식이 우리들에게는 특히 필요하다. 불행하게도 고고학으로는 어떻게 하여 아메리카의 이 조그마한 지역에서 한 문화가 주위의 모든 문화로부터 점차 분화되어 자기 존재를 향한 일관성 있고 특수한 태도를 점점 더 철저하게 나타내게 되었는가를 더 이상은 알 수 없다.

푸에블로 족의 문화의 통합은 그들의 관습과 생활 양식을 어느 정도 알지 못하면 이해할 수가 없다. 그들의 문화적 목표를 논하기 전에 우리는 그들 사회의 뼈대를 간단히 살펴보지 않으면 안 된다.

주니 족은 의식(儀式)을 좋아하는 민족으로서 절제와 남을 해롭게 하지 않는 것을 그 어떤 미덕보다 더 가치 있게 생각한다. 그들의 관심은 풍부하고 복잡한 의식적 생활에 집중되어 있다. 가면신에 대한 의식, 치료의 의식, 태양과 신성한 주문과 전쟁과 죽은 자에 대한 의식은 공식적으로 수립된 의식 체계로서 사제가 참석하고 연중 행사로서 지켜진다. 다른 어떤 분야의 활동도 의식만큼 그들의 주의를 끌지는 못한다. 아마 서부 푸에블로 인 중에서 성인들은 낮 시간을 대부분 의식에 바치는 것 같다. 그들의 의식에는 우리같이 훈련이 덜 된 사람들은 더듬거리기가 십상일 만큼 많은 양의 의

식용 대사를 암송하는 일이 필요하고, 정해진 날짜에 끝없이 형식
적인 순서에 따라서 행하는 여러 가지 의식과, 정치적 집단이 복잡
하게 얽혀 있는, 그러면서도 질서 있게 짜여진 의식들을 행하는 것
이 필요하다.

　의식적 생활은 그들의 시간만을 요구하는 것이 아니고 그들의 관
심도 지배하게 된다. 의식 행위를 맡는 사람과 참여하는 사람뿐만
아니라 "아무것도 없는," 즉 의식적 권리가 없는 여자와 가족을 포
함하여 모든 푸에블로 인들은 매일 의식에 대한 이야기를 주로 한
다. 의식이 진행될 동안에 그들은 하루 종일 서서 구경한다. 만약
어떤 사제가 아프다거나 그가 묵상을 드리는 동안 비가 오지 않는
다면 온 마을에는 그가 저지른 의식상의 실수와 실패의 의미에 대
한 소문이 마구 떠돌게 된다. 가면신들의 사제가 초자연적인 존재
를 노하게 하지는 않았는가? 사제가 기한이 끝나기 전에 부인이
있는 집으로 감으로써 묵상 기간을 깨뜨리지는 않았는가? 이러한
이야기들은 2주간이나 그 마을의 화제의 중심이 된다. 만약 어떤
영적 체현자(靈的體現者)가 그의 가면에 새로운 가죽을 입히기라도
하면 그때는 양(羊)이나 밭이나 결혼이나 이혼 같은 이야기들은 전
부 무색해진다.

　이처럼 의식에 대하여 세심하게 주의를 기울이는 일은 충분히 이
해가 된다. 주니 족의 종교적 관행은 그들의 견해로는 초자연적이
고 강력한 것으로 생각된다. 만약 의식의 모든 단계를 통해서 절차
상 아무런 하자가 없다면, 예컨대 가면신의 의상이 하나도 전통에
어긋남이 없고, 제물도 흠잡힐 데 없이 깨끗하고, 몇 시간에 걸친
기도문도 완벽하다면, 그 결과는 인간이 바라는 대로 나타날 것이
다. 그들이 항상 쓰는 문구대로 사람은 단지 "어떻게 하는지를 알
기만 하면" 된다. 그들 종교의 교의에 따르면 만약 가면에 있는 독
수리의 한쪽 날개가 가슴이 아니라 어깨에서부터 떨어져나간다면
그것은 중대한 문제가 된다. 그들은 이처럼 세세한 것이라도 전부
주술적인 효력이 있다고 생각한다.

주니 족은 유감 주술(類感呪術, imitative magic)을 특히 믿는다. 사제가 비를 내리게 하려고 묵상을 드리고 있을 때 주니 인들은 천둥 소리를 내기 위해서 둥근 돌을 마루에 굴리고, 비가 오는 것같이 하려고 물을 뿌리고, 샘에 물이 가득 찬 것처럼 제단에 물 한 그릇을 갖다놓는다. 또한 하늘에 구름이 일어나는 것처럼 천연 식물에서 거품을 만들며 신이 "비 기운[雨氣]을 머금은 숨을 참지 못하고 내뱉도록 하기 위하여" 담배 연기를 뿜어댄다. 가면신무(假面神舞)를 할 때 인간들은 초자연물의 "살[肉]"로 화장을 하고 가면을 쓰는 몸치장을 한다. 이렇게 하면 신들은 인간에게 축복을 주지 않을 수 없다고 그들은 생각한다. 주니 인들은 주술의 세계에서는 보다 분명하지 않은 의식이라도 똑같이 기계적인 효과가 있다고 생각한다. 모든 사제와 관리들이 적극적으로 종교적 의식에 참여할 동안 그들이 지켜야 할 하나의 의무는 화를 내지 않는 것이다. 그러나 화를 내는 일이 금지되는 것은 깨끗한 마음을 가진 사람만이 가까이할 수 있는 정의의 신과의 의사 소통을 용이하게 하기 위한 것은 아니다. 화를 내지 않는다는 것은 초자연적인 일에 몰두한다는 징조이고, 초자연적인 존재에게 강요하여 그들이 가진 흥정의 몫을 내놓지 않을 수 없도록 하는 마음의 상태이다. 이것은 주술적 효과를 가진다.

그들의 기도도 역시 틀에 박힌 문구인데 열심히 외어대면 효과가 있다. 이런 종류에 속하는 주니 족의 전통적인 기도의 수는 대단히 많다. 보통 이러한 기도는 암송하는 사람의 의식상의 의무의 모든 과정을 의식의 절정에 이르기까지 의례적(儀禮的)인 언어로 묘사하고 있다. 이 기도는 영적 체현자의 지위, 기도봉(祈禱棒)을 만들 어린 버드나무 가지를 모으는 일, 이 기도봉에 무명실로 새 날개를 묶는 일, 기도봉에 색칠하는 일, 완성된 깃털 달린 지팡이를 신에게 바치는 일, 신성한 샘터를 찾아가는 일, 묵상의 기간 등을 항목별로 나열하고 있다. 본래의 종교적인 행동에 못지않게 기도문 암송도 매우 정확해야 한다.

강물줄기 따라서 저 멀리 찾아보면
우리의 조상님들
수버드나무
암버드나무
쪽 곧은 어린 가지를 네 번 꺾어서
나의 집으로
나는 길을 내었다.
이날
내 따뜻한 인간의 손으로
나는 그들을 잡았다.
나는 내 기도봉에 사람의 형상을 주었다.
내 할아버지인
수칠면조의
줄무늬 구름 꼬리를 가지고
독수리의 가느다란 구름 꼬리를 가지고
여름의 모든 새들의
그 줄무늬 구름 날개를 가지고
덩어리 구름 꼬리를 가지고
이렇게 네 번 나는 나의 기도봉에 사람의 형상을 주었다.
내 어머니의 살을 가지고
목화 여인의
아주 형편없는 무명실이라도 가지고
기도봉을 네 번 감아서 묶어
나는 나의 기도봉에 사람의 형상을 주었다.
우리의 어머니의 살을 가지고
검은 물감칠을 한 여자의
그 살로 네 번 그 기도봉을 덮어서
나는 나의 기도봉에 사람의 형상을 주었다.

주니 족의 기도는 인간 마음의 유출은 결코 아니다. 일상적인 기도에는 약간 변화된 것도 더러 있지만 이 변화란 것은 약간 더 길어질 수 있거나 혹은 짧아질 수 있다는 의미이다. 이 기도는 결코 눈에 띌 만큼 강한 가락은 아니다. 기도는 항상 온건하고, 형식도 의례적이며, 질서 있는 생활, 즐거운 나날, 폭력으로부터의 보호를 요청하고 있다. 심지어 전쟁의 사제까지도 그 기도를 다음과 같이 끝을 맺는다.

나는 기도를 드렸습니다.
우리의 아이들,
그들의 피난처를
황야의 끝에 세운 아이들도
그들의 길이 평안하도록,
삼림도
수풀도
그 물기 어린 팔을 뻗쳐
그들의 심장을 보호해주시기를.
그들의 길이 평안하도록,
그들의 길이 모두 충만하도록,
비록 그들이 조금밖에 살지 않았어도
아무런 어려움이 생기지 않도록 비나이다.
모든 어린 머슴애들과
모든 어린 계집애들
갈 길이 앞에 놓인 모든 아이들,
그들에게 강한 심장과
힘찬 영혼을 주시기를,
새벽 호수(Dawn Lake)로 가는 길에서
당신이 지혜롭도록,

당신의 길이 충만하도록,
당신이 생명으로 축복받도록 비나이다.
당신의 태양 아버지가 떠오르는 생명을 주시는 길에
당신의 길이 다다르도록,
당신의 길이 충만하도록 비나이다.

만약 그들의 종교 의식의 목적이 무엇이냐고 물으면 그들의 대답은 정해져 있다. 즉 비를 바란다는 것이다. 물론 이것은 어느 정도 평범한 대답이다. 그러나 이 대답에는 주니 인들의 가슴 깊이 자리잡고 있는 어떤 태도가 반영되어 있다. 토지의 비옥함은 신들이 내려주는 가장 큰 축복이다. 주니 고원의 사막 지대에서는 비가 농작물 성장에 가장 필수적인 것이다. 사제들의 묵상, 가면신무, 심지어 의무 결사(medicine societies)의 많은 행동까지도 비가 있었느냐 없었느냐로써 그 성과가 판단된다. "물로 축복을 준다"는 것은 모든 축복과 동일한 의미를 가진다. 이와 같이 신들은 그들이 방문한 주니 족의 집을 기도로써 축복해줄 때도 "물이 가득 찼다"는 정해진 표현을 쓰고, 그들의 사다리도 "물 사다리"라고 하며, 전쟁에서 획득한 사람의 머리 가죽도 "물에 가득 찬 덮개"라고 말한다. 죽은 자들도 역시 비구름을 타고 되돌아와서 모든 축복을 준다. 여름날 오후 비구름이 하늘에 나타나면 사람들은 아이들에게 "네 할아버지들께서 오신다"라고 말한다. 이 말은 죽은 자기 친척만을 개별적으로 지칭하는 것이 아니고 일반적으로 모든 조상들에게 다같이 적용된다. 가면신도 역시 비이므로 그들은 춤을 출 때 자기 자신——비——을 사람들 위에 내리도록 강요한다. 사제들도 제단 앞에서 묵상을 할 때 꼼짝도 않고 깊숙히 들어앉아서 8일간 비를 부른다.

어디이든 당신이 영원히 살아 계시는 곳으로부터
당신은 길을 만들어낼 것입니다.

구름을 불러오는 당신의 바람
살아 있는 물로 가득 찬
당신의 엷은 구름 다발
그것을 당신은 우리들에게 보내 함께 있게 해주십니다.
당신의 좋은 비는 대지를 껴안고
여기 이티와나[1]로
우리의 아버지
우리의 어머니
처음 태어난 사람들이 사는 곳으로
당신은 많은 물을 가지고
오실 것입니다.

그러나 비는 주니 족이 항상 기도하는 풍요의 한 측면에 불과한
것이다. 밭의 풍작과 부족의 번영도 다같이 기구의 대상으로 생각
한다. 그들은 복 많은 여자를, 즉

아이를 가진 여인들,
한 아이는 등에 업고
한 아이는 바구니에 태우고
또 한 아이는 손을 잡고
또 한 아이는 앞세우고 가는

그러한 여인을 축복으로 받기를 원한다. 다산(多産)을 장려하는 방
법은 —— 나중에 이야기되는 바와 같이 —— 이상하리만큼 상징적이
고 일반적이다. 그러나 다산은 종교 의식의 목적의 하나로서 인정
되고 있다.

---

1) Itiwana : "중앙"(The Middle)이라는 주니의 의식 용어. "세계의 중심"이
   라는 뜻.

주니 족의 주된 관심의 대상인 의식적인 생활은 서로 맞물린 차바퀴들과 같이 조직되어 있다. 사제들은 신성한 재물을 가지고 있으며, 묵상, 춤, 기도를 한다. 사제의 일년 동안의 계획은 해마다 겨울의 동지 대의식(冬至大儀式)으로 시작된다. 이 대의식에는 다른 집단과 신성한 물건들이 모두 동원되고, 그들의 모든 기능도 여기에 집중된다. 부족의 가면신 결사(假面神結社)도 이와 유사한 신성한 재물이 있고 연중 행사도 가지는데 이 결사 의식은 샬라코(Shalako)라는, 겨울에 벌어지는 부족의 가면신 의식 때 그 절정에 달한다. 이와 마찬가지로 질병을 치료하는 일과 특별한 관계를 가진 의무 결사도 연중 그 기능을 발휘하며, 부족의 건강을 위하여 매년 성대한 의식을 거행한다. 주니 족의 이 세 가지 주요 의식들은 서로 배타적인 것이 아니라 한 사람이 평생 동안 대부분 이 세 의식들의 구성원일 수도 있고 실제로 그런 경우가 자주 있다. 이 세 의식들은 제각기 그에게 "먹고살아갈" 신성한 재물을 주는 대신 의식에 필요한 정확한 지식을 그에게 요구한다.

사제는 가장 신성한 지위를 차지하고 있다. 사제직에는 4명의 상급 사제와 그 아래로 8명의 보조 사제가 있다. 사제들은 "그들의 아이들[2]을 확실히 파악하고 있다." 그들은 성자들이다. 그들의 힘이 깃들어 있는 그들의 신성한 치료에 쓰이는 주술 꾸러미(medicine bundle)는 번즐 박사의 말대로 "말로 표현할 수 없을 만큼 신성한 것"이다. 이 꾸러미를 꼭꼭 덮은 항아리에 넣어 휑뎅그렁한 사제의 집 방 깊숙히 보관한다. 이 주술 꾸러미는 한 쌍의 마개 달린 갈대통으로 되어 있는데 한 통에는 물이 가득 차 있고 그 안에 조그마한 개구리가 한 마리가 들어 있으며, 다른 한 통에는 옥수수가 가득 들어 있다. 이 한 쌍의 통은 실을 뽑지 않은 야생의 목화로 겹겹이 감싸여 있다. 사제의 주술 꾸러미를 보관하고 있는 이 신성한 방에는 의식을 준비하려고 들어가는 사제와, 식사 때마

---

2) 주니 족을 말함.

다 이 주술 꾸러미에 음식을 갖다주기 위해서 들어가는 그 집의 노파와, 가장 젊은 처녀 외에는 아무도 들어갈 수가 없다. 어떤 목적에서든 이 방에 들어가는 사람은 신(moccasin : 북아메리카 원주민의 뒤축 없는 신/역자 주)을 벗어야 한다.

사제들은 공공 의식을 관장하지는 않는다. 그러나 수많은 의식에서 그들의 참석은 필수적이며 그들은 그 의식의 중요한 첫 단계를 가르친다. 사제들이 신성한 주술 꾸러미들을 앞에 놓고 묵상을 드리는 일은 비밀로 행해지며 신성 불가침이다. 밭에 심은 옥수수가 30센티미터 정도 자라서 비가 필요한 6월이 되면 일련의 묵상이 시작된다. 묵상을 하던 선임 사제가 나오면 신임 사제들이 한 사람씩 질서정연하게 "들어가서" "임무를 수행한다." 태양 의식과 전쟁 의식의 수장(首長)들도 이 묵상에 참가한다. 상급 사제들은 8일간, 보조 사제들은 4일간 꼼짝 않고 앉아서 오로지 의식적인 것에만 정신을 집중해야 한다. 모든 주니 인들은 이 기간 동안 비가 허락되기를 기다리다가 묵상이 끝나고 비의 축복을 받은 사제가 나오면 길에서 그를 맞이하며 모두들 그에게 감사를 드린다. 그러나 사제들은 비 이상의 것으로써 사람들을 축복해주었다. 모든 사람들의 생활을 고무시켜준 것이다. 사람들의 수호자로서의 그들의 지위는 타당한 것으로 증명되었다. 묵상 때 그들이 올린 기도는 다음과 같은 대답을 들었기 때문이다.

사다리같이 대대로 이어지는 나의 모든 아이들,
그들 모두를 내 손으로 잡고 있다.
아직 조금밖에 가지 않았지만
아무도 내 손에서 떨어지지 않도록.
모든 어린 딱정벌레,
모든 더러운 어린 딱정벌레조차도
그들 모두 내 손으로 꽉 잡고 있으니,
어느 것 한 마리도 내 손에서 떨어지지 않으리라.

나의 아이들의 길이 모두 충만하도록,

그들이 지혜로워지도록,

그들의 길이 모두 새벽 호수에까지 이어지도록,

그들의 길이 충만하도록,

너의 생각이 여기로 향하도록,

너의 제일(祭日)이 만들어지도다.

상급 사제의 우두머리는 태양 의식을 주관하는 사제장과 전쟁 의식을 주관하는 2명의 사제장과 함께 주니 족의 통치 집단인 협의회를 구성한다. 주니 족은 어디까지나 신권 정체(神權政體)이다. 사제들은 성자이고 직무 수행을 할 동안에는 결코 화를 내서는 안 되기 때문에 만장 일치로 합의를 보지 못할 것은 그들 앞에 전혀 제출되지 않는다. 그들은 주니 족의 연중 행사인 큰 의식을 시작하고 준비하며, 주술이 있을 경우에는 이에 대한 판정을 내린다. 통치 집단에 대한 우리들의 상식으로 보면 그들에게는 사법권도, 하등의 권한도 없는데 말이다.

사제가 가장 신성한 지위를 차지하고 있다면 가면신에 대한 의식이 가장 인기 있다고 할 수 있다. 이 의식은 주니 인들이 가장 좋아하는 것으로서 오늘날에도 푸른 월계수만큼이나 번성하고 있다.

가면신에는 두 종류가 있는데 본래의 가면신인 카치나(kachina)와 카치나의 사제가 그것이다. 이들 카치나의 사제들은 초자연계의 수장이고 주니 족의 무용수들은 가면을 쓰고 이들로 분장한다. 주니 인들은 카치나의 사제들을 신성하다고 보기 때문에 이들의 의식은 본래의 무용신들의 의식과는 반드시 분리해야 한다고 생각한다. 무용신들은 주니 족의 황량한 사막의 남쪽 멀리 떨어져 있는 호수 밑바닥에서 행복하게 살고 있는 한떼의 정령들이다. 거기서 그들은 항상 춤을 추고 있다. 그러나 그들은 주니 족에게로 와서 춤을 추는 것을 가장 좋아한다. 그러므로 그들을 의인화하는 것은 그들이 가장 바라는 즐거움을 그들에게 주는 것과도 같다. 어떤 사람이 신의 가면을 쓰면 당분간 그는 정령이 되어버린다. 그는 이제 인간의 말을 할 수 없고 단지 그 신의 특유의 고함소리만 지를 뿐이다. 그는 터부가 되며, 성자가 되는 사람이면 누구나 져야 하는 모든 의무를 당분간 떠맡지 않으면 안 된다. 그는 춤도 출 뿐만 아니라 춤추기 전에 비밀스런 묵상을 행하며 기도봉을 심고 금욕을 한다.

주니 족의 판테온(pantheon)에는 백 개도 넘는 여러 가지 가면신이 있다. 그중에서 많은 신들은 한 종류에 30-40개씩 한 조를 이루는 무용 집단을 이루고 있다. 그외의 신들은 여섯 개가 한 조가 되는데 이 신은 여섯 가지 색으로 각각 다르게 칠해져서 여섯 방향을 나타낸다. 왜냐하면 주니 족들은 위쪽과 아래쪽도 주요한 방향으로 생각하기 때문이다. 이들 신들은 제각기 개별적인 의상과 가면을 가지고 있으며, 신들의 계급에서도 각자의 지위가 있고, 그들의 행위를 자세히 이야기해주는 신화와, 그들이 어떤 역할을 하리라고 기대되는 의식도 있다.

가면신무는 부족 사회의 모든 성인 남자들에 의해서 실행된다. 여자들도 "자신의 생명을 구하기 위해서" 여기에 참여할 수도 있기는 하지만 일반적이지는 않다. 여자들이 제외되는 것은 어떤 터부가 있어서가 아니고 관례가 그렇기 때문이다. 그래서 오늘날에도 여자 회원은 단 세 명뿐이다. 전통을 거슬러올라가보아도 그보다 더 많은 수효의 여자가 회원이었던 적은 없는 것 같다. 남자의 부족 사회는 여섯 개의 집단으로 되어 있고 각 집단은 개별적인 키바와 의식용의 방이 있다. 각 키바마다 관리가 있고, 그 키바에 속한 춤이 있으며, 구성원들의 명부도 독자적으로 가지고 있다.

이들 키바 중에서 어느 키바의 회원이 되는가는 그 소년이 태어날 때 그의 의식상의 아버지가 선택하는 데 따라서 결정된다. 그러나 입회식은 그 소년이 5-9세가 되었을 때에라야 거행된다. 이 입회식에서 그 소년은 처음으로 의식상의 지위를 획득하게 된다. 번즐 박사가 지적한 대로 이 입회식은 그에게 비법의 의식을 가르치는 것이 아니고 초자연력과의 유대 관계를 만들어준다. 이 입회식을 통하여 그는 강건해지고, 그들 말대로 가치 있는 존재가 된다. "공포의 카치나," 즉 응징의 가면신이 입회식에 나와서 유카나무 회초리로 아이들을 때린다. 이것은 "악마를 쫓아내고" 앞날의 행운을 가져오기 위한 엑소시즘(exorcism, 惡靈追放)이다. 주니 족에서는 회초리가 아이들의 잘못을 고치기 위해서는 결코 사용되지 않는다. 백인들이 아이들을 벌줄 때 회초리를 사용한다는 사실은 그들에게는 끝없는 경악의 대상이 된다. 그들은 입회식에서는 아이들이 매우 겁을 내리라고 생각하며 크게 소리내어 울어도 부끄러운 일이 되지 않는다. 오히려 울면 그만큼 더 그 입회식은 값진 것이 된다.

그후 14세쯤 되어 분별력이 생기면 전통에 따라서 그는 또다시, 이번에는 한층 더 강한 가면신에게 매를 맞는다. 바로 이 두번째 입회식에서 소년은 카치나 가면을 처음으로 머리에 쓰게 되며, 또한 이때 비로소 무용수들이 신성한 호수에서 온 정령들이 아니라 실제로는 자기 이웃 사람과 친척들이라는 것을 알게 된다. 매를 맞고 난 뒤 마지막으로 가장 키가 큰 소년 넷이 나와서 자기들을 때리던 공포의 카치나와 정면으로 마주 서라는 명령을 받는다. 사제들은 카치나들이 썼던 가면을 벗겨서 네 소년들에게 씌워준다. 이것은 크나큰 계시이다. 소년들은 크게 놀란다. 유카나무 회초리도 이제는 공포의 카치나 앞에 마주 서 있는 가면을 쓴 소년들의 손으로 옮겨진다. 소년들은 카치나를 때리라는 명령을 받는다. 아직 입회식을 하지 않은 사람들이 그것은 정령들이 한 일이라고 생각한 모든 역할을 실제로는 그들 인간이 하는 것임을 이 소년들은 여기서 알게 되는데, 이것은 정말 그들에게는 최초의 실물 교육(實物教育)인 것이다. 네 명의 소년들은 카치나의 오른팔을 네 번, 왼팔을 네 번, 오른쪽 다리를 네 번, 왼쪽 다리를 네 번 각각 때린다. 그 다음 모든 소년들은 차례대로 똑같은 방식으로 카치나를 때린다. 그리고 나서 사제들은 소년들에게 카치나는 단지 사람이 분장을 한 것에 지나지 않는다는 비밀을 폭로했다가 가면신들에게 살해되었다는 어떤 아이의 신화를 길게 이야기해준다. 가면신들은 소년의 머리를 잘라서 신성한 호수까지 발로 차고 가서 그 호수에 처넣어버렸고 소년의 몸뚱이는 광장에 놓아두었다고 사제들은 이야기한다. 소년들은 어떤 일이 있더라도 결코 이 비밀을 이야기해서는 안 된다는 것이다. 그제서야 소년들은 의식의 회원이 되며 가면신으로 분장할 수도 있게 된다.

그러나 그들은 아직 가면을 소유하지는 못한다. 그들은 결혼하여 얼마간의 재산이 있어야 가면을 만들어달라고 말할 수 있다. 이때가 되면 그는 입회식을 받을 해에 대비하여 열심히 농사일을 한다. 그러면 그가 가면의 입회식을 희망한다는 사실이 키바의 수장에게 알려진다. 그는 소년 시절에 자기를 때렸던 카치나에게 다시 맞고 나서 키바의 사람들과 춤을 춘 사람들을 잘 대접한다. 그러면 그의 가면은 그의 소유가 되어 자기 집에 보관할 수 있게 되고, 그 가면이 있음으로 해서 그의 집은 더 가치가 높아진다. 그가 죽으면 가면도 함께 매장된다. 이것은 그가 죽어서도 신성한 호수에 있는 카치나 무용수 일당에 참여할 수 있도록 하기 위한 것이다. 그러나 가면이 없는 사람은 누구나 그것을 가진 자로부터 언제나 자유롭게 그리고 아무 사례도 없이 빌릴 수 있다. 그는 자기가 선택한 카치나를 나타내기 위해서 가면에 색을 칠한다. 가면에 색을 칠하고 여러 가지 액세서리로 장식하면 그 가면은 여러 가지 카치나로 분장하는 데에 사용될 수 있다.

카치나 사제의 의식은 전혀 다르다. 카치나 사제의 가면은 의뢰를 받아서 만드는 것이 아니며 춤이 있을 때마다 다른 인물로 모습이 바뀌지도 않는다. 이것들은 의례 행사에서 착용되는 영구불변의 가면들이고, 상급 사제들이 가지고 있는 꾸러미 다음으로 신성한 물건이다. 그들의 말에 의하면 이 가면들은 태고 때부터 간수해왔던 집의 일족들이 소유, 간수하고 있으며 지금도 그러하다는 것이다. 각 가면에는 그 독자적인 의식 집단이 있다. 이들 의식 집단은 주니의 의식에서 이것들이 필요할 때는 언제든지 이 가면의 분장을 책임진다. 이 카치나 사제의 영구불변의 가면들은 오랜 의식과 연결되어 있다. 이 오랜 의식은 이 가면으로 분장하는 자들도 기억하고 있으며 또 가면의 외양으로도 전달된다. 춤추는 카치나와는 달리 카치나 사제들은 춤을 추지 않고, 연중 행사로 되어 있는 의식에서 명확한 의식적 기능을 수행한다. 입회식에서 아이들에게 매질을 하고 연중 행사인 샬라코라는 대의식을 행하며 "새해〔新年〕를 만드는" 자가 바로 그들이다. 그들은 초자연적인 세계에서 주니의 상급 사제들인 "한낮의 아이들"에 대응하는 존재들이다. 그들은 카지나들 중 고위의 사제들이다.

주니의 의식적 구조에서 세번째로 중요한 부분은 의무 결사란 것이다. 의무 결사의 초자연적인 수호자는 수신(獸神)이고, 이 수신의 수장은 곰이다. 무용수들이 카치나 역할을 하듯이 의무 결사는 곰 역할을 한다. 그들은 가면을 사용하지 않고 대신 발톱이 그대로 달려 있는 곰 앞발의 가죽을 그들 팔에 덮어씌운다. 무용수들이 단지 카치나의 고함만 지르듯이 수신의 체현자들은 흡사 곰처럼 무시무시하게 으르렁거린다. 그들에게 병을 낮게 하는 최고의 힘을 가진 것은 곰이고, 곰의 힘은 카치나의 경우와 마찬가지로 그 몸의 실체를 사용해야 발휘된다.

의무 결사는 굉장한 양의 비전(祕傳)의 지식을 가지고 있으며 이 결사의 회원은 평생을 통하여 조금씩 조금씩 이 지식을 터득하게 된다. 이러한 비전의 기술 중에서 발갛게 달아오른 석탄 위를 걷는다든가 칼을 삼킨다든가 하는 것들은 의무 결사보다 더 높은 계급으로 나아가기 위해서 치르게 되는 입회식에서 배우게 된다. 의무 (medicine man)는 "그 길을 완성한" 사람들 가운데 최고의 계급이다. 이 계급을 열망하는 사람들은 이미 최고의 계급에 도달한 선임자의 수하에서 수년간을 보내야 한다.

이들 의무들은 다른 사람들이 병이 낮을 때 불려간다. 그러나 치료는 이 결사에 속한 힘에 의해서 행해지고, 치료받는 병자에게는 이 힘에 참여해야 할 책임이 주어진다. 때문에 병자는 나중에 그를 치료해준 의무 단체의 정식 회원이 되지 않으면 안 된다. 다른 말로 하자면 의무 결사에 가입할 수 있는 입회식은 중병에서 치료받은 사람에게 주어지는 셈이다. 남자나 여자나 다같이 회원이 될 수 있다. 그러나 이 결사에 가입하고자 원하나 병에 걸리지 않은 사람들을 위해서는 다른 의식을 통한 가입 방법이 있다. 하지만 대개의 경우 병을 치료받고 난 뒤에 가입하게 된다. 입회식은 비용이 많이 든다. 따라서 완전한 회원 자격을 얻어서 그 초심자가 새로운 권능을 극적으로 부여받기까지는 보통 여러 해가 걸린다.

　의무 결사는 주니 족에서 높은 지위를 차지할 수 있는 제단과 신성한 주물(呪物)들을 가진다. 의무들은 또한 개인적인 주물도 가진다. 그것은 가장 귀하고 아름다운 새털로 완전히 덮여 있는 흠 없는 옥수수이고 그 밑부분은 섬세한 바구니로 감싸여 있다. 이 옥수수의 소유자는 평생토록 그의 결사의 제단이 세워질 때마다 이것을 제단 위에 놓아두어야 하며, 그가 죽으면 그 옥수수에 붙어 있던 귀한 새털은 벗겨내고 옥수수를 죽은 자와 함께 매장한다.

　의무 결사의 가장 큰 공공 의식인 부족의 집단적 치료 의식은 그들의 겨울의 은둔처를 흥분의 절정에 달하게 한다. 이때 그들의 역할도 최고점에 달한다. 그날 밤 모든 결사가 의무 결사의 집으로 소집된다. 제단이 세워지고 의무 결사 회원들이 곰신과 그밖의 수신들로 분장한다. 모든 사람들이 참가하는 이 의식은 모든 질병을 제거하고 완전한 신체적 건강을 보장해준다.

　주니 인들은 전투 의식, 수렵 의식, 광대 의식을 의무 결사와 같은 것으로 생각한다. 물론 이들 사이에는 본질적인 차이가 있다. 사람을 죽인 자들만이 전투 결사에 가입한다. 어떻게 해서 살인을 했느냐 하는 상황은 문제가 되지 않는다. 피를 흘린 사람은 누구나 "자기 목숨을 구하기 위해서" 가입하지 않으면 안 된다. 즉 생명을 빼앗길 위험을 피하기 위해서 가입해야 하는 것이다. 그 의식에 참여하는 자들은 두개골로 된 집을 관리하고 사람들의 수호자가 된다. 이들은 마을의 치안을 유지하는 책임을 진다. 수렵 결사의 회원과 마찬가지로 그들은 의무가 아니며, 남자들만 회원이 된다. 광대 결사도 독자적인 특성이 있다. 그러나 광대 결사는 의무 결사에 속한 것으로 생각된다.

주니 족의 생활에서 춤과 종교 의식만큼 그들의 관심을 크게 끄는 존재 양식은 없다. 결혼이나 이혼 같은 가정적인 일들은 평범한 것이고 이런 문제는 개인적으로 해결한다. 주니 족은 매우 사회화된 문화를 가지고 있으며 따라서 개인적인 관심사에는 크게 흥미를 기울이지 않는다. 결혼은 전혀 구혼도 없이 행해진다. 전통적으로 처녀들에게는 혼자서 총각에게 말을 걸 기회가 거의 없다. 그러나 저녁 때 모든 처녀들이 물동이를 이고 샘에 물을 길러 갈 때 총각들은 숨어서 기다리다가 한 처녀에게 물을 청하기도 한다. 그 처녀가 그 총각을 좋아하면 그에게 물을 준다. 또 그는 토끼를 잡는 데 쓰는 투창을 만들어달라고 그녀에게 부탁할 수도 있고, 나중에 그가 잡은 토끼를 그 처녀에게 주기도 한다. 처녀와 총각들에게는 이밖에 달리 만날 기회가 없는 것 같다. 따라서 오늘날 주니 족의 여인들은 대부분 이것 이상의 혼전의 남성 경험이 없이 결혼하는 것이 확실하다.

만약 어떤 총각이 처녀를 달라고 그녀의 아버지에게 말해야겠다는 결심이 서면 그는 그녀의 집으로 간다. 모든 주니 인들이 남의 집을 방문할 때 하는 것과 같이 그도 먼저 그 집에서 내놓은 음식을 먹는다. 그러면 그녀의 아버지는 모든 방문객에게 하듯이 "무슨 볼일로 왔소?" 하고 그에게 말한다. 그는 "당신 딸을 생각하고 왔습니다" 하고 대답한다. 그러면 그녀의 아버지는 "딸을 대신하여 내가 말할 수는 없소. 그 애에게 직접 이야기하시오" 하고 딸을 불러준다. 만약 그 딸이 마음에 있어하면 그녀의 어머니는 옆방으로 가서 멍석 자리를 깔아주고 그녀의 아버지와 함께 밖으로 나간다. 다음날 그녀는 머리를 감는다. 나흘 후 그녀는 가장 좋은 옷을 입고서 고운 옥수수 가루가 들어 있는 큰 바구니를 들고 그 총각의 어머니가 있는 집으로 가서 선물로 그것을 갖다준다. 이것 외에 또 다른 형식과 절차는 전혀 없고, 부락민들도 거의 이들의 결혼에 관심을 보이지 않는다.

만약 그들의 결혼 생활이 행복하지 못해서 이혼해야겠다고 생각하면, 특히 자식들이 없을 경우에는 그 처는 의식적인 연회에 일을 하러 가려고 한다. 그녀가 어떤 적당한 남자와 단 둘이서 만나게 되면 그들은 다음에 또 만나기로 약속한다. 주니 족의 사회에서는 여자가 새 남편을 얻는다는 것이 전혀 어려운 일로 생각되지 않는다. 여자가 남자보다 수가 적기 때문에 남자로서는 어머니 집에 머물고 있는 것보다 처와 함께 사는 것이 더 당당해 보인다. 남자는 항상 각오를 하고 있다. 여자가 다른 남편을 얻을 수 있다고 확신하게 되면 그녀는 남편의 소유물을 모두 챙겨서 문턱에 놓아둔다. 옛날에는 이 보따리를 조그만 출입구 옆의 지붕 위에 놓았다. 남편의 소유물은 그다지 많지 않다. 여분의 신발과 춤출 때 입는 스커트와 허리띠, 그리고 그것을 가지고 있다면, 기도봉을 만드는 데 쓰는 귀중한 새털이 들어 있는 상자, 기도봉과 가면의 모습을 바꾸는 데 칠할 물감통 등이 그것이다. 이것보다 더 중요한 의식용 소지품들은 하나도 그의 어머니 집에서 가지고 온 적이 없기 때문이다. 저녁에 그가 집에 와서 그 조그만 보따리를 보게 되면 그것을 들고 울면서 어머니 집으로 되돌아간다. 그와 그의 가족들은 슬퍼하면서 운이 없다고 생각한다. 그러나 거처를 새로 정한다는 것은 하찮은 이야깃거리에 지나지 않는다. 심각한 감정이 오고가는 경우는 거의 없다. 부부는 규칙을 따른다. 이 규칙은 질투나 복수심, 또는 헤어지기를 거절하는 애정 따위의 격렬한 감정을 좀처럼 유발시키지 않는다.

결혼과 이혼이 우연성을 가진 것이기는 하지만 주니 인들의 결혼은 대부분 평생 동안 지속된다. 그들은 말다툼이라는 것을 좋아하지 않고, 대부분 평화로운 결혼 생활을 한다. 우리 문화에서는 결혼이라는 것이 모든 전통적인 힘이 그 뒤에 집결되는 사회적 형태이지만, 그들의 결혼은 주니 문화에 가장 강력하게 제도화되어 있는 사회적인 유대와의 직접적인 관계를 단절시킨다. 그런데도 그들의 결혼 생활은 끝까지 지속된다. 바로 이러한 연유로 주니 족의 결혼의 연속성은 한층 더 놀라운 것이다.

이들의 사회적인 유대란 모계 가족을 말한다. 이것은 의식상으로 보면 신성한 주물을 소유하고 관리하는 단위이다. 집과 그 집에 있는 옥수수는 그 집의 여인들, 즉 할머니와 할머니의 자매와 할머니의 딸과 그 딸의 딸들에게 속한다. 결혼으로 인하여 무슨 일이 일어난다고 하더라도 그 집의 여인들은 평생을 그 집에 남는다. 그들은 견고한 협력 체제를 보여준다. 그들은 그들에게 속한 신성한 주물을 관리하고 음식을 가져다 먹인다. 비밀도 함께 지킨다. 그들의 남편은 국외자이고, 항상 모든 가사에 관계하는 사람들은 이제는 결혼하여 다른 씨족들의 집으로 가 있는, 그녀들의 남자 형제들이다. 집의 신성한 주물들을 제단 앞에 내놓을 때 묵상을 하러 집으로 되돌아오는 사람들도 바로 그들이다. 그들의 신성한 꾸러미에 대한 암송 의식을 배워와서 그것을 후대에 전하는 것도 여자들이 아니라 바로 그들인 것이다. 남자는 무엇이든 중요한 일이 일어나면 항상 그의 어머니의 집으로 돌아간다. 이 집은 그의 어머니가 죽으면 그의 이모의 집이 된다. 혹시 결혼 생활에 파탄이 와도 그는 똑같이 그의 본거지로 돌아온다.

집의 소유권을 기초로 하여 신성한 주물의 관리와 연결되어 있는 이러한 혈연 집단은 주니 족에게는 중요한 집단이다. 이 집단에는 영속성이 있고, 중요한 공동 관심사가 있다. 그러나 경제적인 기능은 없다. 결혼한 아들이나 결혼한 오빠 및 남동생들은 각자 자기 부인의 집의 광을 채우기 위해서 밭에서 일을 한다. 단지 자기 어머니의 집이나 누이들의 집에 남자 일손이 부족할 경우에는 그는 그의 혈연 집단의 밭을 돌보아준다. 경제 집단은 함께 살고 있는 가족들, 즉 연로한 조모와 그 남편, 조모의 딸 및 딸의 남편들이다. 이들 남편들은 의식적 집단에서는 국외자이지만 경제 집단에서는 한 구성원으로 생각된다.

여자들에게는 갈등이 없다. 그들은 자기 남편의 집단에 대해서 아무런 의무도 없다. 그러나 남자들은 모두 이중의 의무를 지게 된다. 그들은 한 집단에 대해서는 남편이며 다른 집단에 대해서는 오빠이다. 예컨대 영구불변의 주물을 관리하는 보다 중요한 가계에서는 오빠로서의 남자의 의무가 남편으로서의 의무보다 사회적으로 더 중요성을 가진다. 우리들의 경우와는 달리 모든 가정에서 남자의 지위는 가족을 먹여 살리는 데서 나오는 것이 아니고 그 집의 신성한 주물을 관리하는 데서 그가 무슨 역할을 맡느냐에서 나온다. 남편은 처갓집의 의식적 소유물과는 아무런 관계도 없기 때문에 그의 자식이 커감에 따라서 처갓집에서의 지위를 점차 얻게 될 뿐 다른 방법은 없다. 그는 경제적 책임자나 남편 자격으로는 설사 처갓집에서 20년이나 함께 생활했다고 하더라도 아무런 권위를 인정받을 수 없다. 오직 아이들의 아버지의 자격으로서만 인정받는 것이 가능한 것이다.

집안 문제를 결정하는 데서도 나타나듯이, 주니 족에게 경제적인 문제는 항상 그다지 중요하지 않다. 모든 푸에블로 족은 잘 산다. 그중 주니 족이 아마 다른 부족보다 한결 더 경제 사정이 좋은 것 같다. 주니 족은 경작지와 복숭아 밭과 양(羊)과 은과 터키 옥(玉)을 가지고 있다. 이런 것들은 남자에게는 중요하다. 즉 이것이 있으면 자기 소유의 가면을 주문할 수 있고, 의식을 배우는 데 사례를 할 수도 있고, 샬라코 의식 때 부족의 가면신들을 대접할 수도 있기 때문이다. 샬라코 의식에 대비하여 그는 집들이할 때 신이 축복을 내려줄 수 있도록 새 집을 지어야 한다. 그 한해 동안 그는 집 짓는 일을 해주는 의식의 회원들에게 식사를 제공해야 하고, 서까래로 쓸 큰 재목을 구해야 하며, 한 해의 마지막 의식 때 부족 전체를 대접해야 한다. 이밖에도 그가 부담해야 할 책임은 끝이 없다. 이 일에 대비하여 그는 그 전해부터 농사 일도 많이 하고 가축의 수도 늘린다. 그의 씨족 집단은 그를 도와주는데 그도 그들에게 같은 도움을 주어야 한다. 부(富)의 이러한 용도는 명망 있는 사람에게는 물론 없어서는 안 되는 것이기는 하지만 어느 누구도 재산을 계산하는 일에는 관심이 없고, 자기가 맡고 있는 의식상의 역할에만 관심이 있다. 언디언 말에서 "가치 있는" 가족이란 항상 영구불변의 주물을 소유하고 있는 집을 말하고, 중요한 사람이란 여러 가지 많은 의식상의 역할을 맡고 있는 사람을 가리킨다.

모든 전통적인 합의에 의하면 재산은 의식상의 특권을 행사하는데 극히 작은 역할밖에 하지 못하도록 되어 있다. 의식에 쓰이는 여러 주물들은, 비록 그것이 개인의 재산으로 인정되고 또한 돈과 노력을 들여야 획득할 수 있는 것이기는 하지만, 그것을 쓸 수 있도록 되어 있는 사람은 누구나 마음대로 빌려서 쓸 수 있다. 이러한 주물 중에는 너무나 위험하여 자격 있는 사람을 제외하고는 취급할 수 없는 신성한 주물도 많다. 그러나 이러한 금지는 소유권에 의한 금지는 아니다. 예컨대 수렵용 주물은 수렵 결사의 소유이지만 사냥을 하고자 하는 사람은 누구라도 이 주물을 사용할 수 있다. 그렇지만 신성한 주물을 사용하는 대신 일상적으로 져야 할 책임이 있다. 즉 기도봉을 심고, 나흘간 금욕을 하고, 자비심을 가져야 한다. 그러나 그 대가를 지불할 필요는 없다. 주물을 사유 재산으로 소유하고 있는 자들도 이 초자연력을 독점할 수는 없다. 마찬가지로 가면이 없는 사람은 마음대로 가면을 빌릴 수 있지만 그렇다고 해서 그들이 거지나 애원하는 자로 생각되지는 않는다.

주니 족에게는 의식상의 주물에 귀속되는 이해 관계와 그 소유권 사이에 이와 같은 진기한 비연속성이 존재한다. 그러나 이것말고도 더 일반적인 합의에 의해서 부는 비교적 그 중요성을 인정받지 못하고 있다. 여러 가지 의식상의 특권을 가진 씨족의 일원이라는 것은 부유하다는 것보다 더 중요하고, 가난한 사람도 그가 의식에 필요한 가계에 속한다는 이유로 여러 번 의식 담당자가 찾는 수도 있다. 게다가 대부분의 의식에 참여하는 것은 집단의 책임이다. 다른 모든 일상사에서도 그렇듯이 의식상의 지위를 맡을 때에도 개인은 집단의 일원으로서의 자격으로 행동한다. 개인적으로는 비교적 가난한 사람일지라도 그를 통하면 가계나 키바는 의식에 필요한 것을 준비할 수도 있다. 집단은 의식에 참여함으로써 그로부터 일어나는 크나큰 축복을 항상 얻는다. 자존심이 있는 개인이 소유하는 재산은 중요한 것이 못 된다. 그것에 의해서 의식상의 역할을 인정받거나 부정되거나 하지는 않기 때문이다.

푸에블로 족은 의식을 중시하는 민족이다. 그러나 이것이 그들을 북아메리카나 멕시코의 다른 민족과 구별하게 하는 본질적인 차이는 아니다. 푸에블로 족과 다른 민족간의 본질적인 차이는 그들 사이에서 현재 행해지고 있는 의식의 빈도수에 의한 차이보다는 한층 더 깊은 곳에 있다. 멕시코의 아스텍 문명도 푸에블로 족만큼이나 의식을 중시했고, 심지어 대평원 인디언(Plains Indian)도 태양무(太陽舞), 남자 결사(男子結社), 끽연회, 전투 의식 등 풍부한 의식 제도를 가지고 있다.

푸에블로 족의 문화와 북아메리카의 다른 문화 사이에는 근본적으로 대조되는 면이 존재한다. 그것은 니체가 그리스 비극을 연구하면서 명명하고 기술했던 바로 그 대조점과도 같은 것이다. 니체는 존재의 여러 가치에 도달하는, 도저히 서로 용납될 수 없는 두 가지 방법을 논하고 있다. 디오니소스적인 인간은 "존재의 일상적인 범위와 한계를 완전히 파괴함으로써" 존재의 가치들을 추구한다. 그는 자신에게 가장 귀중한 순간에 오감(五感)이 자신에게 부과하는 한계로부터의 도피를 추구하며 그 결과로써 또 다른 경험의 세계로 들어가게 된다. 개인적인 체험이나 의식(儀式)에서 디오니소스적인 인간의 욕망은 그 체험이나 의식에 압박을 가하여 어떤 정신적인 상태, 즉 극단을 달성하고자 한다. 니체는 이러한 감정에 가장 유사한 상태는 명정 상태(酩酊狀態)라고 생각하며, 광란 상태가 깨우쳐주는 것을 높이 평가한다. 이 점에 대해서는 블레이크도 "극단으로 가는 길은 지혜의 궁전에 이른다"라고 믿으며 동감한다. 아폴로적인 인간은 이 모든 것을 불신하고 그러한 경험의 성질에 대하여 전혀 알지 못한다. 그는 그러한 경험을 금지시키는 방법을 의식적인 생활로부터 발견한다. 그는 "오직 하나의 법칙, 즉 그리스적인 감각의 척도만 알고 있을 뿐이다." 그는 중도(中道)를 지키며, 알려진 지도(地圖) 안에만 머무르며, 혼란을 일으키는 정신적인 상태에 대해서는 쓸데없이 참견하지 않는다. 니체의 유명한 구절을 인용한다면, 그는 심지어 춤의 광희에 달해 있을 때에도 "자기 자신을 지키고 시민으로서의 명성을 잊지 않는다."

남서부의 푸에블로 족은 아폴로적인 인간들이다. 아폴로적인 인간과 디오니소스적인 인간 사이의 대조에 관한 니체의 논의 전부가 푸에블로 족과 그 주변의 여러 민족과의 차이에 적용되는 것은 아니다. 필자가 위에서 인용한 부분들은 믿을 만한 기술(記述)이지만, 그리스 인들에게는 남서부 인디언들 사이에서는 일어나지 않는 세련된 면이 있고, 또한 반대로 후자에게는 전자에게서 일어나지 않는 세련된 면이 있다. 남서부 인디언의 문화 통합을 기술하면서 필자가 그리스 문화에서 용어를 차용해서 쓴 것은 그리스 문명과 아메리카 원주민의 문명을 동일시하려는 생각에서가 아니다. 필자가 그 표현을 쓰는 것은 이것이 푸에블로 문화를 다른 아메리카 인디언의 문화와 구별지어주는 주요한 특질을 가장 분명하게 부각시켜주는 범주이기 때문이지, 그리스에서 발견할 수 있는 모든 태도가 아메리카 원주민에게서도 발견되기 때문은 아니다.

아폴로적인 제도는 그리스에서보다는 푸에블로에서 더 많이 실천에 옮겨졌다. 그리스 인은 결코 푸에블로 인만큼 한결같지는 않았다. 특히 그리스 인들은 아폴로적인 생활 방식이 의미하는 개인주의에 대해서 푸에블로 인만큼 불신감을 철저히 드러내지는 않았다. 그리스에서는 개인주의에 대한 불신이 여러 가지 세력과 충돌했기 때문에 제한을 받았다. 반면에 주니 족의 이상과 제도는 이 점에서 엄격하다. 아폴로적인 인간에게 잘 알려져 있는 지도, 즉 항상 중도를 지키는 자세는 주니 족의 공통적인 전통에 구체적으로 나타나 있다. 항상 중도 안에 머문다는 것은 자신을 전례(前例), 즉 전통에 맡긴다는 의미이다. 따라서 전통에 반대하는 강력한 영향력은 그들의 감정에 맞지 않고, 그들의 제도에서 경시된다. 이러한 영향력을 가장 크게 행사하는 것이 바로 개인주의이다. 남서부 지역의 아폴로적인 철학을 따른다면 개인주의는 파괴적이다. 심지어 그것이 전통 자체를 세련되게 하고 확대시킬 때에도 그렇다고 생각한다. 그렇다고 해서 푸에블로 족이 전통의 세련과 확대를 반대한다는 말은 아니다. 어떤 문화라도 추가와 변화를 피할 수는 없다. 그러나 이러한 변화와 추가 현상이 일어나는 과정은 좀 의심스러운 점도 있거니와 잘 인지될 수도 없다. 따라서 개인에게 자유를 주는 제도들은 금지되고 있다.

푸에블로 족의 문화가 분리되어나온 문화, 즉 북아메리카 기타 지역의 문화를 어느 정도 알지 못하고서는 푸에블로 족의 생활 태도를 이해하기는 불가능하다. 이 두 문화의 대조적인 힘에 의해서 우리는 푸에블로 족의 문화를 아메리카 원주민의 가장 특징적인 여러 특질과 구별시켜주는 상반되는 욕구와 저항 세력을 헤아려볼 수가 있는 것이다. 멕시코 인디언을 포함하여 아메리카 인디언은 전체적으로 디오니소스 형이다. 그들은 모든 격렬한 경험, 즉 인간으로 하여금 감각의 일상적인 궤도를 이탈할 수 있게 해주는 모든 수단들을 가치 있는 것으로 생각하고, 그런 모든 경험들에 최대의 가치를 부여한다.

푸에블로 족 이외의 북아메리카 인디언들은 물론 하나의 단일적인 문화를 가지고 있지 않다. 그들은 거의 모든 점에서 지극히 대조적이어서 그들을 여덟 개의 개별 문화 지역으로 분류하는 것이 오히려 편리하다. 그러나 그들 전체를 통틀어서 한두 가지 점에서는 어떤 기본적인 디오니소스 형의 관습이 통용되고 있다. 그중에서 가장 명확하게 눈에 띄는 것은 꿈이나 환상이 주는 초자연력을 획득하는 관습인데, 이것은 우리가 이미 앞에서 이야기했다. 서부 평원에 사는 미개인들은 끔찍한 고통을 통하여 이러한 환상을 추구했다. 그들은 자기 팔의 피부를 벗겨내고, 손가락을 으깨며, 높다랗게 세운 장대 끝에 가죽 끈으로 자기 어깨를 묶고서 몸을 흔들어

댔다. 그들은 상당히 오랜 기간 동안 음식과 물을 먹지 않고 지냈다. 또한 온갖 방법을 통하여 일상 생활과 상치되는 경험을 추구했다. 평원 지방에서는 바로 성인들이 환상을 찾아 나섰다. 때때로 그들은 양손을 뒤로 묶고 꼼짝도 않고 서 있기도 하고, 자기 주위의 조그마한 장소를 말뚝으로 둘러치고 축복을 받을 때까지 그곳에서 움직이지 않는 경우도 있었다. 다른 부족 사람들은 때때로 멀리 떨어진 지방이나 위험한 곳으로까지 방랑하기도 했다. 어떤 부족들은 절벽과 특히 위험한 장소를 선택했다. 어쨌든 남자는 혼자서 이런 일을 한다. 만약 그가 심한 고통을 통하여 환상을 추구하려고 할 때 그를 초자연적인 경험을 얻을 때까지 매달려 있어야 할 장대 끝에 묶어 주기 위해서 누군가가 그와 동행한다면, 그 조력자는 자기 할 일만 하고는 그 혼자서 시련을 받도록 남겨두고 떠난다.

자기가 기대하고 있는 환상이 찾아오도록 하기 위해서는 정신 통일이 필요하다. 정신 통일은 다른 무엇보다도 그들이 믿고 의지하는 방법이었다. 나이가 든 의무는 "항상 정신 통일을 생각하라"라고 늘 말했다. 때로는 정령들이 그 고행자를 불쌍히 여겨서 그가 요구하는 바를 허락해주도록 하기 위해서 얼굴이 눈물로 범벅이 되는 것도 필요했다. "저는 불쌍한 놈이오니 저를 긍휼히 여겨주십시오"라는 것이 보통때의 기도이다. 의무들은 "아무것도 가지지 말라. 그리하면 정령들이 네게 오실 것이니라"라고 가르쳤다.

서부 평원의 미개인들은 환상이 찾아오면 그것이 그들의 인생을 결정하고 그들이 기대하는 성공도 결정한다고 믿었다. 만약 환상이 찾아오지 않으면 그들은 실패할 수밖에 없는 운명이 되어버린다. "나는 가난해질 것이다. 그것은 환상이 내게 찾아오지 않았기 때문이다." 그 경험이 치료에 관한 것이면 그는 치료하는 힘을 가지게 되고 전쟁에 관한 것이면 전사가 될 수 있는 힘을 가지게 된다. 쌍두머리 여자(double woman)를 만나게 되면 그는 성도착자가 되어 여성의 직업과 습관을 가지게 된다. 신비스러운 물뱀의 축복을 받으면 그는 악의 초자연력을 지니게 되어 자기 아내와 자식의 생명

을 희생시키고 그 대가로 마술사가 된다. 모든 면에서 강건해지거
나 특별한 모험에서 성공하기를 바라는 사람은 누구나 자주 환상을
추구했다. 전쟁의 장도(壯途)에 오르거나 치료를 할 때, 그밖의 여
러 가지 경우, 즉 들소를 불러들이거나 자식의 이름을 짓는 일, 문
상 가서 애도하는 일, 복수, 잃어버린 물건을 찾는 경우 등에는 환
상이 필요했다.

환상이 찾아올 때에는 눈에 보이거나 귀에 들리는 수가 있지만
반드시 그런 것만은 아니다. 이에 관한 대부분의 이야기를 들어보
면 환상은 어떤 동물의 모습을 띤다고 한다. 처음에 그것은 종종
인간의 형상으로 나타나서 애원자와 이야기하고, 그에게 어떤 초자
연적인 관습을 위한 노래와 문구를 준다. 그러고 나서 떠날 때는
동물의 모습으로 변하는데 애원자는 그에게 축복을 내려준 그 동물
이 무엇인지를 안다. 그 경험의 기념으로 무슨 동물의 가죽이나 뼈
혹은 깃털을 지녀야 하는가 또 이것을 자신의 신성한 주술 꾸러미
로 평생 간직해야 하는가도 알게 된다. 이와는 반대로 어떤 경험들
은 한층 더 우연적이다. 어떤 부족들은 자연과 친밀해지는 순간,
즉 어떤 사람이 강 어귀에 혼자 서 있거나 오솔길을 홀로 걸어갈
때 보통때에는 아무렇지도 않게 생각하던 것들에게서 자신도 모르
게 어떤 중요한 의미를 느끼는 경우가 있는데, 바로 이처럼 자연과
친교를 느끼는 순간을 특히 귀히 여긴다.

초자연력은 꿈을 통하여 그들에게 오는 것 같다. 환상에 대한 이
야기를 좀 들어보면, 환상을 꿈속에서 보건 약간 이상한 상태에서
보건 간에 그것은 분명히 꿈의 체험이라는 것이다. 루이스와 클라
크는 과거에 서부 평원 지방을 횡단할 때 그곳은 밤에는 잠을 자기
에 적합하지 않더라고 불평했다. 어떤 노인이 밤새 잠도 자지 않고
북을 두드리면서 자신이 금방 꾸었던 꿈 이야기를 되풀이하더라는
것이었다. 꿈은 힘의 값진 원천이었다.

어떤 경우를 막론하고 그 경험이 힘을 지닌 것인가 아닌가의 기
준은 필연적으로 그 개인이 결정할 문제였다. 그 경험에 뒤따르는

관행에 어떠한 사회적 구속력이 부과된다고 할지라도 그 경험은 주관적인 것으로 인식되었다. 어떤 경험에는 힘이 있었고 어떤 것에는 힘이 없었다. 그 구별은 가치 있는 경험을 선택해내는 순간적인 의미의 번쩍임에 의해서 결정되었다. 만약 그 꿈이 이러한 전율을 전달해주지 않으면 설령 심한 고통을 겪으며 추구했던 경험일지라도 가치 없는 것이 되어버린다. 그들은 그 경험으로부터 힘을 받았노라고 감히 주장할 수도 없다. 거짓으로 말할 경우 그들이 수호신이라고 주장하는 바로 그 동물이 행여 그들에게 죽음과 불명예를 내릴까 두려워하기 때문이다.

서부 평원 지방에서 환상 체험의 힘에 대한 이러한 신앙은 이론적으로는 개인에게 무제한의 자유를 주는 문화적인 매커니즘이다. 그는 어떤 가계에 속하든지 출가(出家)하여 이와 같은 극도로 탐낼 만한 힘을 얻을 수 있다. 이외에도 그는 자신의 환상을 어떤 혁신, 즉 자신이 독창적으로 생각하고 있는 개인적인 이익을 위한 권위라고 주장할 수도 있다. 그가 기원하여 불러일으킨 이러한 권위는 그 성격상 다른 사람으로서는 알 수 없는 고독한 경험이 된다. 더구나 그것은 그가 도달할 수 있는 경험 중에서 가장 불안정한 경험이다. 이 경험은 좀처럼 그와 비슷한 종류를 찾아보기 힘든 활동 기회를 개인적인 창의력에다 부여한다. 물론 실질적으로 관습의 권위는 다른 것의 도전을 받지 않고 유지된다. 인간은 그 제도에 의해서 가장 자유로운 활동의 여지를 가지게 된다고 하더라도 결코 사소한 변화 이상을 가져올 만큼 창조적일 수는 없다. 어떤 문화에서는 가장 급진적인 혁신도 국외자의 입장에서 보면 사소한 수정에 불과한 것이기 때문이다. 예언자들이 트위들덤과 트위들디(Tweedledum and Tweedledee : 구별할 수 없을 만큼 서로 닮은 두 사람 또는 두 물건/역자 주)의 차이를 외치다가 사형을 당했다는 것은 지극히 상식적인 이야기이다. 마찬가지로 환상이 부여하는 문화 활동에서의 자유는, 예컨대 이전에 흰멧새단(團)(snowbird order)이 있었던 지역에 끼연 결사의 딸기단(團)을 세운다든가 혹은 전쟁에서 보통 들소에 의존하던 것을 스컹크의 힘에 의존하도록 하는 데 쓰이는데, 이런 변화는 물론 환상의 가르침에 따른 것이다. 이밖의 제한도 또한 피할 수 없다. 환상의 힘을 시험해보는 일을 강조하는 경우도 있다. 자기의 환상를 시험해보아서 전쟁 집단을 승리로 이끈 자만이 전쟁에 대한 초자연력을 가지고 있다고 주장할 수 있다. 어떤 부족에서는 심지어 그 환상을 시험해보자는 제안조차도 장로들에게 먼저 회부하지 않으면 안 되었다. 장로 집단은 신비스러운 의사 소통에 인도되지 않기 때문이었다.

서부 평원 지방 이외의 문화에서는 디오니소스 형의 관습에 대한 이러한 제한이 한층 더 심하게 행해지고 있다. 기득권과 특권이 중요시되고 있는 지역 사회에서는 어디서든지 환상과 같은 문화 특성 때문에 일어나는 갈등이 아주 분명히 나타난다. 솔직히 말해서 그것은 분열된 문화적 매커니즘이다. 이런 갈등이 격렬하게 일어나는 부족에서는 여러 가지 일이 발생할 수 있다. 부족 사람들이 아직도 입에 발린 소리로 호의를 표시하는 그 초자연적인 경험은 빈껍데기가 되어버릴 수도 있다. 만약 특권이 의식 집단과 가족에게 부여되어 있을 경우 이들 집단과 가족은 각 개인들이 초자연력에 마음대로 접근하는 것을 허용할 수 없을 것이며 또한 모든 힘이 그러한 접촉에서 발생한다고 가르칠 수도 없을 것이다. 아직은 그들이 자유롭고도 제한이 없는 환상의 교리를 가르치지 못할 이유가 없었다. 따라서 그들은 가르쳤다. 그러나 이것은 하나의 위선이었다. 누구도 조상으로부터 자기가 속한 의식 집단의 지위를 물려받지 않고서는 권위 있는 힘을 행사할 수가 없었다. 오마하 족(Omaha) 사이에서는 비록 모든 권력이 엄격하게 가계로 전승되고 또한 그것이 주술을 위해서는 가치 있는 것임에도 불구하고, 그들은 초자연력을 인정받으려면 고독한 환상에 절대적으로 의존해야 하고 또 그 길밖에 없다고 말하는 전통적인 교리를 고치지 않았다. 북서 해안 지방과 멕시코의 아스텍 족 사이에서는 위신이란 것도 지켜져야 할 특권이었다. 따라서 이런 지역에서는 다른 타협 현상이 일어났다. 그러나 그 타협도 디오니소스적인 여러 가치들을 금지하는 것은 아니었다.

그러나 환상을 요구하는 디오니소스적인 경향은 북아메리카에서 보통의 경우에는 권위 집단이나 그들의 특권과 타협할 필요가 없었다. 그 경험은 약과 알콜을 통하여 공공연히 추구되었다. 멕시코 인디언의 여러 부족에서는 그들에게는 지극히 종교적인 축복 상태를 얻기 위하여 거대한 선인장의 과즙을 발효시킨 것을 의식적으로 사용했다. 멕시코 인디언과 관계 있는 피마 족(Pima)에게는 한 해의 큰 의식——이 의식을 통하여 그들은 모든 축복을 받았다——이 바로 이 선인장 맥주를 발효시키는 것이었다. 사제가 맨 먼저 이것을 마시고 그 다음 모든 사람들이 "신앙심을 얻기 위해서" 마셨다. 취한다는 말은 그들의 관행이나 시에서는 종교와 동일한 의미를 가진다. 흐릿한 환상과 통찰력이 뒤섞이는 현상은 종교의 경우에도 마찬가지이기 때문이다. 술에 취한 상태는 종교와 결합된 환희를 모든 부족 사람들에게 준다.

이런 경험을 얻기 위하여 약을 사용하는 것은 훨씬 더 보편적인 방법이다. 페요테(peyote)나 메스칼 빈(mescal bean)은 멕시코 고원 지대에 있는 선인장의 어린 봉오리를 말한다. 이 식물은 인디언 부족들이 날것으로 먹지만 그 어린 봉오리는 멀리 캐나다 국경 지방에서까지 매매되고 있다. 이것은 항상 의식용으로 쓰이며 그 효과는 잘 알려져 있다. 이것을 먹으면 특히 공중에 붕 뜨는 듯한 느낌이 들고 현란한 색깔의 여러 가지 상(像)이 눈에 보인다. 이와 함께 매우 강렬한 영향——극단적인 절망감이나 모든 불충분한 것과 불안정으로부터의 해방감이 수반된다. 그러나 충동적인 불안과 색정적인 흥분은 없다.

아메리카 인디언들간에 행해지는 이 페요테 의식은 아직도 널리 번져가고 있다. 오클라호마에서는 인디언 교회로 구체화되었고, 그 외 많은 부족들에서는 더 오래된 의식들도 이 페요테 의식 앞에서는 무색해진다. 그것은 모든 지역에서 어느 정도는 백인들에 대한 인디언들의 태도와 관련이 있다. 즉 백인의 영향에 대한 종교상의 반대나 백인의 생활 방식을 신속하게 받아들이자는 교리 같은 것과 결부되어 있는 것이다. 따라서 이 페요테 의식의 구성은 기독교적인 요소와 많이 결부되어 있다. 페요테를 먹는 의식은 기독교에서 성례전(聖禮典 : 세례와 성찬의 두 예식/역자 주)을 행하는 방식과 마찬가지로 먼저 페요테를 먹고, 그 다음 물을 먹고, 차례대로 이것을 반복하며, 이와 함께 노래와 기도도 계속한다. 이것은 밤새도록 계속되는 위엄있는 의식이고 그 효과는 다음날까지 계속된다. 다른 경우에는 페요테를 나흘 밤 동안 먹고 나흘 낮 동안 흥분에 젖는다. 페요테를 신봉하는 의식 집단에서는 페요테를 신과 동일한 것으로 생각한다. 페요테의 큰 봉오리를 대지의 제단에 놓고서 경배를 드린다. 모든 선한 것은 거기에서 나온다. 그들은 "이것은 내 평생에 알고 있는 단 하나의 성스러운 것이다," "이 약만이 성스러운 것이며 이것이 내게 있는 모든 악을 쫓아내주었다"라고 말한다. 페요테의 효력과 그 종교적인 권위를 구성하고 있는 것은 바로 페요테가 주는 황홀 상태에서 오는 디오니소스 형의 경험이다.

다투라(datura)나 짐슨 위드(jimson weed) (이것은 모두 횐독말풀의 일종이다/역자 주)는 페요테보다 더 강렬한 독약이다. 이것은 멕시코와 남캘리포니아의 여러 부족들간에 사용되는 그 지방 특유의 것이다. 특히 남캘리포니아 지역에서는 성인 의식 때 소년들에게 이것을 먹이는데 그들은 이 약초의 영향을 받아서 자신의 환상을 보게 된다. 필자는 이 약물을 마시고 나서 아이들이 죽었다는 이야기를 들었다. 약을 먹은 소년들은 혼수 상태가 되어 어떤 부족에서는 이 상태가 하루 동안 계속되고 또 어떤 부족에서는 나흘간이나 계속된다고 한다. 이들 부족과 동쪽에서 이웃하고 있는 모하베 족(Mojave)은 노름에서의 행운을 빌기 위하여 다투라를 사용하는데 나흘간이나 의식 불명이 된다고 한다. 이 나흘 동안 그들이 바라는 행운을 가져다주는 꿈을 꾼다는 것이다.

그러므로 남서부의 푸에블로 족을 제외한 북아메리카 인디언 어디에서나 초자연력에서 나오는 환상의 이러한 디오니소스 형 교리와 관행을 볼 수 있다. 이 남서부 지역은 단식과 고행과 약과 알콜에 의해서 환상을 추구하는 부족들로 둘러싸여 있다. 그러나 푸에블로 족은 파괴적인 경험을 받아들이지는 않으며 그러한 방식을 통하여 초자연력을 끌어내지도 않는다. 만약 어떤 주니 족의 인디언이 우연히 환시나 환청을 느끼게 되면 그것은 죽음의 징조로 간주된다. 그것은 피해야 할 체험이지 단식 따위를 통하여 추구해야 할 것이 못 된다. 푸에블로 족에서 초자연력은 의식 집단의 일원이 됨으로써 생겨나며, 그 일원이 되기 위해서는 대가를 지불하여 그 권리를 사야 하고, 또 언어 표상적 의식(言語表象的儀式)을 배우지 않으면 안 된다. 회원이 되기 위한 준비를 하거나 입회식을 할 때에도 혹은 대가를 지불하고, 더 높은 단계로 승진하거나 종교적인 특권을 행사할 때에도 결코 그들은 냉정한 상태를 넘어서지 않는다. 그들은 극단을 추구하지도, 이를 높이 평가하지도 않는다. 그러나 환상을 요구하도록 짜여진 요소들은 널리 퍼져 있으며 지금도 존재한다. 즉 위험한 장소를 찾는다든가 새나 짐승과 친교 관계를 맺는 일, 단식, 초자연력과의 조우를 통하여 특별한 축복을 받는다고 믿는 신앙 등이 그것이다. 그러나 이런 것들은 디오니소스 형 경험과 통합되어 있지는 않다. 여기서는 전혀 해석을 달리 해야 한다. 푸에블로 족의 남자들도 밤중에 무시무시한 장소나 신성한 장소로 가서 어떤 소리를 듣기는 한다. 그러나 그것은 초자연력과 교통하기 위해서가 아니라 행운과 불운의 전조를 알기 위해서인 것이다. 그런 일을 할 동안에 무척 무서움을 느끼기는 하지만 그것을 크나큰 시련으로는 생각하지 않는다. 이와 관련된 중대한 터부는 집으로 돌아갈 동안에는 뒤에서 무엇이 따라오는 것같이 느껴지더라도 결코 돌아보아서는 안 된다는 것이다. 그들은 어떤 일을 객관적으로 실행에 옮기는 것은 환상을 추구하는 것과 마찬가지라고 생각한다. 언제라도 그들은 어려운 시도를 준비할 때는——남서부 지방에서는 도보 경기를 할 때에도 자주 그렇다——집을 나서서 어둠과 고독, 동물의 출현을 크게 이용한다. 그러나 다른 지방에서는 디오니소스 형으로 생각되는 체험이 푸에블로 족에서는 전조를 얻기 위한 기계적인 체험으로 될 뿐이다.

　단식——이것은 아메리카 인디언 대부분이 자기 유도 환상(自己誘導幻想)을 얻는 데 사용하는 방법이다——도 이와 같은 방식으로 재해석해야 한다. 이제 단식은 일반적으로 무의식층 아래에 위치하고 있는 경험을 끌어올리는 데에 쓰이는 것이 아니다. 푸에블로 족에게 단식은 의식을 깨끗하게 치르기 위한 필요 조건이다. 단식을 어떤 종류의 환희와 연결시키는 논리는 푸에블로 족으로서는 도저히 생각할 수 없다. 단식은 성직자들이 묵상을 하는 동안이나 춤과 경기에 참가하기 전, 그리고 무수히 많은 의식에서 반드시 요구되는 것이기는 하지만, 단식 뒤에 어떤 능력을 부여받는 경험이 뒤따르는 것은 결코 아니다. 그것은 결코 디오니소스 형이 아니다.

　남서부 지방의 푸에블로 족이 짐슨 위드의 독에 취하는 것도 단식하는 것과 매우 흡사한 운명에 놓여 있다. 그 관행은 지금도 있지만 그 이빨은 다 빠진 것이나 다름없다. 남캘리포니아 인디언들에게는 있는, 하루 또는 사흘간 계속되는 짐슨 위드의 혼수 상태가 푸에블로 족에게는 없다. 짐슨 위드는 고대 멕시코에서처럼 도둑을 찾는 데 쓰인다. 주니 족에서는 이 약을 먹어야 할 사람 입에다 담당 사제가 소량을 집어넣고서 바로 그 옆방으로 가서는 그 약을 먹은 사람이 죄인의 이름을 말하는 것을 듣는다. 그는 줄곧 혼수 상태에 있는 것 같지는 않다. 잠을 자고 방안을 거니는 것을 번갈아가며 한다. 아침이 되면 그는 자기가 받았던 통찰력을 기억하지 못하게 된다. 가장 주의해야 할 것은 이 약의 모든 찌꺼기를 제거하는 일인데 이 식물이 가진 위험하고 신성한 약효를 제거하기 위하여 보통 두 가지 해독 방법이 사용되고 있다. 첫째 이 약을 먹은 사람에게 구토제를 네 차례나 먹여서 그 독초의 모든 성분을 완전히 토해내게 한다. 그 다음에는 그의 머리카락을 유카나무 거품에다 씻도록 한다. 또 다른 주니 족에서는 짐슨 위드의 사용이 이보

다 한층 더 디오니소스 형의 목적과 무관하다. 사제단의 회원은
"새에게 비를 부르는 노래를 청하기 위하여" 밤중에 기도봉을 심으
러 집을 나선다. 이때 각 사제들은 짐슨 위드 뿌리의 분말을 조금
눈과 귀와 입에 넣는다. 여기서는 이 약의 약리적인 성질과 관계되
는 것은 전부 사라진다.

페요테는 이것보다 훨씬 더 심한 운명 속에 있다(즉 짐슨 위드보
다 한층 더 디오니소스적인 목적이 없다). 푸에블로 족은 페요테
봉오리를 얻을 수 있는 멕시코 평원과 이웃해 있으며, 그들이 가장
빈번하게 접촉하는 아파치 족과 평원의 여러 부족들도 페요테를 늘
먹어왔다. 그러나 그러한 관행이 푸에블로 족에서는 발판을 획득하
지 못했다. 가장 격식을 차리지 않고, 대평원 인디언을 닮은 푸에
블로 족인 타오스 족(Taos)에서는 소수의 반정부 집단이 최근 페요
테를 받아들이고 있다. 그러나 다른 지역에서는 이것을 받아들이지
않고 있다. 푸에블로 족의 엄격한 아폴로 형의 **정신** 때문에, 그들은
개인으로 하여금 일상 생활의 궤도를 이탈하게 하고 냉정을 빼앗아
가는 그러한 경험을 불신하고 거절하는 것이다.

푸에블로 족의 이러한 혐오감은 너무나 강렬하여 미국 행정부의
알콜 금지 정책이 없어도 충분할 정도이다. 미국내에서 인디언 거
주지가 있는 주에서는 어디서고 알콜 문제는 피할 수 없는 문제가
되어 있다. 위스키를 좋아하는 인디언들의 정열을 누를 수 있을 만
큼 강한 정부의 규제는 아무것도 없다. 그러나 푸에블로 족에게는
그 알콜 문제가 전혀 문젯거리가 되지 않는다. 그들은 옛날에도 그
들 소유의 술을 전혀 만들지 않았으며 지금도 마찬가지이다. 그러
나 이런 현상은 당연하게 받아들일 수 있는 문제는 아니다. 왜냐하
면 예컨대 이웃해 있는 아파치 족은 젊은이나 늙은이나 도시에 나
가기만 하면 폭음 폭주를 하기 때문이다. 푸에블로 족이 술을 삼가
는 것은 음주를 반대하는 종교적인 터부가 있어서가 아니라 그보다
는 더 깊은 이유가 있다. 즉 술을 마신다는 것은 그들에게는 불쾌
한 일이기 때문이다. 주니 족에게 맨 처음 술이 들어왔을 때 노인

들이 자발적으로 이를 금지시켰고 이 규칙은 적절한 것이라고 하여 매우 존경을 받았다.

고행은 한층 더 일관성 있게 거부되어왔다. 푸에블로 족, 특히 동부의 푸에블로 족은 고행을 가장 중히 여기는 두 개의 매우 다른 문화와 접촉하고 있는데, 그것은 대평원 인디언과 멕시컨 페니텐츠 족(Mexican Penitentes)의 문화이다. 푸에블로 문화도 지금은 소멸된 고대 멕시코의 자기 고행을 행하는 문명과 많은 특징을 공유하고 있다. 고대 멕시코에서는 어느 경우나 신에게 드리는 공물로서 자기 신체의 일부분에서 피를 흘렸다. 특히 혓바닥에서 피를 흘리는 경우가 많았다. 평원 지방에서는 환상을 얻기 위해서 자기 망각의 상태에 들어가는 방법으로서 자기 고행이 특수화되었다. 뉴 멕시코의 페니텐츠 족(Penitentes of New Mexico)은 세계의 궁벽진 곳에 지금까지 맨 마지막으로 남아 있는 중세 스페인의 채찍질하는 고행족의 한 종파인데, 그들은 십자가에 못박힌 구세주의 고행을 확인하는 성금요일(聖金曜日, Good Friday)의 의식을 오늘날까지 지키고 있다. 이 의식은 의식 집단 중에서 그리스도로 분장한 한 회원을 십자가에 못박는 데서 그 절정에 달한다. 이 의식의 행렬은 성금요일 새벽에 페니텐츠 인의 집에서부터 출발하며 그리스도로 분장한 사람은 엄청나게 무거운 십자가를 지고 비틀거리며 나아간다. 그의 뒤로는 등에 아무것도 지지 않은 그의 동료들이 따라가면서 촐라 선인장(cholla)의 가시를 묶은 선인장 막대기로 한 발자국 나아갈 때마다 자신들의 등을 세차게 후려친다. 멀리서 보면 그들의 등은 흡사 진붉은 옷을 입은 것처럼 보인다. 그 "길"은 약 2.4킬로미터 가량 된다. 그들이 목적지에 다다르면 그리스도는 십자가에 묶이어 매달린다. 만약 그리스도 역을 맡은 사람이나 뒤따르던 자가 죽으면 그의 신발은 그의 집 문앞에 놓여지게 되며 그를 위해서 곡하는 일은 허락되지 않는다.

푸에블로 족으로서는 자기 고행을 이해할 수 없다. 모든 사람의 손가락은 다섯 개이며 마술적인 고백을 듣기 위해서 고행하는 경우를 제외하면 조금도 상처가 생기지 않는다. 그들의 등에는 상처 자국도 없고 살갗이 벗겨져나간 흔적도 없다. 자기 피를 희생하는 의식도, 풍작을 비는 데 피를 사용하는 의식도 없다. 그들은 두서너 개의 입회식에서 극도로 흥분된 순간에 어느 정도 자기 몸에 상처를 낸다. 그럴 경우에도 그것은 집단적인 흥분을 불러일으키기 위한 것일 뿐이다. 푸에블로 족 전사들의 의식 집단인 선인장 결사(cactus society)에서 회원들은 달려나가서 선인장 가시를 붙인 회초리로 자신과 상대방을 때린다. 불의 결사 회원들은 불을 색종이 조각이기나 한 것처럼 던져올린다. 그 어느 경우에도 정신적인 위험이나 비정상적인 경험을 추구하지는 않는다. 확실히 푸에블로 족이 준수하는 불장난은 자기 고행을 추구하는 것이 아니다. 이 점은 대평원 인디언의 경우도 마찬가지다. 불 건너기에서도 어떤 방법이 동원되든지 간에 발은 화상을 입지 않으며, 불을 입에 집어넣었을 때에도 혓바닥을 데지 않는다.

　푸에블로 족의 때리는 관행도 이와 마찬가지로 고행을 하기 위한 것이 아니며 때려서 피를 흘리지도 않는다. 대평원 인디언과 마찬가지로 주니 족의 아이들은 청춘기나 어렸을 때 또는 의식적인 입회식에서 매를 맞으면 큰 소리로 울기도 하며, 심지어 입회식을 주관하는 가면신으로부터 맞을 때 자기 어머니를 부를 수도 있다. 때리는 정도가 조금이라도 지나치면 결코 이를 영광스럽게 생각하지 않는다. 푸에블로 족의 어른들로서는 회초리로 때리면 맞은 자리가 부풀어오른다는 것은 상상도 할 수 없는 일이며 오히려 그런 생각에 대해서 당혹감을 느낀다. 때린다는 것은 "나쁜 것을 쫓아내는 것," 즉 믿을 만한 엑소시즘의 의식인 것이다. 이와 똑같은 행위가 다른 지역에서는 자기 고행의 수단으로 사용되고 있는데 이 사실도 푸에블로 족 문화에서 이를 사용하는 것과는 아무 관계가 없다.

　단식이나 고행, 약이나 알콜 또는 환상을 통하여 황홀경을 추구하지 않듯이 춤을 통해서도 그것을 추구하지 않는다. 아마 북아메리카 인디언 중에서 남서부 지방의 푸에블로 족만큼 춤에 많은 시

간을 흘려보내는 부족은 없을 것이다. 그러나 그들의 춤의 목적은
결코 자기 망각을 얻으려는 것이 아니다. 그리스 인의 디오니소스
의식은 바로 이 광란적인 춤에 의하여 가장 잘 알려졌으며 그것은
오늘날 북아메리카에서도 계속 일어나고 있다. 1870년대에 이 나라
를 휩쓴 인디언의 유령 춤은 춤추는 사람들이 한 사람씩 차례로 경
직되어 땅에 쓰러질 때까지 단조롭게 계속되는 원무(圓舞)였다. 그
발작이 일어나는 동안 그들은 백인으로부터 해방되는 환상을 보게
되었고, 그러는 중에도 한편에서는 춤은 계속되었고 또 다른 사람
들이 하나하나 졸도해갔다. 그것은 대다수 인디언 부족들의 관습이
되었고 매주 일요일마다 그 춤을 추는 현상이 다같이 일어났다. 이
밖에도 완전한 디오니소스 형의 옛날 춤들도 있었다. 북부 멕시코
의 부족들은 입에서 게거품을 내면서 제단 위에서 춤을 추었다. 캘
리포니아의 샤먼의 춤에는 경직증 발작이 필요했다. 마이두 족
(Maidu)은 샤먼의 춤 경기를 개최하게 되는데 춤을 추면서 상대방
을 먼저 넘어뜨리는 자가 승자가 된다. 즉 춤의 최면술적인 암시에
굴복하지 않는 자가 승자가 된다. 북서 해안 지방에서는 겨울에 행
해지는 의식 전부가 정령에 씌여서 돌아버린 사람들을 길들이기 위
한 것이라고 생각되었다. 신참자들은 그들이 하리라고 기대되는 대
로 열광적으로 자기 역할을 했다. 그들은 시베리아의 샤먼과 같이
네 개의 밧줄로 사방으로 묶인 채 춤을 춘다. 그것은 만약 자기 자
신이나 다른 사람들을 해치려고 할 경우 제어할 수 있도록 하기 위
해서이다.

　주니 족의 모든 춤에는 이와 같은 암시가 전혀 없다. 주니 족의
춤은 그들의 의식에서의 시와 마찬가지로 단조롭게 반복에 의해서
자연력을 강요한다. 그들의 지칠 줄 모르고 계속되는 발굴림은 하
늘에 운무를 만들고 산더미 같은 비구름을 쌓아올린다. 그리하여
땅에 비를 뿌리게 한다. 그들은 결코 황홀한 경험에 쏠리지 않은
채 자연의 힘이 그들의 의도대로 움직여주도록 자연과의 완전무결
한 동화를 열심히 추구한다. 이러한 의지가 푸에블로 족의 춤의 형

식과 정신을 결정한다. 그들의 춤에는 거친 것이 하나도 없다. 춤을 효과 있게 만들어주는 것은 40명의 남자가 완전히 한 사람인 것처럼 움직이는 리듬의 집적된 힘이다.

푸에블로 족의 춤의 성질에 대하여 로렌스만큼 정확하게 전해주는 사람은 없다.

> 모든 사람들이 하나같이 노래를 부르며 부드러우면서도 무거운 새의 발걸음으로 움직이는데 이것이 춤의 전부이다. 몸은 약간 앞으로 구부리고, 어깨와 머리는 무거운 듯이 늘어뜨리며, 발은 힘 있게, 그러면서도 부드럽게 움직인다. 그들은 그 리듬을 대지의 중심에까지 보낸다. 북소리는 심장의 맥박에 맞추어 몇 시간이고 계속해서 울린다.

때로는 땅의 표면에서 옥수수 싹이 발아하기를 빌면서 춤을 추고, 때로는 발놀림으로 맹수를 부르기도 하며, 때로는 오후의 사막 하늘에 천천히 몰려드는 적운(積雲)을 불러모으기도 한다. 심지어 비가 오든 안 오든 간에 하늘에 구름이 나타나기만 해도 그것은 초자연력이 그들의 춤에 대해서 내리는 축복, 즉 그들의 의식이 받아들여졌다는 징조가 된다. 만약 비가 오면 그것은 그들의 춤이 효험이 있다는 증거가 된다. 그것은 춤에 대한 대답이다. 그들은 세차게 내리퍼붓는 남서부의 호우 속에서도 춤을 춘다. 그들의 깃털은 비에 젖어 무거워지고 수놓은 스커트와 망토도 비에 흠뻑 젖는다. 그러나 그들은 그 비로 인하여 신의 은총을 받는 셈이다. 어릿광대는 진흙 수렁에 빠져서 흥겨워하며, 웅덩이에 한껏 드러눕고 흙탕물을 튀긴다. 그들은 춤출 때 낸 발굴림 소리가 자연력으로 하여금 비구름을 가져와서 비를 내리게 했다고 생각한다.

푸에블로 족은 비록 디오니소스 형의 의미로 가득 찬 춤의 형식을 그 이웃 부족과 공유하고 있다고 하더라도 전혀 냉정을 잃지 않는다. 북부 멕시코의 코라 족(Cora)은 그 주변의 많은 다른 부족과 마찬가지로 윤무(輪舞)를 추는데, 이 춤의 클라이맥스는 춤추는 사람이 능력이 미치는 한 가장 빨리 황홀한 경지에 다다랐다가 다시 되돌아와서 대지의 바로 그 제단 위에서 빙글빙글 돌며 춤을 출 때이다. 다른 때, 다른 경우라면 언제나 이것은 신성함을 더럽히는 행위이다. 그러나 바로 이런 경우에는 디오니소스 형의 진가가 생기게 된다. 윤무를 추는 사람은 광란 상태에 빠지고, 그 제단은 완전히 파괴되고 짓밟혀서 다시 모래바닥이 되어버린다. 마지막에 가서 그는 파괴된 제단 위에 넘어진다.

호피 족도 지하 키바의 방에서 뱀춤을 출 때에는 제단 위에서 춤춘다. 그러나 그들에게는 코라 족과 같은 광란이 없다. 그것은 버지니아 릴(virginia reel : 남녀가 두 줄로 서서 추는 시골 춤의 일종/역자 주)처럼 율동에 규율이 있다. 푸에블로 족의 춤의 패턴 중에서 가장 보편적인 한 형식은 두 개의 춤 집단이 번갈아가며 춤을 추는 것인데, 각 집단은 춤추는 장소에 서로 위치를 바꾸어가며 번갈아 나타나서 비슷한 주제를 변화시켜서 표현한다. 마지막 춤사위에 가서 이 두 집단은 양쪽에서 동시에 나온다. 키바에서 행하는 이러한 뱀춤에서 영양 결사(羚羊結社)의 무용수들은 뱀의 무용수들의 상대가 된다. 첫번째 춤마당에서는 영양의 사제가 제단 주위를 웅크리고 돌면서 춤을 추다가 물러나고, 뱀의 사제가 이를 반복한다. 두번째 춤마당에서는 영양의 무용수가 입에 포도를 받아넣고 그것을 신참자들의 무릎 위에다 질질 흘리면서 그들 앞에서 춤을 춘다. 그가 물러나고 나면 뱀의 무용수가 나와서 영양의 무용수와 똑같은 방식으로 살아 있는 방울뱀을 입에 물고서 그것을 신참자들의 무릎 위로 질질 끌고 가면서 춤을 춘다. 마지막 춤사위에서는 영양의 무용수와 뱀의 무용수가 아직도 웅크린 자세로 함께 나와서 이번에는 제단 주위를 돌지 않고 제단 위에서 춤을 추면서 끝낸다. 이것은 영국의 모리스 춤(Morris dance)과 같이 공식적인 순서가 있고, 완전히 냉정한 상태에서 춤을 추는 것이다.

호피 족에서 뱀을 사용하는 춤은 위험과 공포를 자초하는 것이 아니다. 우리의 문명에서는 뱀을 무서워하는 경향이 너무나 보편화되어 있기 때문에 뱀춤에 대해서 오해하고 있다. 우리는 뱀춤에 대하여 우리가 느끼는 감정을 뱀춤의 무용수들도 느끼리라고 생각한다. 그러나 아메리카 인디언들은 뱀을 무섭게 생각하지 않는다. 오히려 뱀을 대개 존경하며 때로는 그 신성함 때문에 위험한 것으로 생각한다. 즉 뱀은 신과 같은 것이 된다. 뱀에 대한 아무런 이유도 없는 우리의 혐오감은 그들의 반응과는 관계가 없다. 뱀의 공격성에 대해서도 그들은 유별나게 무서워하지는 않는다. 인디언의 민간설화에는 "그렇기 때문에 방울뱀은 위험하지 않다"라는 말로 끝나는 것이 있다. 방울뱀은 원래 길들이기 쉬운 습성이 있고 인디언들도 그 뱀을 잘 다룰 줄 안다. 뱀춤의 무용수들이 뱀에 대해서 가지는 감정의 가락은 깨끗하지 못한 것에 대해서 느끼는 공포나 혐오감이 아니라 의식 집단의 회원들이 자기네 동물 수호신에 대하여 느끼는 바로 그 감정과 같은 것이다. 게다가 당사자들은 뱀춤을 출 때 쓰는 방울뱀은 그 독주머니를 제거한 것임을 이미 확실히 알고 있다. 그 독주머니에 상처를 입히든지 잘라내든지 하는데, 춤에 사용하고 난 뒤 뱀을 놓아주면 그 독주머니는 다시 살아나서 전과 같이 독이 가득 찬다. 그러므로 춤추는 동안 뱀은 해가 없다. 따라서 호피 족의 무용수의 심리 상태는 비종교적인 점에서나 초자연적인 점에서나 디오니소스 형이 아니다. 이것은 똑같은 객관적인 행위라고 하더라도 깨우쳐 알고 있는 사고방식에 따라서 그것이 위험하고도 혐오감을 주는 경험을 자초하는 디오니소스 형의 비의(祕儀)가 될 수도 있고, 냉정하고도 정식을 따르는 의식이 될 수도 있다는 데 대한 전형적인 예가 된다.

마약이나 알콜, 단식이나 고행 따위의 방식을 사용하든 춤이라는 방식을 사용하든 간에 푸에블로 족은 감각의 일상적인 궤도를 벗어나는 경험은 결코 추구하지 않을 뿐만 아니라 용납하지도 않는다. 푸에블로 족은 이러한 유형의 파괴적인 개별 경험에는 전혀 관여하려고 하지 않는다. 그러한 경험들은 그네들 문명의 근거가 되는 중

용에 대한 애착과는 어울리지 않는다. 따라서 그들에게는 샤먼이
없다.

  샤머니즘은 인류의 가장 보편적인 제도의 하나이다. 샤먼은 종교
적인 기능인이다. 그가 가진 어떠한 종류의 개인적인 경험이라도
그의 부족에서는 초자연적인 것으로 인정되며, 그는 바로 그 경험
에 의하여 신으로부터 직접 샤먼의 능력을 부여받는다. 그는 카산
드라(Cassandra : 그리스 신화에 나오는 트로이의 여자 예언자/역자
주)나 그밖에 구전(口傳)되는 다른 사람들처럼 정서적 불안정 때문
에 특별히 그 직업에 선택된 사람이다. 북아메리카의 샤먼들은 환
상을 경험한 사람들이라는 점이 특징이다. 이와는 반대로 사제는
의식을 맡아서 의식 행위를 관리한다. 푸에블로 족에는 샤먼은 없
고 단지 사제만 있다.

  주니 족의 사제는 친족 관계에 따르는 권리에 의하여 그 지위를
확보하거나 혹은 어떤 결사에서 여러 가지 사회적 서열을 거쳐서
그 지위에 오르며, 또는 주요 사제에 의해서 그해의 카치나 사제의
역할을 맡도록 선발되든가 하여 그 지위를 확보하게 된다. 그 어떤
경우이든 그는 매우 많은 의식에 대한 지식과 말과 행동을 배워서
사제의 자격을 갖추게 된다. 그의 모든 권위는 그가 맡고 있는 직
책, 즉 그가 집행하는 의식에서 나온다. 그는 말 한마디도 틀림이
없어야 하고 복잡한 의식 절차를 전통에 맞추어 정확하게 수행해야
할 책임이 있다. 능력 있는 자를 가리킬 때 주니 족은 "방법을 알
고 있는 사람"이라고 말한다. 가장 신성한 의식과 경기, 놀음 및
치료에서도 "방법을 알고 있는" 사람들이 있으며 이들이 바로 능력
있는 자들이다. 다른 말로 하면 그들은 전통적인 원천으로부터 그
들의 권력을 축어적(逐語的)으로 배웠다. 어떤 경우라도 그들은 자
신의 독창적인 행위를 인정하기 위하여 자기 마음대로 자기의 종교
적 능력을 사용할 수 있도록 되어 있지 않다. 심지어 초자연력에
접근하는 일조차도 일정한 시차를 두고서 집단의 허가를 받아야 한
다. 모든 기도, 모든 의식 행위는 정당하게 인정되고 일반적으로

잘 알려진 시기에 전통적인 방법에 따라서 행해진다. 주니 족의 가장 개인적인 종교적 행위는 기도봉을 심는 일인데, 이 기도봉은 정교한 방법으로 신에게 바치는 공물로서 신성한 장소에 반(半)이 묻힌 채 그들의 특별한 기도를 초자연적인 존재에게 보내준다. 그러나 심지어 최고위 사제라고 할지라도 자신의 독창적인 동기로 기도봉을 사용할 수는 없다. 주니 족의 민간 설화에는 기도봉을 만들어 그것을 심으러 나간 사제장에 대한 이야기가 하나 있다. 사람들은 달의 모양을 보니 의무 결사 회원들이 기도봉을 심을 때가 아니었으므로 "왜 사제장이 기도봉을 심을까? 틀림없이 마술을 걸고 있을 거야" 하고 말했다. 사실 그는 사적인 복수를 하기 위해서 자기의 능력을 사용했던 것이다. 모든 종교적인 행위 중에서 가장 개인적인 행위조차 심지어 사제장의 발상이라고 하더라도 사적인 발상에 따라서 사용되지는 않는다면, 보다 공식적인 행위는 공적인 제재에 의해서 이중으로 둘러싸이게 된다. 개인은 왜 기도를 하고 싶은 마음이 일어나는가라는 이유에 대해서 누구도 이상하게 생각해서는 안 된다.

푸에블로 족의 사제 제도와 그외의 아메리카 원주민들의 샤먼 제도는 서로 상반되는 퍼스낼리티의 유형을 선별하여 보상하고 있다. 대평원 인디언의 모든 제도들은 쉽사리 권위를 담당할 수 있는 자주적인 사람에게 활동의 장(場)을 마련해주었다. 이런 사람은 다른 사람보다도 더 많은 보상을 받았다. 돌아온 크로 인디언(Crow Indian : 아메리카 인디언의 한 종족. 몬태나 주에 거주/역자 주)이 환상을 통하여 가져온 문화의 혁신은 극히 미미한 것이라고 할 수 있으나 그것은 문제가 안 된다. 모든 불교의 승려와 중세의 모든 그리스도 교의 신비주의자도 자신의 환상에서 그의 동료들이 이전에 보았던 것을 보았다. 그러나 그들도, 크로 인디언도 그들의 개인적인 경험의 권위가 능력——혹은 경건함——이 있음을 주장했다. 그 인디언은 환상에서 힘을 얻어서 자기 부족에게 돌아갔다. 그리고 그 부족은 그가 받아온 가르침을 신성한 특권으로 생각하고 그것을 실행했다. 치료를 할 때 각자는 자신의 개인적인 능력을 믿었고 다른 신자에게는 아무것도 요청하지 않았다. 이 교리는 실제로는 수정이 가해졌다. 그것은 인간이 그 교리를 과시하고자 하는 제도 안에서조차도 전통을 영속시키기 때문이다. 그러나 그들의 종교 교리는 자주성과 개인적인 권위에 대하여 놀랄 만큼 많은 문화적인 지지를 보냈다.

평원 지방의 이러한 자주성과 개인적인 발상은 샤머니즘에서뿐만 아니라 그들이 하고 있는 게릴라 전쟁에 대한 정열적인 열광에서도 나타난다. 그들의 전사 집단은 보통 12인 이하의 장정들로 구성되며 현대 전쟁의 엄격한 규율과 복종과는 정반대되는 방식으로 각자 맡은 단조로운 일을 각 개인 혼자서 해낸다. 그들의 전쟁은 각 개인이 혼자서 점수를 더해가는 일종의 게임과 같은 것이었다. 이 점수는 말뚝에 매여 있는 말의 줄을 끊어버린다든가 적과 접전을 벌인다든가 혹은 적의 머리 가죽을 가져옴으로써 매겨졌다. 각 개인은 보통 무모할 정도의 만용을 통하여 가능한 한 많은 전리품을 획득했다. 그리고 이것들을 여러 결사에 가입하거나 연회를 열거나 수장으로서의 자격을 얻는 데 이용하였다. 대평원 인디언은 독창적인 발상과 혼자서 일을 처리할 능력이 없으면 그 사회에서 인정을 받지 못했다. 초기 탐험가들의 증언, 백인과의 항쟁에서 나타난 걸출한 인물들, 푸에블로 족과의 모든 대조 등, 이 모든 것을 보면 니체가 말한 초인(超人)의 의미와 거의 흡사한 퍼스낼리티가 그들의 제도에서는 어떻게 양성되었나를 알 수 있다. 그들은 인생이란 것을 초자연력을 획득하고, 연회를 열고, 승리자가 되는 것을 통해서 여러 결사의 상위직으로 진전해가는 개인의 드라마로 생각했다. 독창적인 발상은 항상 그런 사람과 함께 있었다. 용감한 행위는 그의 개성으로 여겨졌다. 따라서 의식이 있을 때 그러한 행위를 뽐낸다든가, 개인적인 야망을 촉진시키는 데 온갖 방법으로 그것을 이용하는 것은 그의 특권이었다.

푸에블로 족에서 이상적인 인간은 그와는 다른 존재이다. 개인적인 권위는 주니 족이 가장 경멸하는 특징인 것 같다. "권력이나 지식을 갈망하고 그들이 조롱삼아 이야기하듯이 '민족의 지도자가 되기를 원하는 자'는 단지 비난만 받을 뿐 주술 때문에 박해를 당하기 십상이다." 그리고 실제로 그렇게 되는 경우가 자주 있었다. 태어날 때 이미 권위를 부여받는다는 것은 주니 족에서는 일종의 부담이고 그러한 인간은 금방 주술에 걸린다. 그는 "고백할" 때까지 엄지손가락이 묶이어 매달린다. 이것이 강력한 개성을 가진 사람에 대하여 주니 족이 할 수 있는 것의 전부이다. 주니 족의 이상적인 인간은 남을 지도할 생각은 전혀 하지 않고 이웃 사람들의 구설수에는 한번도 오르지 않는, 위엄 있고 사근사근한 사람이다. 아무리 자기가 전적으로 옳다고 하더라도 싸움을 하면 불리해진다. 예컨대 도보 경기 같은 기술 시합에서도 어떤 사람이 계속 이기면 그는 경기에 참여하지 못하도록 제외된다. 그들은 승자가 자주 바뀔 수 있는 게임을 좋아한다. 따라서 어떤 걸출한 선수가 나오면 그 경기는 이미 망친 경기이다. 즉 그들에게는 그러한 선수가 필요없다.

번즐 박사의 말에 의하면 착한 사람은 "호감이 가게끔 이야기하고 남에게 순종하는 기질과 관대한 마음씨를 지니고 있다." 결점이 없는 주민에 대하여 최상의 칭찬을 할 때는 다음과 같이 말한다. "그는 아주 예의바른 사람이다. 그로부터 험구를 들어본 사람은 아무도 없다. 그는 결코 남에게 폐를 끼치지 않는다. 그는 배저(Badger)의 씨족이고 무헤크웨 키바(Muhekwe kiva)이다. 그는 항상 여름철 무도(舞蹈)에서 춤을 춘다." 그들의 이야기로는 착한 사람은 "항상 말을 많이 해야 한다"는 것이다. 즉 항상 다른 사람들의 기분을 편하게 해주어야 하고 들에서 일을 하거나 의식을 행할 때거나 간에 다른 사람들과 쉽사리 협력해야 하며, 거만한 태도나 강렬한 감정은 결코 나타내서는 안 된다.

그는 직책을 맡는 것을 피한다. 직책이 떠맡겨지는 경우가 있을 수 있지만 스스로 그것을 구하지는 않는다. 누군가가 키바의 자리를 맡아야 할 경우가 생기면 키바의 출입구는 굳게 닫힌다. 대부분

핑계를 대어 그 자리를 맡지 않으려고 하기 때문에 누군가가 설득당할 때까지 모든 사람은 그 안에 갇혀 있어야 한다. 그들의 전설에는 직책을 맡기를 바라지 않는 착한 사람의 이야기가 반드시 있기 마련이다. 비록 결국에는 그 직책을 맡는 사람이 한 명은 반드시 나오기는 하지만, 사람들은 지도자로서의 자질이 있는 것으로 보여서는 안 된다. 어떤 사람이 설득당해서 그 직책을 맡도록 선출되어 처음 그 일을 수행하려고 할 경우에도 그에게는 우리들이 생각하는 것과 같은 권위가 주어지지 않는다. 그의 권위에는 중요한 행위에 대한 승인권이 없다. 주니 족의 협의회는 최고위 사제들로 구성되지만 사제들에게는 의견 충돌이나 폭력 상태가 일어났을 때 그것에 대한 사법권이 없다. 그들은 신성한 사람들이기 때문에 사람들은 그들에게 싸움거리를 가지고 가서는 안 된다. 다만 전쟁의 수장만은 약간의 집행권을 가지고 있다. 그러나 그것도 전시는 고사하고 평화시의 치안 유지력 정도밖에 안 된다. 그들은 곧 토끼 사냥이나 춤이 있을 것이라고 고시하고 사제들을 소집하며 의무 결사와 협력한다. 그들이 전통적으로 취급하는 범죄는 흑주술(witchcraft)이다. 또 다른 범죄는 아직 성년식을 거치지 않은 소년들에게 카치나의 비밀을 알려주는 것인데 이것은 카치나 의식 집단의 우두머리에 의해서 소집된 가면신들 자신에 의해서 처벌된다. 이밖에 다른 범죄는 없다. 절도는 좀처럼 일어나지 않고 또 그것은 사적인 문제이다. 간통은 죄가 되지 않으며 그러한 행위로 인하여 일어나는 긴장은 그들의 결혼을 조정함으로써 쉽게 처리된다. 살인도 한 가지 사건만 기억되는데 그것도 두 가족간의 지불에 의해서 신속하게 해결되었다.

그러므로 최고 협의회의 사제들에게는 귀찮은 일이 없다. 그들은 연중 행사로 거행되는 의식에서 주요한 일만 집행한다. 자기들의 계획을 잘 처리하려고 하지만 언제나 보조 사제의 비협조로 방해를 받을 수가 있다. 예컨대 보조 사제는 자신의 제단을 설치하는 일이나 자신의 카치나 사제의 가면을 준비하는 일을 거절하면서 시무룩

하게 나오기도 한다. 사제단 협의회로서는 의식을 연기하고 기다릴
수밖에 없다. 그러나 모든 사람은 협력을 하며 따라서 권위를 나타
낼 필요는 결코 없다.

  종교에서와 마찬가지로 가정에서도 권위를 개인적으로 사용하는
일이 적은 것이 그들의 특징이다. 모계 가족이나 모계를 중심으로
모이는 가족에서는 우리들이 잘 알고 있는 것과는 다른 방식으로
권위를 배정하는 것이 필요하며 이 점 또한 당연하다고 하겠다. 그
러나 모계 사회에서도 비록 아버지에게 권위는 없다고 할지라도 그
가정에 권위 있는 남자가 항상 없는 것은 아니다. 어머니의 남자
형제는 모계 가정에서 남자의 우두머리로서 결정권자이고 책임 있
는 우두머리이다. 그러나 주니 족은 어떠한 권위도 어머니의 남자
형제들에게는 인정해주지 않으며 마찬가지로 아버지의 권위도 인정
하지 않는다. 어머니의 남자 형제나 아버지 그 어느 쪽도 가정의
아이들을 가르치지 않는다. 아이들은 남자들이 특히 귀여워한다.
아이들이 아프면 남자들이 안아주며 저녁에는 아이들을 무릎 위에
앉힌다. 그러나 아이들을 가르치지는 않는다. 협동의 미덕은 종교
적인 생활을 지탱하는 것과 똑같이 가정 생활도 지탱해준다. 따라
서 심하게 다루어야 할 상황은 일어나지 않는다. 어째서 그럴 수가
있을까? 다른 문화권에서는 거의 보편적으로 결혼에 어느 정도의
권위가 작용한다. 그러나 푸에블로 족에서는 결혼은 거의 형식을
차리지 않고 처리된다. 다른 세계에서는 결혼에 소유권과 경제적
교환 문제가 포함되며 그런 경우에는 예외없이 연장자가 특권을 가
진다. 그러나 주니 족의 결혼에는 연장자가 관심을 가져야 할 이해
관계가 없다. 푸에블로 족은 재산을 거의 중시하지 않기 때문에,
다른 곳에서 결혼으로 인하여 야기되는 곤란한 사정도 여기서는 평
범한 일밖에 되지 않는 것이다. 뿐만 아니라 다른 문화 형태에서는
젊은이를 위한 집단 재산의 투자와 관련하여 문제가 일어날 모든
상황도 여기에서는 역시 하찮은 것이 된다. 주니 족은 이러한 경우
를 간단히 일축해버리는 것이다.

아이들이 오이디푸스 콤플렉스로부터 고통을 당할 가능성이 있음에 대비하여 만반의 준비가 갖추어져 있다. 말리노프스키는 트로브리안드 섬에는 사회 구조상 우리 문화에서 아버지에게 주어지는 권위가 삼촌에게 주어진다는 점을 지적했다. 주니 족에서는 그 삼촌조차도 권위를 행사하지 않는다. 그들이 권위 행사를 요구하는 경우는 용납되지 않는다. 아이들은 일상생활에서 원한이나 또는 그것을 보상해줄 야심을 헛되이 꿈꾸는 일이 없이 자라난다. 성인이 되어도 그에게는 권력이 도움이 된다는 상황을 상상할 만한 동기가 없다.

그러므로 주니 족의 소년들의 성인식은 불가사의한 사건이다. 그것은 즉 이 세상에서 항상 보게 되는 관습과 비교해볼 때 이상한 것이다. 왜냐하면 대개의 경우에 성인식에서는 권위를 가진 자가 자기의 특권을 무제한으로 행사하기 때문이다. 말하자면 성인식은 권력자가 이제부터 부족의 성인으로 받아들이지 않을 수 없는 자들을 못살게 구는 의식인 것이다. 이러한 의식은 아프리카와 남아메리카와 오스트레일리아에서도 매우 유사한 형태로 행해지고 있다. 남아프리카에서는 소년들이 긴 장대를 가진 사람 아래로 몰려드는데 그들은 아이들을 언제나 마음대로 부린다. 소년들은 두 줄로 늘어선 사람들 사이를 지나가면서 소나기같이 퍼붓는 주먹 세례를 받아야 하고, 등 뒤로부터 끊임없이 주먹이 날아오고, 이와 더불어 야유도 퍼부어지리라는 것을 예상해야 한다. 그들은 일년 중 가장 추운 달에 담요도 없이 벌거벗은 채 발이 아니라 머리를 불로 향하게 하고서 잠을 자야 한다. 그들은 밤에 그들을 물려고 달려드는 흰 벌레들을 쫓기 위하여 몸을 땅에 문질러도 안 된다. 동이 트는 꼭두새벽에는 연못에 가서 해가 떠오를 때까지 그 찬물 속에 들어앉아 있어야 한다. 그들은 성인식이 행해지는 야영장에서 석 달 동안 물 한모금도 마실 수가 없고, 음식도 구역질나는 것을 먹어야 한다. 그 보상으로서 소년들은 굉장히 중요한 것인 양 비의적(祕儀的)인 말로 된, 이해할 수도 없는 일정한 형식들을 배운다.

아메리카 인디언 부족들은 소년들의 성인식에 항상 그만큼 오랜 시간을 소비하지는 않지만 그것에 대한 생각은 똑같은 경우가 자주 있다. 주니 족과 여러 가지로 관계가 있는 아파치 족에서는 아이를 가르치는 것은 망아지 새끼를 길들이는 것과 같다는 말이 있다. 그들은 아이들에게 얼음을 깨뜨리고 구멍을 내어서 그곳에서 목욕을 하도록 강요하고, 입에 물을 머금고 달리게 하며, 전쟁 집단에서 훈련을 받도록 하고, 굴욕감을 느끼게 하며, 집적거리기도 한다. 남부 캘리포니아의 인디언들은 사람을 무는 개미들이 있는 구릉에다 아이들을 묻는다.

그러나 주니 족의 소년들의 성인식은 어떤 점에서 보더라도 결코 호된 시련은 아니다. 주니 족에서는 아이들이 살짝 맞고도 운다면 그것으로 인하여 그 의식은 매우 가치 있는 것이 된다고 생각한다. 아이들은 의식상의 아버지와 항상 함께 행동하며 매를 맞을 때에는 그 노인의 등에 착 달라붙거나 그의 무릎 사이에 꿇어앉아 있다. 그는 남아프리카의 소년들처럼 그들의 안전한 둥지로부터 난폭하게 밀려나는 것이 아니라 오히려 그와 동행하는 후원자로부터 안전을 얻고 있다. 그리고 그 성인식도 소년 자신이 유카나무 회초리를 들고 자신이 맞던 그대로 카치나들을 때림으로써 최종 막이 내린다. 성인식은 권력에 대한 어른들의 천박한 의지를 아이들에게 물려주는 것이 아니다. 그것은 일종의 잡귀를 쫓아내고 심신을 정화시키는 의식이다. 그것은 아이들에게 집단으로서의 지위를 부여함으로써 아이들을 가치 있게 만든다. 아이들은 채찍질을 어른들이 아이들에게 내리는 축복이요 병을 낫게 해주는 수단으로서의 행위라고 생각한다. 그것은 초자연계에서의 그들의 지위 수여식이다.

종교와 가정의 두 경우에서 권위를 행사할 기회가 적다는 것은 다른 기본적인 문화 특성 즉 개인을 무리하게 집단에 매몰시키려는 현상과 결부되어 있다. 주니 족에서는 책임과 권력이 항상 분산되어 있고 집단이 기능적인 단위로 되어 있다. 초자연력에 접근하는 방법은 집단 의식을 통해서만 인정되고 있다. 가족의 생계를 확보하는 방법도 가족의 공동 협력을 통해야 인정된다. 종교에서도 경제에서도 개인은 독립체가 아니다. 종교에 관련된 것을 본다면 어떠한 사람이 자기의 수확을 걱정하더라도 그것을 구하기 위하여 비를 내려달라고 기도하지는 않는다. 단지 여름에 비춤(rain dance)을 춘다. 그들은 자기 아들이 아프더라도 낫게 해달라고 기도를 하지 않는다. 대신 아들의 치료를 위해서 큰불 결사(big fire society, 大火結社)의 의사의 지시를 받아온다. 개인적으로 기도봉을 심는다든가 의식상의 청결을 위해서 머리를 씻는다든가 주의나 의식상의 아버지를 부른다든가 할 때 허락되는 개인적인 기도는 오직 그것들이 보다 더 큰 전체의 한 부분으로서 필요할 때, 즉 집단 의식에 속할 때에만 그 정당성을 가진다. 개인적인 기도들이 전체와 분리되어서 힘을 가질 수 없음은, 길고도 일정한 주문(呪文)에서 꺼낸 말 한마디가 그 자체로서 완전한 기도문의 효과를 가지지 못함과 같다.

　모든 행위에 대한 상벌은 공식적인 조직체로부터 나오지 개인으로부터 나오는 것은 아니다. 앞에 쓴 바와 같이 사제장은 사제장의 자격으로서만 또한 그가 공적인 일을 하고 있다고 인정되는 때에만 기도봉을 심을 수 있다. 의무가 치료를 하는 것은 그가 의무의 의식 집단의 일원이기 때문이다. 그 집단의 일원이라는 것은 평원 지방의 경우와 마찬가지로 단순히 자신의 능력을 강화시켜주는 것만이 아니다. 그것 자체가 그의 능력의 유일한 원천인 것이다. 나바호 족(Navajo)에 대한 살인조차도 이와 같이 판단할 수 있다. 어떤 전설에서는 완전한 반역 행위에 대해서 다음과 같이 이야기하고 있다. 한 부유한 나바호 족의 부부가 어떤 주니 족의 집에 장사를 하러 왔는데 사람들은 그가 가진 터키 옥(玉)이 탐나서 그를 죽였다. "그러나 그 사람들은 머리 가죽을 벗겨내는 힘이 없었다." 이 말은 그들이 전투 집단에 참가하지 않았다는 뜻이다. 만약 그들이 전투 집단에 참가했더라면 그러한 행위를 범했다고 하더라도 정당한 행위로 인정받았을 것이다. 주니 족의 사고방식에 따르면 심지어 이러한 살인 행위까지도 제도상으로 인정하는 수가 있기 때문이다. 그들은 제도상의 정당한 근거를 이용하지 않는 행위에 대해서만 비난할 뿐이다.

따라서 주니 족의 사람들은 그들 사회의 구성 형식에만 전념하고 있다. 그들은 개성을 사회의 구성 형식 안에 매몰시킨다. 그들은 공직과 사제의 주술 꾸러미를 소유하는 것을 야망으로 올라가는 단계라고 생각하지 않는다. 여유가 있는 남자는 그의 가족이 "먹고 살" 것의 수효를 늘리고 그의 키바가 명령한 가면의 수를 증가시키기 위하여 가면을 만든다. 그는 연중 행사의 의식에서 당연히 주어진 역할을 맡고, 샬라코 대의식 때 카치나 사제로 분장했던 사람들을 대접하기 위하여 엄청난 비용을 들여서 새 집을 짓는다. 그러면서도 그런 일을 익명으로 하고 개별적인 언급은 거의 하지 않는다. 이것은 다른 문화권에서는 보기 힘든 일이다. 그들의 개인적인 행동의 방침은 우리들에게는 낯선 것이다.

종교에서 개인의 행위와 그 동기가 이상할 정도로 개인과는 관계가 없는 것과 똑같이 경제에서도 이 점은 마찬가지이다. 이미 이야기한 바와 같이 경제의 단위는 매우 불안정한 남자 집단이다. 한 가정의 핵심이 되는 영속적인 집단은 여자들의 혈연 집단이다. 그러나 여자들은 농경이나 유목, 심지어 터키 옥의 세공 같은, 경제와 관계되는 큰 일에서는 중요한 역할을 하지 않는다. 경제 생활의 토대가 되는 일에 필요한 남자들은 그 구속력이 약하고 이동이 심한 집단이다. 한 가정의 사위들은 가정 불화가 생기면 어머니의 집으로 되돌아가기 때문에 그들은 남겨두고 온 자식들의 의식주 문제에 대해서 책임이 없다. 이밖에도 그 집에는 여자의 혈연 집단에 속하는 여러 일가붙이 남자들——즉 미혼자, 홀아비, 이혼당한 사람, 그리고 자기들의 처가에서 일시적으로 일어난 불유쾌한 일이 지나가기를 기다리는 사람들——이 있다. 그러나 이들 여러 일가붙이 집단도 일시적인 구성이야 어떻게 되어 있든 간에 공동의 곳간을 채우기 위해서 함께 일을 하는데, 이 곳간은 그 가정의 여자

들의 공동 소유물이 된다. 비록 새로 개간한 땅이 있어서 그것이
이들 남자들 중의 누군가의 사유 재산이 된다고 할지라도 모든 남
자들은 조상 전래의 땅에서 일하듯이 공동의 곳간을 위해서 그 땅
에서 함께 일한다.

집에 대해서도 이와 똑같은 관습이 있다. 남자들이 공동으로 집
을 짓지만 소유는 여자들에게 돌아간다. 만약 어떤 남자가 가을에
처와 헤어지면 그는 그 한 해를 보내면서 지은 집과 그해의 수확으
로 가득 찬 곳간을 남겨두고 떠난다. 그러면서도 그 어느 것에 대
해서도 개인적인 권리가 있다는 생각은 전혀 하지 않고, 사기당했
다는 생각도 하지 않는다. 그는 자기 가족과 공동 작업을 했으며
그 결과로 생긴 것은 집단의 공급물이 된다. 만약 그가 이제는 더
이상 그 집단의 일원이 아니라면 그것은 어디까지나 그의 사정이
다. 요즈음은 양(羊)이 중요한 수입원이 되어 남자들도 개인적으로
양을 소유한다. 그러나 그 양도 남자들의 친족 집단이 함께 방목한
다. 따라서 이 새로운 경제적 행동 동기도 그 모습을 드러내는 속
도가 매우 느리다.

주니 족의 이상에 따르면 개인의 행동은 집단의 행동에 매몰되고
개인적인 권한은 주장할 수 없다. 이와 똑같이 그는 결코 난폭하지
않다. 그리스적 의미로서의 중용에 대해서 확고부동한 주니 족의
아폴로 형의 태도는 그들의 감정을 문화적으로 처리하는 데서 가장
명백하게 나타난다. 그 감정이 분노이든 사랑이든 질투이든 혹은
슬픔이든 간에 중용이 첫번째 미덕이다. 신성한 사람들이 공무를
맡고 있을 동안에 가장 기본적으로 금지되는 것은 조금도 화를 내
서는 안 된다는 것이다. 의식상의 문제나 경제상 혹은 가사 등 여
하한 문제에서도 의견 충돌은 그 유래를 찾아볼 수 없을 만큼 조용
히 처리된다.

주니 족의 부락에서는 매일같이 그들의 온화함을 나타내는 새로
운 사례를 볼 수 있다. 어느 해 여름 필자가 잘 알고 있는 한 가족
이 필자에게 거처할 집을 한 채 주었는데 어떤 복잡한 사정으로 인

하여 다른 가족이 그 집을 처분할 권리를 주장하고 나섰다. 감정이 극도에 달했을 때 그 집의 소유주인 콰치아와 그녀의 남편은 나와 함께 방안에 있었다. 그때 내가 알지 못하는 어떤 남자가 그때까지 그냥 놓아두었던 마당의 꽃피는 잡초를 베기 시작했다. 마당의 초목을 마음대로 자라게 그냥 두는 것은 집주인의 큰 특권이기 때문에 그 집의 처분권을 주장하는 사람은 그의 주장이 공개적으로 기록되도록 하기 위하여 그렇게 했던 것이다. 그는 집으로 들어오거나 방안에 있는 콰치아와 레오에게 강력하게 요구하지도 않고 천천히 잡초만 베고 있었다. 방안에 있는 레오는 벽에 기댄 채 천연덕스럽게 나뭇잎을 씹으면서 꼼짝도 않고 앉아 있었다. 그러나 콰치아는 얼굴이 붉어졌다. "이건 모욕이에요. 밖에 있는 저 사람은 레오가 올해 사제로 봉직하고 있기 때문에 화를 낼 수 없다는 것을 알고 있는 거예요. 그는 우리 마당의 잡초를 베어서 마을 사람들 모두 앞에서 우리를 무안하게 하고 있어요" 하고 내게 말했다. 그 참견자는 결국 시들어버린 잡초를 긁어모아놓고 자랑스러운 듯이 깨끗이 정돈된 마당을 둘러보고 나더니 돌아갔다. 그들 사이에는 말 한마디도 오가지 않았다. 주니 족에서는 그것은 일종의 모욕이었다. 그 상대방은 아침에 마당에서 한 일로서 자기의 항의를 충분히 표시한 셈이었다. 그는 더 이상 그 문제를 확대시키지 않았다.

부부간의 질투도 이와 마찬가지로 소리가 크게 나지 않는다. 그들은 간통에 대해서도 격렬하게 취급하지 않는다. 평원 지방에서는 아내가 간통을 하면 아내의 코의 살점을 베어버리는 것이 보편적인 보복책이다. 이것은 심지어 남서부에 있는 아파치 족 같은 푸에블로 이외의 부족들에게도 있다. 그러나 주니 족에서는 아내의 부정은 폭력을 행사할 구실이 전혀 되지 못한다. 남편은 아내의 부정을 자신의 권리를 침범한 것으로 생각지 않는다. 만약 아내가 부정하면 그것은 보통 남편을 갈아치울 첫번째 단계인 것이고, 그들의 제도에서는 그것이 아주 용이하도록 되어 있어서 정말로 너그럽게 보아줄 수 있는 행위가 된다. 그들은 폭력을 생각하지 않는다.

남편이 부정하다는 것을 알 경우 아내들도 마찬가지로 대개의 경우 너그럽다. 그 상황이 부부간의 관계를 끊어야 할 만큼 불쾌하지 않는 한 그것은 무시된다. 번즐 박사가 주니 족을 조사하고 있던 어느 계절에 박사가 살고 있던 집의 젊은 남편 중의 한 사람이 혼외 성교를 계속하고 있어서 그것이 온 푸에블로 마을에 퍼졌다. 그러나 그 가족은 그 문제를 완전히 무시했다. 마침내 도덕의 수호자인 백인 상인이 그 아내에게 충고를 했다. 그 부부는 12년 전에 결혼하여 세 자녀를 두고 있었으며 그 아내는 유력한 가문 출신이었다. 그 상인은 권위를 보여야 할 필요성을 역설하고 남편의 터무니없는 행위를 끝내게 하라고 매우 진지하게 말했다. 그녀는 "그래서 나는 그의 옷을 세탁해주지 않았습니다. 그러니까 그는 모든 사람이 알고 있는 일을 나도 알고 있다는 것을 알게 되었고, 그후 그 여자에게 가지 않았습니다"라고 말했다. 그것은 효과적이었다. 그러나 그들 부부 사이에는 말 한마디 오가지 않았던 것이다. 울고불고 하는 일도 서로 욕하는 일도 없었고 심지어 그 위기를 공개적으로 인정하지도 않았다.

그러나 아내는 버림받은 남편에게는 허락되지 않는 다른 하나의 행동 방법이 허락되어 있다. 즉 아내는 그녀의 경쟁 상대에게 달려들어서 공개적으로 그녀를 구타할 수 있다. 그들은 상대방의 이름을 부르며 서로 험악하게 헐뜯으며 때려서 눈에 멍이 들게 한다. 그것으로는 아무것도 해결되지 않으며, 드물기는 하지만 그런 일이 일어난다고 하더라도 감정이 달아올랐을 때와 마찬가지로 금방 가라앉아버린다. 이것이 주니 족에서 인정되는 유일한 주먹다짐이다. 이와는 반대로 남편이 계속 오입을 하고 다니는데도 아내가 무사태평으로 남편과 살고 있으면 그녀의 가족들이 화를 내면서 그녀에게 남편과 헤어지라고 강요한다. "모두들 그녀가 틀림없이 그를 사랑하고 있다고 하더라"라는 말이 들리면 그녀의 모든 친척들은 수치심을 느낀다. 그녀는 자신이 지켜야 할 규칙에 순종하지 않는 셈이 되기 때문이다.

그럴 경우 전통적인 해결 방법은 이혼이다. 만약 어떤 남편이 아내의 여자 친척들이 마음에 들지 않는다고 생각하면 그는 언제든지 어머니가 있는 집으로 돌아갈 수 있다. 그것은 그가 싫어하는 사람과 한 집에서 사는 일을 피할 수 있는 방법이다. 그는 그렇게 해서 원만하게 해결하기가 어렵다고 생각되는 관계를 아주 간단히 해체해버리는 것이다.

푸에블로 족은 질투와 같은 격렬한 감정의 표현을 효과적으로 극소화시키는 제도를 마련해놓았지만 죽음에 대한 아폴로 형의 대처 방법에는 한층 더 신경을 쓰고 있다. 그러나 이 경우에는 서로 다른 점이 있다. 질투는 많은 다른 문화의 관습에서 분명히 볼 수 있듯이 문화적인 조정으로 가장 효과적으로 조장되기도 하고 금지되기도 하는 감정 중의 하나이다. 그러나 사람을 잃는다는 것은 그처럼 쉽게 피할 수 있는 것은 아니다. 가까운 친척의 죽음은 생존과 관계되는 가장 통렬한 고통이다. 그것은 집단의 결속을 위협하고, 특히 죽은 자가 성인일 경우 집단의 전면적인 재구성을 필요로 하게 되며, 또한 남아 있는 자에게 외로움과 슬픔을 준다.

푸에블로 족은 본질적으로 현실적이라서 죽음에 대한 슬픔을 부정하지 않는다. 그들은 뒤에서 기술하게 될 다른 문화권과 같이 가까운 친척에 대한 애도를 야심적인 과시나 공포의 상태로 전환하지 않는다. 그들은 죽음을 상실, 그것도 중대한 상실로 취급한다. 그러나 그들은 그것을 가능한 한 신속하게 그리고 조용하게 처리할 수 있는 방법들을 세부적으로 마련해놓았다. 즉 조객들로 하여금 잊어버리도록 하는 일이 강조되는 것이다. 그들은 죽은 사람의 머리카락을 좀 잘라서 특히 슬퍼하는 자를 청결하게 하기 위하여 모닥불을 피운다. 그들은 죽음을 연상시키는 왼손으로 "그들의 길을 검게 하기 위하여" 즉 그들 자신과 그들의 슬픔 사이에 암흑을 놓아두기 위하여 검은 옥수수 가루를 뿌린다. 이슬레타 족(Isleta)은 죽은 지 나흘째 되는 날 저녁 친척들이 헤어지기 전에 장례를 주관하던 사제가 땅 위에 제단을 마련하고, 그 위에 죽은 자를 위한 기도봉과 죽은 자가 사용하던 활과 화살, 매장될 사체의 머리를 빗겼던 빗, 죽은 자의 옷가지를 놓는다. 그밖에도 한 그릇의 약수와 모든 사람들이 올리는 음식도 한 바구니가 차려진다. 집 문에서부터 제단까지에 이르는 마루 위에다 죽은 사람이 들어오도록 사제들이 음식의 길을 만든다. 사제들은 마지막으로 죽은 자에게 음식을 먹이고 나서 그를 떠나 보내기 위하여 모여든다. 사제 한 사람이 약수를 모든 사람에게 뿌리고 난 뒤 집 문을 연다. 수장이 죽은 자에게 들어와서 음식을 먹으라고 청한다. 그들은 밖으로부터 발소리를 듣고 문간에서 그가 더듬거리는 소리를 듣는다. 그가 들어와서 음식을 먹는다. 그리고 나면 수장이 그가 떠나가는 길에 약수를 뿌리고 사제들은 "그를 마을에서 쫓아낸다." 그들은 죽은 자를 위해서 제단에 두었던 기도봉과 그의 옷가지, 그의 개인 소유물 및 머릿솔과 음식 그릇을 가져간다. 그들은 그것을 마을 밖으로 가져가서 머릿솔과 그릇은 깨뜨리고 모든 것을 눈에 보이지 않도록 묻어버린다. 그리고는 뒤를 돌아보지 않고 달려와서 문에 자물쇠를 채우고 죽은 자가 들어오지 못하도록 플린트 칼(flint knife)로 문 위에다 십자 표시를 한다. 이것으로 죽은 사람과의 관계는 공식적으로 단절된다. 수장은 사람들에게 "이제는 더 이상 죽은 자를 생각하지 말라"고 말한다. "그는 죽은 지 이제 4년이 된다"라고 수장이 말한다. 의식이나 전설에서는 하루가 일 년이 되고 일 년이 하루가 된다는 생각이 자주 쓰인다. 시간이 흐르면 사람들도 슬픔에서 벗어난다. 사람들은 흩어지고 초상은 끝난다.

그러나 사람의 심리학적 경향이 어떻든 간에 죽음은 도저히 피할 수 없는 사실이다. 주니 족에서는 가장 가까운 친척이 죽는다는 이 커다란 변동을 피할 수 없다는 데 대한 아폴로 형의 불쾌감이 그들의 제도에 가장 명료하게 표현되어 있다. 그들은 가능한 한 죽음을 하찮은 것으로 생각한다. 장례식은 그들이 행하는 모든 의식 중에서 가장 간단하고 극적인 요소도 전혀 없다. 그들의 연중 행사인 의식에서 볼 수 있는 정성은 장례식에서는 발견할 수 없다. 시체는 금방 매장되고 사제들은 아무런 일도 맡지 않는다.

그러나 주니 족이라고 하더라도 개인적으로 밀접한 관계가 있는 자의 죽음을 그렇게 간단히 처리하지는 않는다. 그들은 슬픔이나 불쾌감이 존속되는 경우 그것을 살아 있는 배우자가 매우 위험한 상태에 있다는 믿음으로 개념화시키고 있다. 그들은 그것을 죽은 아내가 "그를 끌어당기고 있다," 즉 그녀가 외로워서 그와 함께 있으려고 한다는 의미로 해석하는 것이다. 이 점은 남편이 죽었을 경우의 아내에게도 똑같다. 만약 살아 있는 사람이 슬퍼하면 그 위험도가 더해진다. 따라서 살아 있는 배우자를 다룰 때는 흡사 살인을 한 사람의 경우와 마찬가지로 경계를 한다. 그는 나흘 동안 일상 생활에서 격리된다. 그동안 말도 할 수 없고 남에게 말을 건넬 수도 없으며, 마음을 깨끗하게 하기 위하여 매일 아침 구토제를 먹고 마을 밖으로 나가서 왼손으로 검은 옥수수 가루를 뿌리지 않으면 안 된다. 그는 그것을 머리 주위에서 네 번 흔들고 "나쁜 일을 제거하기 위하여" 그것을 던져버린다. 나흘째 되는 날 그는 죽은 자를 위하여 기도봉을 심고 기도를 한다. 이것은 자기를 평화롭게 있게 해주고 죽은 자에게 끌려가지 않도록 해달라고 개인 —— 인간이든 초자연적인 존재이든 —— 에게 호소하는 주니 족의 한 기도문이다. 그리고

안전한 길을 따라서 우리를 보호해주고
당신의 모든 행운을

허락해달라고 호소한다.

그에게 있는 위험은 일 년 이상 계속 되지는 않는다고 생각된다. 그 일 년 동안 그가 어떤 여자에게 접근하면 죽은 아내가 질투를 할 것이다. 그해가 다 가면 그는 낯선 여자와 교제를 하여 그녀에게 선물을 준다. 그 선물과 함께 그를 따라다니던 위험도 가버린다. 그는 다시 자유로운 몸이 되고 새 아내를 맞는다. 이것은 남편

을 잃은 아내의 경우도 마찬가지이다.

서부 평원 지방에서의 상중의 행위는 그러한 불안을 나타내는 것과는 전혀 다르다. 그것은 끝없는 슬픔에 마음껏 빠지는 디오니소스 형이다. 그들의 모든 행동은 죽음과 관련되는 절망과 대변동을 피하기보다는 오히려 강조했다. 여자들은 자기 머리와 다리에 상처를 냈고 손가락을 잘랐다. 중요한 인물이 죽으면 여자의 긴 행렬이 맨발에 피를 흘리면서 캠프를 지나서 행진했다. 여자들은 머리와 정강이에 피가 엉겨붙어 있어도 그대로 두었다. 시체를 매장하려고 밖으로 운반함과 동시에 천막 안에 있던 모든 것이 땅 위로 던져지며 누구라도 그것을 주워서 가질 수가 있었다. 죽은 자의 소유물을 더럽다고 생각하는 것은 아니다. 그 가족들이 너무나 슬퍼서 그들이 소유하고 있던 물건에 아무런 관심을 가질 수도 없고 또 그것을 쓸 수도 없어서 그 모든 물건들을 주어버리는 것이었다. 심지어 그들은 그 천막까지도 헐어서 남에게 주었다. 미망인에게는 담요 외에는 아무것도 남지 않았다. 죽은 자의 애마(愛馬)는 그의 무덤까지 끌고 가서 모든 사람들이 곡하고 있을 동안에 죽여버렸다.

개인적인 극단적인 애도도 있을 수 있고 또 이해할 수도 있다. 매장 후에 아내나 딸은 무덤에 계속 남아서 곡을 하며 먹기를 거절하고, 집으로 돌아가자고 간청하는 사람들의 말을 들은 체도 하지 않는다. 특히 여자는 —— 남자도 가끔 그럴 경우가 있지만 —— 혼자서 위험한 장소에 가서 곡을 하다가 초자연력을 주는 환상을 얻기도 한다. 어떤 부족의 여자들은 수년 동안 이따금 무덤으로 가서 곡을 한다. 그후에도 기분이 좋은 날 오후에는 곡은 하지 않으나 무덤가에 가서 앉아 있기도 한다.

죽은 자식들 때문에 깊은 슬픔에 빠지는 것도 매우 특징적이다. 다코타 족(Dakota) 사이에서는 부모들이 극단적으로 슬퍼할 경우 벌거벗은 채 천막 안으로 들어와서 슬피 우는 것을 볼 수 있었다. 이것은 그러한 일이 일어날 수 있는 유일한 경우이다. 한 늙은 작가는 다른 한 대평원 인디언에게서 본 자신의 경험을 다음과 같이 이야기한다. "이렇게 [애통해]하고 있을 동안 누군가가 그 부친의 감정을 건드린다면 그 사람은 틀림없이 죽을 것이다. 즉 깊은 슬픔에 빠져 있는 그 부친은 무언가 한을 풀 수 있는 대상을 찾고 있기 때문에 금방 싸움이 붙어 상대를 죽이든지 아니면 자신이 죽든지 할 것이다. 그 상태에 있는 그에게 그런 것은 아무것도 아닌 것이다." 푸에블로 족은 죽음의 무시무시한 가능성으로부터 벗어나려고 기도하는 데 반해서 그들은 죽음을 자초하는 것이다.

죽음에 대한 이러한 두 가지 태도는 우리가 잘 알고 있는 대조적인 행동 타입이고, 대부분의 사람들이 이 둘 중 어느 한 가지 태도를 가지고 있다. 푸에블로 족은 전자를 제도화하고 있으며 대평원 인디언은 후자를 제도화하고 있다. 물론 그렇다고 해서 서부 평원 지방에서는 유가족 한사람 한사람이 끝없이 격렬한 슬픔에 젖어 있다거나, 푸에블로 족은 잊어버리라는 말을 듣고 나서 머릿솔을 부러뜨리는 표현에서 볼 수 있는 것과 같은 그러한 불쾌감에만 몸을 맡긴다는 의미는 아니다. 전자의 문화에 속한 사람은 이미 그에게 잘 알려져 있는 감정을 발견하고, 후자의 문화에 속한 사람은 그 나름대로 다른 감정을 발견하고 있는 것이 사태의 실상인 것이다. 인간은 대부분 자기 문화 안에서 이미 만들어져 있는 행동 방향을 취한다. 그들이 그러한 행동 방향을 취하면 그것을 표현할 수 있는 방법도 충분히 주어지는 것이다. 그렇지 못할 경우에는 도처에서 상궤를 벗어난 온갖 문제가 일어난다.

이들 문화에서 의식상의 기법이 한층 더 많이 준비되어 있는 죽음의 경우가 또 하나 있는데 다른 사람을 죽인 사람의 경우가 바로 그것이다. 주니 족에서 살인자는 미망인이 된 배우자와 꼭같이 취급되지만 그의 묵상만은 의식의 키바(ceremonial kiva)에서 하고 사제의 감독을 받는다. 그에게 붙어 있는 불안은 한층 세련된 방법으로 제거된다. 즉 그가 전쟁 결사에 입회하는 것이 바로 그것이다. 그의 묵상도 미망인의 그것과 같이 움직이지 않고 가만히 앉아서 하며, 말도 하지 않고, 다른 사람에게 말을 건네지도 않고, 구토제를 먹고, 음식도 금한다. 그것은 말하자면 그 결사에 입회하기 위한 입회식인 셈이다. 누가 어느 결사에 입회하더라도 이와 같은 터부는 지켜야 한다. 주니 족에서는 살인을 한 사람에게 부과되는 제한을 입회식 때의 묵상과 같은 것으로 생각한다. 그가 전쟁 결사의 회원이 되어 새로운 사회적 책임을 지게 되면 그는 자기에게 부과된 제한에서 해방된다. 전쟁의 수장들은 전쟁에서뿐만 아니라 그 외에 특히 의식과 공적인 일에서도 수호자로서 혹은 밀사로서 평생토록 역할을 다한다. 그들은 공식적인 조정이 필요한 곳에서는 어디서든지 법을 수호하는 힘이 된다. 그들은 전리품인 머리 가죽을 간수해놓는 머리 가죽의 집(scalp-house)을 관리한다. 그들은 머리 가죽을 비가 오도록 하는 데 특히 효과가 있는 것으로 생각한다.

　머리 가죽은 전쟁의 춤의 길고도 정성어린 의식을 통하여 살해당한 사람의 심볼이 된다. 그 의식의 목적은 전쟁 결사의 새로운 회원의 입회를 더욱 돋보이게 하고, 머리 가죽을 비를 내리게 하는 주니 족의 초자연력의 하나로 변화시키는 것이다. 춤으로 그 머리 가죽에게 경의를 표하고, 보통의 채용 의식(adoption rite)으로 그것을 푸에블로 족에게 영입해야 한다. 이러한 의식은 어떤 채용 의식이나 결혼에서도 아버지 가족의 나이든 여자가 반드시 신참자의 머리를 씻어주어야 하는 것이다. 이와 마찬가지로 머리 가죽도 살인자의 아주머니에 의해서 깨끗한 물에 씻겨서 결혼식 때 신참자가 신부의 가족으로 영입되는 것과 같은 방법으로 부족으로 영입된다. 머리 가죽 춤(scalp dance)의 기도문은 그 뜻이 매우 분명하다. 이 기도는 아무 가치도 없는 적이 사람들의 신성한 주물로 변했다는 것과 사람들이 기쁜 마음으로 새로운 축복을 감사하고 있는 모습을 묘사하고 있다.

　　참으로 적(敵)은
　　쓰레기 더미 위에서조차
　　자라나서 성숙했다.

곡물 사제(corn priest)의 비를 비는 기도의 덕으로

[그는 가치 있는 것이 되었다.]

참으로 적은

평생토록

거짓에 빠진 인간이었으나

예언할 수 있는 사람이 되었다.

세상이 어떻게 될까,

하루하루가 어떻게 될까. ……

그는 가치 없는 인간이었으나

그래도 그는 물의 존재요

씨의 존재였다.

적의 물을 탐내고

그의 씨를 탐내고

그의 부(富)를 탐내면서

네가 그의 날[3]을 열렬히 기대하게 하리니.

네가 정결한 물로

그 적을 목욕시킬 때[4]

곡물 사제의 물이 가득한 뜰에서

그가 세워질 때,[5]

모든 곡물 사제의 자녀들은

아버지의 노래를 계속하면서

그를 위해서 춤을 추리라.

그리하여 그의 날이 모두 지나가도

그 다음에는 좋은 날,

아름다운 날,

환호로 크게 가득 찬 날,

---

3) 머리 가죽 춤의 날.

4) 머리 가죽을 씻는 채용 의식.

5) 광장에 있는 머리 가죽을 매단 장대 위에.

크게 웃으면서,

좋은 날,

우리와 함께, 네 자녀와 함께

너는 가리니.

이렇게 하여 그 머리 가죽은 기도를 받는 초자연물이 되고, 살해자는 중요한 전쟁 결사의 종신 회원이 된다.

　디오니소스 형의 문화에서는 그 모든 정황이 다르게 취급된다. 그 문화에서는 대개 살인을 무시무시한 위기로 간주한다. 살인자는 초자연적인 위험에 처해 있는 것이며 피마 족의 경우와 같이 그는 20일 동안 땅에 조그마한 구멍을 파놓고 그 안에 앉아서 마음을 깨끗이 해야 한다. 그는 의식상의 아버지가 180센티미터 길이의 장대 끝에 음식을 매달아 건내주는 것을 받아서 먹고 손발이 묶인 채 강물 속에 집어던져졌을 때라야 비로소 그 위험에서부터 해방되는 것이다.

　그러나 서부 평원 지방의 사람들은 폭력적이기 때문에 살인과 같은 초자연적인 오염을 중요한 것으로 생각하지 않았다. 다른 사람을 죽인 자는 구원이 필요한 사람이 아니라 승리자, 그것도 승리자 중에서 가장 선망의 표적인 승리자였다. 그들의 모든 디오니소스 형의 흥분은 불행해진 적을 흡족한 듯이 바라보면서 끝없는 승리의 축제를 할 때 가장 잘 나타났다. 그것은 완전히 환희의 축제였다. 샤이엔 족(Cheyenne)의 회군하는 전쟁 집단은 새벽에 전격적인 공격이라도 하듯이 자기 부락을 급습한다. 그 얼굴은 승리로 시커멓게 달아올라 있었고,

　　총을 쏘며 장대 끝에는 전리품으로 가져온 머리 가죽을 매달아 높이 흔들었다. 사람들은 흥분하고 환호와 고함을 지르면서 그들을 환영했다. 온통 환희 천지였다. 여인들은 승리의 노래를 불렀고 …… 맨 앞줄에는 출격했던 사람들이 있었으며 ……

어떤 이들은 승리의 전사들을 포옹했다. 늙은 남자와 여자들은 그들의 이름이 들어 있는 노래를 불렀다. 맨 앞줄에 앉아 있는 전사들의 친척들은 …… 친구들이나 가난한 사람들에게 선물을 나누어주면서 자신들의 기쁨을 과시했다. 모든 군중들은 어떤 용사가 살고 있는 곳이나 그의 아버지가 살고 있는 곳으로 가서 그를 찬양하며 그곳에서 춤을 추기도 했다. 그들은 밤새도록 춤을 출 것 같았고 어쩌면 그 축제는 이틀 밤낮 동안 계속될 것 같아 보였다.

모든 사람들이 그 머리 가죽 춤에 참여했지만 그러나 그것은 종교적인 행사는 아니었다. 의무들이 주관하는 것이 아니기 때문이다. 그 축제의 사회적인 성격을 유지하기 위하여 머리 가죽 춤은 남녀추니(man-woman, 半陰陽)들, 즉 여성적인 생활을 하면서 그 부락에서 중매쟁이요 "좋은 친구"로 인정받고 있는 남자들이 주관했다. 그들은 춤을 시작했고, 머리 가죽을 운반했다. 늙은 남자와 여자들은 어릿광대로 분장했고, 그중 몇몇 사람은 그 의식의 중심격인 머리 가죽의 장본인인 적의 전사로 분장하기도 했다.

위의 두 가지 춤을 본 사람은 누구나 그 둘 사이의 현격한 차이를 의심할 수가 없다. 그 하나인 푸에블로 족의 머리 가죽의 춤은 전쟁을 위한 큰 주술 꾸러미가 놓인 정성들여 만든 지상의 제단 앞에서 균형 있게 짜여진 순서에 따라서 격식을 갖추어 번갈아가면서 추는 춤이고, 다른 하나인 샤이엔 족의 머리 가죽의 춤은 육체적인 힘과 승리를 과시하는 축제로서 백병전을 흉내내면서 자기가 보다 나은 자라는 정열을 나타내는 춤이다. 푸에블로 족의 머리 가죽의 춤은 모든 것이 냉정한 집단 행동으로 이루어지며, 살인자를 중요하고도 가치 있는 결사에 입회시킴으로써 그의 마음의 구름을 제거하고, 보잘것없는 적의 머리 가죽을 비를 오게 하는 초자연력의 하나로 받아들이기에 아주 적합한 의식이다. 반면 평원 지방의 머리 가죽의 춤은 비록 그 무용수들이 집단으로 나오기는 하나 각자는 다른 사람과 상관없는 단독적인 무용수이고, 자기 자신의 영감에 따라서 잘 훈련된 몸의 모든 움직임을 통하여 육체적인 대결의 영광을 표현한다. 모든 환희도 모든 승리도 전부 개인주의인 것이다.

죽음에 대한 푸에블로 족의 아폴로적인 태도는 친척의 죽음도 적을 살해하는 일도 다같이 불법으로 간주할 수가 없다. 기껏해야 그들은 죽음이나 살해를 축복의 원천으로 삼고 가능한 한 조용히 그것을 과거지사로 돌려버리는 방법을 갖추고 있을 뿐이다. 집단내에서의 살인은 거의 일어나지 않기 때문에 전설에서도 그것을 발견하기가 힘들다. 그러나 살인이 일어난다고 하더라도 소란을 일으키지 않고 씨족간에 적당한 지불을 통하여 해결한다. 그러나 자살은 전적으로 금지되어 있다. 자살은 너무나 격렬한 행위이기 때문에 비록 가장 우연한 것이라고 할지라도 푸에블로 인들로서는 도저히 생각할 수도 없는 것이다. 그들은 자살이 어떤 것인지도 모른다. 자살 이야기에 필적할 만한 것을 해달라고 졸라대면 주니 족은 아름다운 여인과 함께 죽고 싶다고 말하던 어떤 남자에 대한 이야기를 해준다. 어느날 그는 어떤 병든 여인을 치료하기 위해서 불려갔다. 그의 약 처방에는 야생의 약초를 씹는 것도 포함되어 있었다. 아침에 보니 그는 죽어 있었다. 이것이 그들이 생각하는 자살이라는 것에 가까운 것이다. 그들에게는 스스로 자기 생명을 끊는다는 것은 생각할 수가 없다. 이 이야기는 자신이 원하던 대로 죽게 되었다는 사람에 대한 것일 뿐이다.

우리 문화의 자살이라는 것과 유사한 상태는 오직 전설 속에서만 일어난다. 그 전설에서 보면 남편에게 버림받은 어떤 아내가 아파치 족에게 나흘 동안에 푸에블로 족을 쳐서 멸하고 그녀의 남편과 그 정부를 죽여달라고 부탁하는 이야기가 이따금 나온다. 그녀 자신은 의례에 따라서 자기 몸을 정결하게 하고 가장 좋은 옷을 입는다. 약속된 날 아침에 그녀는 적을 만나러 가서 제일 먼저 죽는다. 그들은 이것을 단지 의례적인 복수로 생각하지만 우리 문화인에게는 자살의 범주에 드는 것이다. "물론 우리들은 지금은 그런 것을 하지 않는다. 그 여자는 비열한 사람이었다"라고 푸에블로 인들은 말한다. 그들은 그녀가 복수심에 불탄 여자라는 사실 외에는 달리 생각하지 않는다. 그녀는 동료 마을 사람들의 행복의 가능성을 파괴하였는데 그 까닭은 자신이 그 가능성으로부터 제외되었다고 느꼈기 때문이다. 특히 그녀는 그녀 남편이 새롭게 발견한 즐거움을 망쳐버린 것이다. 이 이야기의 나머지 부분은 주니 족으로서는 실제로 상상도 못하는 것이다. 결국 그것은 그녀의 메시지를 아파치 족에게 전달해준 초자연적인 전달자와 같이 주니 족의 경험을 넘어서는 것이다. 주니 족의 청중들에게 특히 자살의 관행에 대하여 설명하면 할수록 그들은 더욱더 못 믿겠다는 듯이 빙그레 웃는다. 백인들이 하는 것은 매우 이상하단 말야, 그중에서 이것은 가장 우스꽝스러운 것이야 하는 식이다.

반면에 대평원 인디언들이 가진 자살에 대한 관념은 우리들의 관념보다 훨씬 더 심하다. 이들 많은 부족들에서는 앞날에 보다 매력적인 희망이 전혀 보이지 않는 사람은 일년간의 자살 맹세 (a year's suicide pledge)를 할 수가 있다. 그는 그 특유의 표시인 약 240센티미터 길이의 녹비 (buckskin)로 된 목도리를 몸에 걸친다. 등뒤로 늘어뜨린 목도리의 땅에 닿는 끝 부분에는 길다랗게 찢은 자국이 나 있다. 자살을 맹세한 사람은 게릴라 전을 할 때 최전방의, 자신이 맹세한 지점에서 목도리 끝의 찢은 자국에다 말뚝을 박게 하고 그 자리를 지킨다. 그는 후퇴할 수가 없다. 그러나 그 말뚝이 그의 움직임을 방해하지는 않기 때문에 전진할 수는 있다. 그러나 만약 그의 동료들이 후퇴해도 그는 최전방의 그의 위치에 머물러 있어야 한다. 그가 죽는다면 적어도 그는 자기가 좋아한 일을 하다가 죽은 셈이 된다. 만약 그가 그해를 살아서 넘긴다면 그는 죽음도 불사했기 때문에 대평원 인디언들이 귀중하게 생각하는 온갖 종류의 인정을 받게 된다. 그의 인생이 끝날 무렵 남이 인정해주는 위대한 인물들이 뻐기기 대회 (boasting contest)에서 자기들의 공적을 공개적으로 회고할 때 그는 그의 공적과 그가 맹세했던 그 연도를 자랑스

레 이야기할 수가 있다. 그는 여러 결사에 참가할 수 있고 수장이 될 때 그해에 획득한 점수를 이용할 수 있다. 심지어 자기 인생에 전혀 절망을 느끼지 않는 사람까지도 이와 같은 방법으로 얻을 수 있는 명예가 너무나 탐나서 자살 맹세를 하기도 한다. 어떤 결사에서는 적극성이 없는 회원에게 맹세를 시키기도 한다. 전사의 맹세는 평원 지방에서 자살을 인정해주는 유일한 방법은 결코 아니다. 그들에게 자살은 다른 미개 지역에서처럼 그렇게 보편적인 행위는 아니지만 사랑을 위하여 자살했다는 이야기는 자주 들을 수 있다. 그들은 자기 목숨을 내던지는 격렬한 행위를 충분히 이해하고 있다.

  푸에블로 족의 제도에는 이밖에도 아폴로 형의 이상을 표현하는 또 하나의 방법이 있다. 그들의 제도는 문화적으로 공포와 위험의 테마를 깊이 생각하지 않는다. 그들에게는 불결함과 공포의 상태를 만들어내려는 디오니소스 형의 의도는 전혀 없다. 이와 같은 디오니소스 형의 극치는 전세계적으로 볼 때 초상을 당했을 때 가장 일반적으로 나타난다. 즉 매장은 슬픔의 제사가 아니라 공포의 제사이다. 오스트레일리아의 부족들에서는 가장 가까운 친척들이 죽은 자의 두개골에 달려들어서 그것이 자기들을 괴롭히지 못하게끔 박살을 낸다. 그들은 죽은 자의 망령이 자기들을 따라오지 못하게 하기 위하여 다리뼈를 부러뜨린다. 그러나 이슬레타 족은 사체의 뼈가 아니라 머리빗을 분질러버린다. 푸에블로 족과 가장 가까운 부족인 나바호 족은 죽어갈 때 죽은 자가 살던 집과 그 안에 있던 모든 것을 불태워버린다. 죽은 자가 소유하던 것은 비록 우연이라고 할지라도 아무것도 다른 사람에게 전달될 수 없다. 그것은 불결한 것이기 때문이다. 그러나 푸에블로 족은 단지 죽은 자의 활과 화살 그리고 의무의 주물인 실물 옥수수 —— 이것을 밀리(mili)라고 부른다 —— 만은 죽은 자와 함께 매장한다. 이때 밀리를 감싸던 귀중한 마코 앵무새(macaw)의 깃털은 처음으로 모두 뜯긴다. 그밖에는 아무것도 버리지 않는다. 푸에블로 인들은 죽음과 관계 있는 그들의 모든 제도를 통하여 그 사람의 생명이 끝났음을 상징하고 있을 뿐 그의 시체로부터 오는 감염이나 그의 망령의 질투와 원한에 대한 경계심을 상징하고 있는 것은 아니다.

어떤 문명 사회에서는 인생의 모든 위기를 공포의 상황으로 취급하고 있다. 출생과 사춘기의 시작, 결혼과 사망은 항상 이와 같은 공포를 재발시키는 경우들이다. 푸에블로 인들은 애도를 할 때 사망의 공포를 중시하지 않으며 이와 꼭 마찬가지로 다른 공포도 중시하지 않는다. 푸에블로 인들이 월경을 취급하는 방법은 특히 인상적이다. 그들 주위의 다른 부족들에게는 자기 부락에서 월경중인 여인들이 거처할 조그마한 집이 있다. 보통 월경중인 여인은 혼자서 밥을 해먹고 자기 그릇을 혼자 사용하는 등 완전히 격리된 생활을 한다. 심지어 가정 생활에서도 그녀와 접촉하는 것은 불결한 일이 된다. 만약 그녀가 사냥꾼의 도구를 만진다면 그 도구의 효용성은 끝장이 나버린다. 그러나 푸에블로 인들에게는 월경중인 여인들이 거처해야 할 집도 없고, 동시에 이 시기에 처한 여인들을 여러 가지 경계 조치로 둘러싸지도 않는다. 푸에블로 족에서는 월경기라고 해서 여성의 일생에서 다른 시기와 별 차이가 있는 것은 아니다.

푸에블로 족의 주변 부족들이 매우 무서워하는 상황은 축사(逐邪, sorcery)의 제도이다. 축사는 아프리카와 멜라네시아의 습관을 기술하는 경우에 보통 사용되는 호칭이지만 북아메리카의 의무에 대한 공포나 의혹, 즉 억제할 수 없는 적의도 그야말로 축사라고 할 수 있다. 이것은 알래스카에서 대분지(Great Basin)의 부족인 쇼쇼니 족(Shoshone)을 거쳐서 남서부의 피마 족에게까지 확대되어 있고, 동부의 미데위윈 결사(Midewiwin society)와도 널리 결합되어 있다. 디오니소스 형의 사회에서는 어디서나 초자연력을 가치 있는 것으로 생각하는데 그 까닭은 그것이 강력한 힘이 있어서가 아니라 위험한 것이기 때문이다. 위험한 경험을 중대한 것으로 생각하는 공통적인 경향은 의무를 대하는 부족의 태도에서 가장 잘 나타났다. 의무는 남을 도와주는 힘보다는 특히 남에게 해를 입히는 힘을 더 많이 가지고 있었다. 따라서 의무에 대한 부락민들의 태도는 공포와 증오와 의혹의 복합체였다. 그가 죽으면 복수를 할 수 없기 때문에, 만약 그가 치료하는 일에 실패하여 의혹이 뒤따르게 되면 사람들은 그를 살해하는 것이 보통이었다.

남서부의 푸에블로 인디언 부족이 아닌 모하베 족은 이러한 태도를 한결 더 철저하게 실행했다. 그들은 "어린 새를 잡아먹고 사는 것이 매의 본성이듯이 그와 똑같은 방법으로 사람들을 잡아먹는 것이 의무들의 본성이다"라고 말한다. 어떤 의무가 죽인 사람들은 사후에 그의 세력하에 들어간다. 즉 그의 일당을 형성하는 것이다. 크고 풍부한 집단을 형성하는 것은 물론 그를 위한 것이다. 의무들은 아주 공공연히 "나는 아직은 죽고 싶지 않아, 난 아직 충분한 일당을 만들지 못했단 말야" 하고 말한다. 조금만 더 살면 그는 자랑할 만한 일당을 지배하게 될 것이다. 그는 흔히 막대기를 어떤 사람에게 표시로 주면서 "내가 네 아비를 죽인 것을 자넨 알고 있겠지" 하고 말하기도 하며, 또 어떤 때는 병자에게 와서 "너를 죽이고 있는 게 바로 나야" 하고 말하기도 한다. 이 말은 그가 독을 사용하거나 혹은 칼로 그 젊은이의 아버지를 죽였다는 뜻은 아니다. 그것은 초자연적인 살인력, 즉 공개적이고도 공언된 비난과 공포의 상황이라는 것이다.

주니 족으로서는 그러한 상황을 도저히 상상할 수 없다. 주니 족의 사제들은 은근한 증오와 의혹의 대상이 아니다. 그들은 디오니소스 형의 특징이라고 할 수 있는 초자연력의 이중적인 측면, 즉 어떤 때에는 죽음의 사자이고 또 어떤 때에는 질병으로부터의 구원자라는 양면성을 그들 스스로 체현하고 있는 것이 아니다. 심지어 오늘날 푸에블로 족이 있는 곳이면 어디든지 있는 흑주술이라는 관념——그 세부 사항이 유럽적인 것이라고 할지라도——조차도 흑주술의 본질적인 상황을 구성하고 있지는 않다. 주니 족의 흑주술은 초자연력을 얻으려는 용감한 인간의 의지의 실천이 아니다. 필자는 실제로 사용할 수 있는 어떤 특수한 흑주술의 기술을 얻은 사람이 그들 중에 있는지 의심스럽다. 흑주술사(witch)의 행동에 관한 그들의 모든 이야기들은 전설적인 것으로서 흑주술사가 그 자신의 눈은 벽의 움푹진 곳에 놓아두고 올빼미의 눈을 얼굴에 달았다는 식이었다. 그들의 이야기는 다른 지역에서 실제로 행해지는 악습——이것은 그 지역의 특징이라고 할 수 있다——에 대한 무시무시하고도 자세한 이야기와는 다르다. 푸에블로 족의 흑주술은 그들의 여타의 많은 제도와 마찬가지로 불안 콤플렉스(anxiety complex)에서 나온 것이다. 그들은 막연히 서로를 의심한다. 만약 어떤 사람이 특히 싫어지면 그 사람에게 틀림없이 마귀가 붙었다고 생각한다. 일상적인 죽음에 대해서는 마귀가 붙었다고 주장하지 않는다. 그들이 마귀를 추적하는 경우는 오직 전염병이 돌 때이며 이때 일반의 불안은 마귀를 추적하는 형식으로 그 모습을 나타낸다. 그들은 신성한 사람들의 힘에 의하여 보다 무시무시한 공포의 상황을 만들어내지는 않는다.

　그러므로 푸에블로 족은 어떠한 형태의 극단도 자초하지 않고, 폭력에 대해서 관대하지도 않으며, 권위 행사에 탐닉하지도 않고, 개인이 독립 독행할 수 있는 여하한 상황도 반기지 않는다. 그들에게는 디오니소스 형의 인간을 가장 가치 있다고 생각해주는 상황이 하나도 없다. 그러면서도 그들은 풍작의 신앙을 가지고 있다. 풍요 의식이라는 것은 디오니소스 형으로 정의되는 것이다. 디오니소스는 풍요의 신이었다. 전세계를 통해서 볼 때 과잉의 추구와 생산 능력의 의식이라는 두 개의 문화 특성은 서로 분리해야 할 이유가 없다. 그 둘은 이 지구상에서 가장 멀리 떨어져 있는 지역에서도 중복되어 있다. 그러므로 아폴로 형인 푸에블로 족이 이와 똑같은 풍요 의식을 추구하는 방법을 보면 그들의 기본적인 생활 철학을 이중으로 생생하게 파악할 수 있다.

　그들의 풍요 의식은 대부분 성(性)의 상징을 전혀 사용하지 않고 행해진다. 비를 내리게 하기 위해서는 하늘에 구름을 모으는 단조로운 춤을 반복한다. 옥수수 밭의 풍작을 보장하기 위해서는 그 밭에다 제단에 올려졌거나 초자연적인 존재를 체현하는 데 사용됨으로써 효험을 얻게 된 물건을 묻는다. 성의 상징은 주니 족보다는 푸에블로 족에 인접한 호피 족에서 훨씬 더 분명하게 나타난다. 호피 족에서는 작은 갈대 고리나 바퀴와 연결된 조그만 흑색의 둥근 기둥을 의식에 사용하는 일이 굉장히 흔하다. 이 둥근 기둥은 남성의 상징이고 고리는 여성의 상징이다. 그들은 이 물건들을 한데 묶어서 신성한 샘에 넣는다.

플루트 결사(flute society)의 의식에서는 비를 부르기 위하여 소년 한 명이 소녀 두 명과 함께 나온다. 미리, 소년에게는 둥근 기둥이, 소녀들에게는 각각 갈대의 고리가 주어진다. 의식의 마지막 날 이들 아이들은 사제들의 시중을 받으면서 그 물건들을 신성한 샘으로 가지고 가서 샘 바닥에서 퍼올린 비옥한 진흙으로 그 물건에 흙칠을 한다. 그 다음 그 행렬은 다시 마을로 돌아온다. 제단에 사용되는 것과 같은 그림 네 개가 이미 돌아오는 길을 따라서 땅위에 그려져 있으며, 그 아이들은 선두에 서고, 부락 사람들은 그 뒤를 따르는데, 소년은 자기가 가진 둥근 기둥을, 소녀들은 그 고리를 땅 위에 있는 그림 하나하나마다에 차례차례로 던진다. 최후에 가서 이들 물건들은 광장에 있는 춤의 사당(dance shrine)에 놓여진다. 이 의식은 끝까지 예의바르고 냉정하며 형식을 갖춘, 그리고 감정에 치우치지 않는 가운데 진행된다.

이와 같은 의식상의 성의 상징은 호피 족에서는 항상 쓰인다. 여인 결사(women's society)의 춤에서는 특히 그것이 보통으로 되어 있다. 반면에 주니 족에서는 여인 결사라는 것이 없다. 호피 족의 의식 중의 하나를 보면 소녀들이 옥수숫대를 손에 들고 원을 그리며 춤을 추는데 처녀 넷이 남장을 하고 나온다. 그들 중 두 처녀는 궁수 역할을, 나머지 두 처녀는 창잡이 역할을 한다. 궁수들은 제각기 포도 다발과 활과 화살을 가지고 있으며 그 포도 다발에 활을 쏘면서 나아간다. 창잡이도 제각기 길다란 막대기와 고리를 가지고 있으며 창을 빙글빙글 돌아가는 고리 안으로 던진다. 그들은 원무를 추고 있는 곳에 다다르면 제각기 무용수들의 머리 위로 해서 빙 둘러서서 춤추고 있는 원 안쪽으로 작대기와 고리를 던져넣는다. 그들은 춤추는 소녀들의 가운데에서부터 구경꾼들을 향하여 축축한 옥수수 가루로 만들어진 조그마한 공을 내던지는데 구경꾼들은 서로 주워서 가지려고 쟁탈전을 벌인다. 이 의식은 성을 상징하고 있으며 그 목적은 풍요함이다. 그러나 이 의식의 행동은 디오니소스의 의식과는 정반대인 것이다.

주니 족에서는 이러한 종류의 상징주의가 성행하지 않는다. 그들에게는 풍작을 비는 의식상의 경쟁이 있는데, 그것은 푸에블로 족이 있는 곳이라면 어디서나 마찬가지이다. 그 경쟁 중의 하나가 남자와 여자 사이에 행해지는 것인데 남자들은 발로 차는 막대기(kick-stick)를 가지고서 한쪽 줄 끝에 서고, 여자들은 고리를 가지고 다른 쪽 끝에 선다. 그들은 제각기 자기들이 가진 막대기와 고리들을 발끝으로 툭툭 찬다. 때때로 여자들은 가면을 쓴 어릿광대들과 함께 이러한 경쟁을 하기도 한다. 어떤 경우이든 간에 여자들이 이겨야 한다. 그렇지 않을 경우 그 경기는 헛된 것이 되어버린다. 페루에서도 똑같은 목적을 가진 이와 유사한 경기가 행해졌는데 그곳에서는 남자들이 모두 벌거벗고 나와서 자기가 붙잡는 여자들을 전부 능욕했다. 주니 족과 페루 인들은 유사한 경쟁을 통하여 똑같은 소망을 상징하고 있지만 주니 족은 페루 인들의 디오니소스형의 상징주의를 아폴로 형으로 변형한 것이라고 볼 수 있다.

그러나 풍요 의식과 결부된 자유 방종은 주니 족이라고 해서 전혀 없는 것은 아니다. 토끼 사냥 의식과 머리 가죽 춤의 의식이 있는 날 밤에 임신되는 아기들은 특히 건강하다고 말할 정도로까지 그 행동의 방종함이 묵인되거나 조장된다. 보통때 엄격하게 지켜지던 처녀들에 대한 총각의 보호 관습이 완화되어 "사내놈들은 역시 사내놈이다"라는 태도가 나타나는 것이다. 물론 여기에는 난혼도 없고 부어라 마셔라 하는 식의 주신제(酒神祭) 같은 징후도 없다. 그밖에 또 옛날에는 눈과 차가운 기후를 관장하는 주술 꾸러미에 대한 의식에 일정하게 지켜야 할 절차가 있었다고 한다. 즉 어느날 밤 그 주술 꾸러미의 여사제가 애인을 받아들이고 주술 꾸러미의 장식물에 합하기 위하여 그로부터 엄지손가락 길이의 터키 옥을 모을 때부터 일정한 의식을 준수했던 것이다. 그러나 지금은 그러한 관습이 지켜지지 않고 있으며 어느 정도까지 방종이 인정되는지도 말하기가 불가능하게 되었다.

푸에블로 인들은 성을 잘 이해하지 못하고 있다. 적어도 주니 족은 성에 대하여 현실적인 주의력을 거의 기울이지 않는다. 주니 족은 우리의 문화적 배경에서는 매우 친숙한 섹스의 상징을 어떤 부적당한 대체물에 의해서 설명하는 경향이 있다. 호피 족이 항상 특수한 섹스의 상징에 사용하는 바퀴와 둥근 기둥을 그들은 비가 와서 침식이 이루어질 때 생기는 조그마한 점토 덩어리를 나타낸다고 말한다. 또한 옥수수 껍질 덩어리를 활로 쏘는 행위는 번개가 옥수수 밭에 떨어지는 것을 나타낸다고 한다. 실체와 상징 사이에 서로 이가 안 맞는 이와 같은 극단적인 예는 가장 정직한 자료 제공자의 설명에서도 발견할 수 있다. 그들은 이러한 무의식적인 방어를 거의 어리석을 정도로까지 행하고 있다.

이와 유사한 방어는 성행위에서 나타나는 우주의 기원에 대한 우주론적인 이야기의 모든 흔적을 말살해버린 것 같다. 심지어 50년 전만 해도 쿠싱은 그런 이야기에 대한 주니 족의 언급을 기록했다. 그 이야기는 푸에블로 족이 아닌 남서부의 유만 족(Yuman)의 기본적인 우주론이고 많은 인근 지역에도 잘 알려져 있다. 태양이 지구와 동거하여 지구의 자궁으로부터 생명이 —— 인간과 동물은 물론이고 인간이 사용하는 무생물까지도 생겨났다. 주니 족에서는 쿠싱의 시대 이래로 기원 신화(origin myth)가 상이한 결사, 상이한 사제, 계급 및 일반인들로부터 기록되었다. 그 기록에 의하면 아직도 생명은 제4의 지하 세계에서 시작된다고 한다. 그러나 그들은 생명이 하늘의 아버지(sky father)에 의해서 태동되어 지구의 자궁에서 생성된다는 것을 인정하지 않는다. 그들의 상상은 이런 방향을 향하지 않고 있다.

성에 대한 주니 족의 태도는 우리 문명에서 청교도적이라고 생각되는 어떤 수준에 필적할 만한 것이지만, 그만큼 우리 문명과의 대조점도 매우 현저하다. 성에 대한 청교도의 태도는 그것을 죄와 동일시하는 데에서 나온 것인 반면 주니 족의 태도에는 그런 죄의식은 없다. 죄라는 것은 그들에게는 생소한 것이다. 그것은 성의 경우에도 그렇고 다른 어떤 경험의 경우에도 역시 그렇다. 그들은 죄의식으로 괴로워하지도 않으며 성을 의지의 고통스런 노력으로 저항해야 할 일련의 유혹거리로 생각하지도 않는다. 정절을 지키는 생활 방식은 아주 인기 없는 것으로 간주되며, 그들의 전설을 보면 젊었을 때 결혼을 하지 않고 오만하게 지내는 여자보다 더 심한 비난을 받는 사람들은 없다. 그런 여자들은 젊은 남자로부터 당연히 찬미를 받아야 할 기회를 무시하고 혼자서 지내며 일하기 때문이라는 것이다. 주니 족의 신들은 청교도적인 윤리 안에서라면 당연히 취할 그러한 조치는 취하지 않는다. 그들은 여러 가지 장애에도 불구하고 내려와서 그 여자들과 함께 자면서 그들에게 기쁨과 겸양을 가르쳐준다. 이러한 "상냥하고도 훈계적인 방법"으로 그들은 여자가 결혼을 하면 인간 본래의 행복을 얻게 되리라는 것을 알려준다.

이성간의 유쾌한 관계는 인간의 여러 가지 유쾌한 관계 중의 한 양상에 불과하다. 우리들은 그들의 칭찬하는 말을 가지고 근본적인 구별을 할 수 있다. 즉 그들은 "누구나 그를 좋아한다. 그는 항상 여자들과 염문을 일으키고 있다"라든가 아니면 "아무도 그를 좋아하지 않는다. 그는 결코 여자들과 문제를 일으키지 않는다"라고 한다. 성은 행복한 생활의 부수적인 사건인 것이다.

그들의 우주론적인 관념은 특히 시종일관된 그들의 정신을 표현하는 다른 한 형식이다. 그들은 이 세상에서 격렬함과 갈등과 위험을 줄이도록 제도화하고 있는데 이와 똑같은 제도를 다른 세계에도 그대로 투영하고 있다. 번즐 박사의 말대로 초자연물은 "인간에 대해서 적의를 품고 있지 않다. ” 초자연물은 인간에게 그들의 능력을 주기를 꺼려하기 때문에 그들의 도움을 받으려면 공물과 기도와 주술적인 의식을 바쳐야 한다. 그러나 이것은 악한 힘을 회유하는 것은 아니다. 그러한 관념은 그들과는 상관이 없는 것이다. 오히려 그들은 인간이 좋아하는 것을 초자연물도 좋아하고 따라서 만약 인간이 춤추기를 좋아하면 초자연물도 춤을 좋아할 것이라고 생각한다. 따라서 주니 족들은 초자연물의 가면을 쓰고서 초자연물을 춤으로 끌어들이고, 의무의 주술 꾸러미를 끌어내어 그것을 “춤추게 한다. ” 그렇게 함으로써 그들에게 즐거움을 준다. 심지어는 창고에 있는 옥수수까지도 춤추게 해야 한다. “모든 의식 집단이 의식을 행하는 시기인 동지에는 각 집안의 가장들은 실물 옥수수 여섯 개를 바구니에 넣고서 그 옥수수에게 노래를 불러준다. 이것은 ‘옥수수를 춤추게 한다’(dancing the corn)라고 부르는 것인데 이 의식은 옥수수가 그 의식의 계절에 무시되었다고 느끼는 일이 없도록 하기 위하여 행해진다. ” 지금은 이 옥수수 춤이라는 큰 의식도 없어졌지만 결국 그들은 옥수수와 즐거움을 함께 함으로써 의식의 절정에 달했던 것이다.

　그들은 우리들처럼 이 우주를 선과 악의 대결장으로 생각하지 않는다. 그들은 이원론적이 아니다. 푸에블로 족에게 잘 알려져 있는 유럽 식의 흑주술 관념은 이상한 변형을 거치지 않을 수 없었다. 그들에게 흑주술은 선한 신과 싸우는 악마의 제왕으로부터 유래된 것이 아니다. 그들은 그 흑주술을 자기들의 조직에 적합하게 만들었다. 흑주술사의 힘을 의심하는 것은 그것이 악마에 의해서 주어지기 때문이 아니라 그 힘에 신들린 자들을 “괴롭히기” 때문이고, 일단 한번 그 힘에 씌게 되면 그것을 버릴 수 없게 되기 때문이라고 생각한다. 어떤 초자연적인 힘은 그것을 불러일으키는 때에 그 힘이 나타난다. 대개는 기도봉을 심고 터부를 준수함으로써 자기가 신성한 물건을 취급하고 있음을 나타낸다. 그러한 상태가 끝나면 그는 자기 고모 집으로 가서 자기 머리를 씻어달라고 한 후 다시금

속세로 돌아온다. 혹은 사제는 자기 힘을 다른 사제에게 돌려주고 다시 그것이 필요할 때까지 그 힘이 휴식을 취하도록 한다. 신성함을 제거한다는 생각과 그 기술은 중세 유럽에서 저주를 제거하던 것과 똑같이 그들에게도 잘 알려진 것이다. 푸에블로 족의 흑주술에는 사람에게서 초자연력을 제거하는 것과 같은 기술은 전혀 마련되어 있지 않다. 인간은 그 신비스러운 것으로부터 떨어질 수가 없다. 바로 그렇기 때문에 흑주술은 악하고도 위협적인 존재이다.

푸에블로 인들은 이 우주를 선과 악의 대결장으로 보지 않는다. 그러나 우리들로서는 푸에블로 인들과 같은 견해를 가지기가 어렵다. 그들은 계절도 인생도 생사가 달린 경쟁으로 보지 않는다. 생명도 항상 존재하고 죽음도 항상 존재한다. 죽음은 생의 부정이 아니다. 계절이 우리 앞에 전개되는 것처럼 인생도 또한 그러하다. 그들의 태도는 "보다 강한 힘에 대한 욕망의 체념도 복종도 없는, 다만 인간과 우주가 일체가 된다는 의식"을 포함하고 있을 뿐이다. 그들은 기도할 때 그들의 신들을 향하여

　　우리가 하나가 되게 하소서

하고 말한다. 또한 신과 친밀한 관계를 나타내는 말을 주고받는다.

　　당신의 나라를 지키시고
　　당신의 사람들을 지키시며
　　당신은 우리들을 위하여 조용히 앉아 계실 것입니다.
　　서로가 서로의 자식인 것처럼
　　우리들은 항상 그렇게 있을 것입니다.
　　나의 아들
　　나의 어머니도[6]
　　내 말에 따라서

---

6) 신은 여기서 부모인 동시에 자식이다.

그렇게 될지어다.

그들은 신들과 함께 호흡을 교환하는 이야기를 한다.

> 사방으로 멀리 떨어져서
> 나는 나의 아버지와 같이 생명을 주는 사제들[7]이 있다.
> 나는 생명을 주는 그들의 숨을 바라노니
> 긴 목숨을 주는 그들의 숨을
> 물을 주는 그들의 숨을
> 종자를 주는 그들의 숨을
> 재산을 주는 그들의 숨을
> 다산을 주는 그들의 숨을
> 강인한 정신을 주는 그들의 숨을
> 힘을 주는 그들의 숨을
> 그들이 가진 모든 행운을 주는 그들의 숨을 바라노니.
> 그들의 숨을
> 우리들[8]의 따뜻한 몸에 받아들여서
> 우리들은 당신[9]의 숨에 보탤 것입니다.
> 당신의 아버지의 숨을 경멸하지 말고
> 그것을 당신의 몸에 넣으시오. ……
> 그리하여 우리가 함께 그 길을 끝낼 수 있도록 하소서.
> 내 아버지가 당신에게 생명의 축복을 주시어
> 당신의 길이 충만해지도록 하소서.

신들의 호흡은 그들의 호흡이고 그것을 공유함으로써 만사는 성취되는 것이다.

---

7) 초자연적인 존재, 신.
8) 의무들.
9) 병자.

인간과 인간 사이의 관계를 설명하는 것도 그렇듯이, 그들이 인간과 우주와의 관계를 설명하는 것에도 영웅주의와 장애를 극복하려는 인간의 의지는 자리할 곳이 없다. 다음과 같은 사람들, 즉

　　싸우고 싸우고 또 싸우고
　　벽에 부딪쳐 죽는

사람들에게는 성인의 지위가 주어지지 않는 것이다.

　이러한 사고방식은 그 특유의 미덕이 있고 그 미덕은 이상하리만큼 시종 일관된다. 제 분수를 벗어난 사람들은 그들의 우주에서 추방되었다. 그들은 북아메리카에 있는, 작지만 오랜 시간을 통해서 확립된 문화를 가진 섬에다 하나의 문명 사회를 만들었다. 그 사회의 형태는 전형적인 아폴로 형의 인간들의 선택에 의해서 그 방향이 결정된다. 그들의 모든 기쁨도 일정한 형식을 따르며, 그 생활 방식도 절제 있고 진지한 것이다.

# 제5장

# 도부 족

　도부 섬은 동부 뉴 기니의 남부 해안에서 좀 떨어진 당트르카스
토(d'Entrecasteaux) 군도에 있다. 도부 인은 북서부 멜라네시아
인들 중에서 가장 남쪽에 있는 족속들 중의 하나이다. 이 지역은
말리노프스키 박사의 트로브리안드 제도에 관한 많은 저작을 통하
여 가장 잘 알려져 있다. 당트르카스토와 트로브리안드 제도는 매
우 근접해 있어서 도부 인은 교역을 하러 배를 타고 트로브리안드
제도로 갔다. 그러나 이 두 군도의 사람들은 서로 다른 환경과 다
른 기질을 가지고 있다. 트로브리안드 제도는 비옥한 저지(低地)의
섬으로서 편안하고 풍요한 생활이 보장되는 곳이다. 토질은 비옥하
고 조용한 산호초에는 고기가 풍부하다. 반면에 도부의 섬들은 암
석이 많은 화산섬들로서 경작지는 단지 몇 조각밖에 없고 어업도
거의 불가능하다. 산재해 있는 조그마한 마을들은 그 가장 번창했
던 시절에도 각각 인구가 25명 정도밖에 안 되었고 지금은 그 절반
도 안 된다. 이러한 인구조차도 이용 가능한 자원에 대한 압박이
대단하다. 이에 반하여 트로브리안드 제도는 인구가 과밀하면서도
대규모의 인접한 지역 사회를 이루어 안락한 생활을 누리고 있다.
도부 인은 이 지방의 모든 백인 고용주들에게 좋은 고용 대상이 된
다. 집에서는 굶주릴 위험에 처해 있기 때문에 쉽사리 노동 계약서
에 서명을 한다. 그들은 형편없는 급료를 받고 일하는 데 익숙해져
있으며 노동자로서 받는 급식 때문에 소동이 일어나는 일은 없다.
　그러나 도부 인들이 가난하기 때문에 유명해진 것은 아니다. 오

히려 그들은 위험을 무릅쓰는 그 용감함으로 유명해져 있다. 그들은 악마의 힘을 가진 주술사(magician)이고 어떠한 배반에도 망설이지 않는 전사라는 말을 듣고 있다. 두 세대 전 백인들이 개입해오기 전에는 그들은 식인종이었다. 그것도 많은 족속들이 식인 관습을 가지지 않은 지역내에서 식인종이었다. 그들은 주변 사람들의 공포의 대상이고 불신받는 야만인들이다.

도부 인은 그 이웃 사람들이 평가한 것과 같은 특징을 충분히 가지고 있다. 그들은 법도 없고 믿을 수 없는 사람들이다. 모든 사람은 타인에 대하여 적대적이다. 그들에게는 트로브리안드 제도가 가진 것과 같은 원활하게 기능하는 조직이 없다. 트로브리안드 제도에는 존경받는 수장들이 지배하는 조직이 있어서 재물과 특권의 상호 교환을 평화적이고도 지속적으로 유지해나가고 있다. 도부에는 수장이 없다. 따라서 정치적 조직도 없는 것이 확실하다. 엄밀한 의미에서 보면 합법적이란 것도 없다. 그러나 이것은 도부 인이 무정부 상태, 즉 루소가 말한 사회 계약에 의해서 아직 구속당하지 않는 "자연인"으로 살고 있기 때문에 그런 것이 아니다. 그 이유는 도부 섬에서 통용되고 있는 사회 형태가 악의와 배반을 조장하고 또한 그것을 그 사회의 용인된 미덕으로 인정하기 때문이다.

그러나 도부 인이 무정부 상태에 있다고 본다면 그런 견해야말로 가장 사실과 어긋나는 것이다. 도부의 사회 조직은 여러 개의 동심원과 같이 짜여져 있고 그 각각의 원 안에서 특정의 전통적인 적대 관계가 인정되고 있다. 특정의 집단 내부에서 문화적으로 용인되고 있는 이러한 적대 행위를 행사하는 경우를 제외하고는 어느 누구도 제멋대로 제재를 가하는 일은 없다. 도부 인에게 기능하는 최대의 집단은 약 4-20개의 마을로 구성된 여러 가지 명칭을 지닌 지역 공동체라는 것이다. 그것은 전쟁의 단위이며 여타 모든 유사한 지역 공동체와 영속적인 적대 관계를 가지고 있다. 백인이 지배하기 이전의 시대에는 살인과 약탈을 할 경우를 제외하고는 아무도 감히 남의 지역 공동체에 들어 가지 않았다. 그러나 이들 지역 공동체는 상호간에 하나의 서비스를 필요로 하고 있다. 죽음과 심각한 병이 있을 경우 누가 주술을 걸었느냐 하는 것을 점을 쳐서 알아낼 필요가 있는데 이때에는 점쟁이가 적대 관계에 있는 지역 공동체에서 불려온다. 그 지역 공동체 안에 있는 점쟁이들은 누가 주술을 건 범인인가를 점을 쳐서 알아낼 경우 그에 따르는 위험에 직면하기 때문에 그 일을 하도록 초청되지 않는다. 대신 멀리 떨어져 있는 점쟁이는 점을 치고 가버리면 그러한 위험에서 벗어날 수 있기 때문에 다른 지역 공동체에 있는 점쟁이를 부르는 것이다.

　사실 위험은 지역 공동체 자체의 내부에 가장 많이 도사리고 있다. 같은 해안에서 고기잡이를 하거나 매일 함께 생활하는 사람들이 바로 초자연적이고 현실적인 해를 입히는 자들이다. 남의 수확을 망치고 경제적 교역에 혼란을 일으키며 질병과 죽음의 원인을 가져오는 사람들이 바로 그들이기 때문이다. 누구나 이러한 의도로 사용할 주술(magic)을 몸에 지니고 있으며 또 앞으로 보게 되겠지만, 모든 경우에 주술을 사용한다. 주술은 지역 공동체 안에서의 교섭에 불가결한 것이다. 그러나 그 주술은 자신이 잘 알고 있는 친숙한 마을의 경계를 벗어나서는 그 힘이 유지되지 않는다고 생각된다. 자기와 매일 만나는 사람들이 자기 일을 위협하는 흑주술사요 축사자(逐邪者, sorcerer)이다.

　그러나 이 지역 집단의 중심에는 상이한 행동이 요구되는 그룹이 있다. 일생을 통하여 도부 인들은 이 그룹의 후원을 기대하기도 한다. 그 그룹은 아버지나 아버지의 형제 자매 및 그 남자의 자식들을 포함하지 않기 때문에 가족이라고 할 수도 없다. 그 그룹은 견고하고 결속력이 강한 모계 집단이다. 이 모계 집단에 속한 사람들은 살아서는 같은 마을에서 자기네들의 밭과 택지를 소유하고 죽어서는 조상의 땅에 있는 공동묘지에 매당된다. 어느 마을이든지 그 중심부에 파두나무 잎이 무성한 공동묘지가 있다. 거기에는 살았을 때 그 마을의 주인이었던 어머니와 어머니 친족의 남녀들이 매장되어 있다. 그 무덤 주위에는 현재 그 마을의 주인인 모계 친족들의 고상식 가옥(高床式家屋, platform house)이 모여 있다. 이러한 모계 집단내에서 상속이 이루어지고, 협동이 존재한다. 이 모계 집단은 "어머니의 젖"을 의미하는 수수(susu)라고 불린다. 수수는 여자의 혈통과 각 세대에 속한 이 여인들의 남자 형제들로 구성되어 있다. 이 남자 형제들의 자식들, 예컨대 외사촌들은 포함되지 않는다. 그들은 자기 어머니의 마을에 속하며 항상 자기네 아버지의 마을로부터 심한 적대감을 받는 집단이다.

그 수수는 보통 아주 가까운 친족의 수수와 함께 그 자신의 마을에 살고 있으며 그들의 프라이버시는 엄격하게 지켜진다. 도부 인은 할 일도 없으면서 왕래하는 일은 없다. 길은 각 마을의 변두리를 감아 돌고 있으며 마을에 접근하는 특권을 가진 자들은 이 길을 통하여 그 마을에 접근할 수 있다. 뒤에서 보게 되겠지만 아버지가 그 마을의 남자일 경우 자식들은 그 아버지가 죽고 나면 마을에 접근할 권리조차 없어진다. 만약 아버지가 아직 살아 있거나 그 마을이 배우자의 마을이라면 그들은 초대를 받았을 때 그 마을에 들어갈 수가 있다. 그밖의 사람들은 모두 옆길(by-path)을 통하여 지나다닌다. 그들은 정지해서는 안 된다. 도부 인들은 종교적인 의식도, 수확의 축제도, 부족의 성인식도 특별한 경우라고 생각하지 않기 때문에 그런 때라고 해서 사람들을 무차별적으로 불러 모으지 않는다. 트로브리안드 제도에서는 마을의 한가운데 있는 묘지는 누구에게나 공개되어 있는 마을의 춤의 광장이 된다. 도부 인은 잘 모르는 장소는 위험하다는 것을 너무나 잘 알고 있기 때문에 사교적이거나 종교적인 행사를 할 때 멀리 나가지 않는다. 또한 그들은 질투 많은 주술사의 위험도 잘 알기 때문에 낯선 사람들이 자기들의 본거지에 들어오는 것을 허락하지 않는다.

물론 결혼은 이러한 신뢰받는 집단 밖에 있는 사람과 하지 않으면 안 된다. 결혼은 그 지역 공동체 안에서 행해지기 때문에 적의가 강한 두 마을을 맺어준다. 그러나 결혼으로 인하여 적의가 감소되는 것은 아니다. 결혼과 관계되는 제도는 처음부터 그 두 집단

사이에 충돌과 적대감을 일으킨다. 결혼은 장모 될 사람의 적의에 찬 행동에 의해서 시작된다. 그녀는 신랑이 될 젊은이가 자기 딸과 자고 있는 집의 문을 자신의 몸으로 직접 가로막는다. 따라서 그 젊은이는 공개적으로 혼례의 포로가 된다. 그 이전부터, 즉 사춘기 이래로 청년은 매일 밤 결혼하지 않은 처녀들의 집에서 잠을 자왔다. 관례에 따라 그 청년은 자기 집에서 쫓겨난다. 그는 수년 동안에 걸쳐서 널리 호의를 베풀어왔고 또 그 여자의 집을 날이 새기도 전에 떠남으로 해서 복잡한 사건에 말려드는 일도 피할 수가 있다. 마침내 그가 포로가 되었을 때는 대개는 방랑에 지쳐서 좀더 변하지 않는 상대에게 마음을 정한 셈이 된다. 이제 아침에 그렇게 일찍 일어나는 일에 신경을 쓰지 않아도 된다. 그러나 그가 결혼이라는 그 모욕적인 의식을 받아들일 준비가 되었다고는 생각되지 않는다. 단지 그 결혼이라는 것은 장래 자기 장모가 될 늙은 마녀가 문간을 가로막고 있기 때문에 어쩔 수 없이 강요되는 것일 뿐이다. 그 마을 사람들, 즉 처녀의 어머니 쪽 친척들이 그 노파가 문간에 서서 꼼짝 않고 있는 것을 보면 모여든다. 여러 사람들이 주시하는 가운데 부부가 될 두 사람이 내려와 마당에 깔린 멍석에 앉는다. 마을 사람들은 30여 분 동안 그 두 사람을 내려다보다가 하나씩 둘씩 흩어진다. 그리고는 더 이상 아무 일도 일어나지 않는다. 그것으로 그 두 사람은 정식으로 혼례를 한 셈이 된다.

이때부터 그 젊은이는 그의 아내의 마을 사람으로 간주된다. 그에게 부과되는 최초의 요구 사항은 노동이다. 맨 먼저 그의 장모가 그에게 땅 파는 괭이를 주면서 "자아, 일을 해" 하고 명령을 내린다. 그는 장인 장모의 감독을 받으며 밭을 일구지 않으면 안 된다. 그들이 음식을 만들어 먹을 때도 그는 일을 계속 해야 한다. 그는 그들이 있는 데서 식사를 할 수 없게 되어 있기 때문이다. 그는 남보다 두 배의 일을 해야 한다. 즉 그의 장인 집의 얌(yam : 고구마의 일종/역자 주) 밭에서 일을 마치면 자기 본가에 있는 자기 자신의 밭을 또한 경작해야 한다. 그의 장인은 자신의 권력욕을 충분히 만족시키고 사위에 대한 지배력을 마음껏 즐긴다. 이러한 상태는 일년 이상 계속된다. 이 일에 사로잡히는 사람은 신랑 혼자만이 아니라 그의 친척들도 여러 가지 의무를 진다. 결혼 선물에 필요한 밭과 귀중품을 마련하기 위해서 그 형제들에게 부과되는 부담이 너무나 과중하기 때문에 요즘의 젊은이들은 형제가 결혼을 하면 백인의 고용자와 노동 계약을 맺어서 그 부담으로부터 도피해버린다.

결혼 예물이 신랑 쪽 수수의 사람들에 의해서 전부 모아지면 그들은 그 선물을 정식으로 신부의 마을로 가져간다. 이 운반은 신랑의 형제 자매와 신랑의 어머니와 그 어머니의 형제 자매들이 맡는다. 신랑의 아버지는 여기에서 제외되며 마찬가지로 그 운반을 담당하는 사람들의 아내와 남편(예컨대 신랑의 형수, 외숙모, 매부, 이모부 등/역자 주) 및 운반을 담당하는 모든 남자들의 자녀들(예컨대 외사촌, 사촌/역자 주) 역시 제외된다. 그들은 그 선물을 신부의 수수에게 선사한다. 그러나 신랑측 수수와 신부측 수수간에 우호적인 교제는 전혀 없다. 신부측 수수는 조상 전래 식으로 마을 한쪽 끝에 나와서 신랑측 수수를 기다린다. 방문자는 자기들 마을에 가까운 쪽 끝에 서 있는다. 그들은 상대방의 존재를 애써 서로 모른 체한다. 양측은 서로 멀리 떨어져 서 있으며 혹시 상대방을 주목해야 할 때는 적의의 시선을 보낸다.

모든 결혼 행사는 이와 같이 엄격한 형식으로 진행된다. 신부측 수수도 신랑의 마을을 방문하여 형식적으로 그 마을을 신속하게 지나친다. 그리고 요리하지 않은 음식을 제법 많이 선물로 가지고 간다. 다음날 신랑의 친척들이 답례의 선물로 얌을 가지고 다시금 신부의 마을로 간다. 결혼의 의식이라는 것은 신랑이 신부의 마을에서 신부의 어머니가 요리한 음식을 한입 받아 먹고 신부도 이와 마찬가지로 신랑의 마을에서 신랑의 어머니로부터 음식을 받아 먹는 것으로 성립된다. 식사를 함께 하는 것이 친밀함을 표시하는 제도의 하나로 되어 있는 사회에서는 이러한 의식은 매우 적절한 것이라고 할 수 있다.

결혼으로 인하여 새로운 집단이 만들어지며 그 안에서는 친밀함과 공통적인 이해 관계가 존중된다. 도부와 같은 강력한 씨족 조직을 가진 네덜란드령 뉴 기니의 많은 부족들은 결혼에 의한 인척 관계를 무시함으로써 결혼에 따르는 문제를 해결하고 있다. 그러나 도부 인은 그러한 방법으로 문제를 해결하지 않는다. 그 네덜란드령 뉴 기니의 부족들에서는 모계의 사람들이 함께 살며 수확도 같이 하고 경제 활동도 함께 한다. 여자들의 남편은 밤중에나 숲속에 숨어서 은밀하게 자기 아내를 만난다. 그들은 "아내를 방문하는 남편들"이다. 따라서 그들은 모계 집단의 자급 자족을 조금도 건드리지 않는다.

그러나 도부의 경우는 남편과 아내가 공동으로 거처할 방을 주고 집 안에서의 부부의 사생활을 철저히 보호해준다. 또한 부부는 자신들과 자식을 위한 양식을 마련한다. 그러나 서구 문명에서 자라난 사람들에게는 아주 기초적인 것으로 생각되는 이 두 가지 조건을 충족시키기 위해서 도부 인은 매우 어려운 문제에 직면하지 않을 수 없다. 도부 인은 자기네 수수에게 모든 최고의 충성을 바친다. 만약 결혼한 부부에게 어느 누구도 침범할 수 없는 사생활이 보장되는 집과 밭이 주어진다면 어느 쪽 홈 그라운드에서, 또 누구의 적의 어린 시선을 느껴야 할까? 아내 쪽 수수인가, 남편 쪽 수수인가? 이 문제는 논리적으로 충분히 해결되었다. 그러나 그것은 매우 보기 드문 방법이다. 결혼해서 죽을 때까지 부부는 남편의 마을과 아내의 마을을 1년씩 번갈아가며 살고 있는 것이다.

부부 중의 어느 한쪽은 한해 동안은 자기 자신의 집단의 후원을 받으며 생활의 상황을 좌우할 수 있으나 그 다음 한해 동안은 다른 한쪽 배우자의 마을에서 관용을 비는 국외자의 입장이 되어 처신을 삼가며 표면에 나서지 말아야 한다. 도부의 마을은 이렇게 두 집단으로 분할되어 있으며 이들 두 집단은 항상 적대 관계에 있다. 한쪽은 모계의 혈연들로서 마을의 주인(owners of the village)이라고 불리며 다른 한쪽은 결혼하여 그 마을에 들어온 사람과 그 마을의

남자 주인(men owners : 모계 혈연의 남자, 예컨대 외삼촌 등/역자
주)의 자녀들이다. 전자의 집단은 항상 지배적이며 결혼 생활의 필
요성 때문에 어쩔 수 없이 그 한해 동안 와서 살아 가야 하는 사람
들을 불리한 입장으로 몰아넣을 수가 있다. 마을의 주인들은 견고
한 전선을 형성하는 반면 외래자의 집단은 결속력이 거의 없다. 도
부 인의 신조와 관행은 결혼에 의한 인척 관계를 통하여 두 마을을
연결시키지 않는다. 여러 마을 사이의 인척 관계가 넓어지면 넓어
질수록 그러한 방식은 더욱더 강렬한 지지를 받는다. 그러므로 결
혼하여 어느 마을에 들어가는 배우자들은 상호 공통되는 수수에 대
한 충성심이 없다. "지역 공동체"의 제한을 뛰어넘는 토템적 카테
고리도 있기는 하지만 그것은 도부에서는 기능도 없고 중요성도 없
기 때문에 고려할 필요가 없는 무의미한 분류이다. 왜냐하면 그것
은 결혼하여 그 마을에 들어간, 서로 아무 관련이 없는 여러 개인
들을 실제로는 결합시키지 못하기 때문이다.

　전통적인 수단을 총동원하여 도부 인의 사회는 타인의 마을에 있
는 배우자에게 그 마을에 있는 한해 동안 굴욕적인 역할을 하도록
요구한다. 마을의 주인들은 누구나 다른 곳에서 들어온 사람의 이
름을 부를 수 없다. 도부 섬에서는 우리 문명과는 달리 개인적인
이름이 사용되지 않는다. 여기에는 몇 가지 이유가 있다. 개인의
이름을 부를 경우 그것은 이름을 부르는 사람이 중대한 특권을 가
지고 있음을 뜻하는 것이 되고 이름이 불려지는 사람과의 관계에서
어떤 우월한 위신을 가지고 있음을 나타낸다. 마을에서 혼례의 선
물을 하거나 받을 때, 해마다 새로 하게 되는 결혼 선물을 교환할
때, 혹은 사람이 죽었을 때, 결혼하여 그 마을에 들어와 그 해를
그곳에서 살아야 하는 배우자는 그런 행사에 참석해서는 안 된다.
그는 말하자면 영원한 이방인인 셈이다.

　그러나 이런 것은 그의 지위의 굴욕적인 성격으로서는 가장 가벼
운 것이다. 이보다 더 중대한 긴장의 종류가 있다. 어느 한 시점에
그 부부가 살게 되는 그 마을은 결혼하여 들어온 배우자의 행동에

대해서는 좀처럼 만족하는 일이 없다. 두 마을간에 행해지는 결혼 선물의 교환——이것은 결혼 초에서부터 어느 한 배우자가 죽을 때까지 똑같은 형식으로 행해진다——때문에 결혼은 수수로서는 중대한 투자 행위가 된다. 모계에 속하는 남자들은 이 투자 행위에서 적극적인 역할을 할 경제적인 권리를 가진다. 그 마을 태생의 배우자는 도부에서 항상 재발되는 부부간의 싸움에서 자기의 수수, 특히 어머니의 남자 형제(예컨대 외삼촌 등/역자 주)에게 의지하면 지원을 받기가 쉽다. 그들은 항상 기꺼이 다른 곳에서 온 배우자에게 공공연히 잔소리를 늘어놓거나 심한 욕설을 퍼부으면서 그에게 보따리를 싸서 떠나라고 말한다.

이보다 훨씬 더 개인적인 종류의 긴장도 역시 존재한다. 도부의 부부간에는 정절이란 것을 기대할 수가 없고, 모든 도부 인들은 성적인 목적 이외에는 남녀가 한순간이라도 같이 있어야 한다는 것을 인정하지 않는다. 상대의 마을에서 그 해를 살아가는 배우자는 금방 상대의 부정의 낌새를 알아차리게 된다. 그럴 만한 이유는 항상 있기 때문이다. 상호 의심에 뒤덮힌 도부의 현실에서 가장 안전한 관계는 그 마을의 "형제"나 그 마을의 "자매"와 관계하는 것이다. 그(녀)가 자신의 마을에 있을 한해 동안에는 주위의 모든 상황은 순조롭고 초자연적인 위험도 극소화된다. 마을의 여론은 "형제"와 "자매"로 분류되는 상대끼리의 결혼을 강력히 반대한다. 그러한 결혼은 결혼에 반드시 필요한 선물의 교환 때문에 한 마을을 둘로 분열시키게 할 것이다. 그러나 이들 형제나 자매 집단간의 간통은 특히 모두들 좋아하는 소일거리이다. 그것은 신화에서도 항상 찬미되었고, 어느 마을에서나 그런 일이 일어나고 있다는 것을 누구나 어린 시절부터 잘 알고 있다. 그러나 자기 배우자로부터 그런 모욕을 당한 자에게는 그것은 가장 마음 쓰이는 일이다. 당사자가 남자이든 여자이든 똑같이 아이들——제 자식이든 마을의 다른 사람들의 아이이든 간에——에게 뇌물을 주어 정보를 얻어낸다. 당한 사람이 남편이라면 그는 아내의 요리 그릇을 깨뜨린다. 부인이 남편의 부정을 알게 되면 그녀는 남편의 개를 학대한다. 부부는 격렬하게 싸운다. 나뭇잎으로 지붕을 만든 밀집된 도부의 집에서 싸움을 하면 이웃에 들리기 마련이다. 그는 크게 분노하여 마을을 떠난다. 무력한 그는 분노의 최후 수단으로서 전통적인 방법으로 자살을 기도하는데 그러한 방법은 그 어느 것도 결코 치명적인 것은 아니다. 대개의 경우 그는 구조되고 그러한 방법으로 아내의 수수에게서 도움을 얻게 된다. 즉 그 모욕을 당한 배우자가 정말 자살을 하게 되면 그의 친척들이 어떻게 나올 것인가가 두렵기 때문에 그들은 보다 화해적인 태도를 취한다. 심지어는 그 문제에 더 이상 개입하기를 거부하는 수도 있다. 그리하여 이 부부는 감정의 응어리가 풀리지 않고 화를 낸 채 함께 사는 것이다. 그 다음해 그의 처도 자기 마을에서 같은 방법으로 보복을 할 수 있다.

부부가 한 집에서 같이 살아야 한다는 요구는 우리의 문명에서는 간단한 일이지만 도부 인의 경우에는 결코 그렇지 않다. 그들의 생활 환경에서는 그러한 요구는 너무나 어려운 제도이기 때문에 항상 결혼 생활을 위협하고 또한 그것을 파괴하는 일이 흔하다. 이혼은 지나칠 정도로 흔하다. 예컨대 포춘 박사가 묘사한 또 다른 오세아니아 문화권인 마누스 섬(Manus Island) 사람에 비해서 도부 인의 이혼 숫자는 꼭 다섯 배가 된다. 도부의 부부에게 강요되는 두번째 요구 조건은 부부와 그 자녀들의 식량을 함께 마련하는 일인데 이것도 또한 그들의 문화적 제도에서는 어려운 문제로 간주되고 있다. 즉 이러한 요구는 기본적인 특권, 주술적인 권리와 모순을 일으키는 것이기 때문이다.

소유권에 대한 도부에서의 격렬한 배타성은 얌의 상속적 소유권에 대한 사고 방식에서 가장 강하게 나타나 있다. 얌의 씨의 계통은 수수의 각 사람의 혈통에 흐르는 피처럼 확실하게 그 수수 안에서 전해 내려오고 있다. 얌의 씨는 부부의 밭에조차도 함께 심지 않는다. 부부는 각자 자기의 부모로부터 물려받은 얌의 씨가 심어진 밭을 배타적으로 경작한다. 그 얌의 씨는 자기 수수의 혈연 안

에서 개별적으로 은밀하게 전해지는 주술적인 주문에 의해 경작된
다. 오직 자기 혈통의 얌만이 자기 밭에서 자라나고 그 씨와 함께
전해 내려오는 주술적인 주문에 의해서 열매를 맺게 된다는 것이
그들 사회의 일반적인 통념이다. 실제로 관례상 허용되는 예외에
대해서는 나중에 말하게 될 것이다. 그러나 부부의 밭인 한에서는
결코 예외란 허용되지 않는다. 부부는 상호 독립적으로 이전의 수
확으로부터 씨를 소중하게 간직하고 조상 전래의 얌을 심으며 마지
막 수확까지 책임을 진다. 도부에는 먹을 것이 충분하지 못하기 때
문에 씨로 쓰는 데 필요한 얌을 보관하려면 심기 직전의 2-3개월간
은 굶지 않으면 안 된다. 도부 사회의 가장 큰 범죄는 자기의 얌
씨를 먹는 것이다. 그 손실은 결코 보충할 수 없다. 남편이나 아내
가 도와주려 해도 모계로 전해지는 얌이 아니면 자기 밭에서는 잘
자라지 않기 때문에 불가능한 일이다. 심지어 자기가 속해 있는 수
수까지도 얌 씨를 먹는 것과 같은 극악한 파계를 보충해주지는 않
는다. 밭에 심을 자기 얌을 먹을 정도로 타락한 자는 심지어 친척
들로부터도 지원을 받을 수 없는 나쁜 놈이 된다. 그는 도부 사회
에서 평생 동안 별 볼일 없는 존재가 되어버린다.

따라서 아내의 밭과 남편의 밭은 각각 별개일 수밖에 없다. 얌의
씨는 영구히 따로따로 소유되며 개별적으로 전승되는 별개의 주술
적 주문으로 재배된다. 부부 중 어느 한쪽이 실패한 경우 그것은
깊은 원한을 일으키고 부부 싸움과 이혼의 원인이 된다. 그러나 밭
일은 두 사람이 공동으로 한다. 밭은 집과 마찬가지로 부부와 아이
들의 공동 소유이고 거기에서 나오는 식량도 공동으로 사용하기 때
문이다.

사망으로 인하여 결혼 생활이 와해되거나 부부가 장기간 별거하
던 중 아버지가 죽게 되면 그 즉시로 아버지 마을의 모든 음식, 새
나 고기나 과일이 전부 자녀들에게는 엄격한 금기가 된다. 아버지
가 살아 있을 동안에만 그 자녀들은 그것을 먹어도 아무 탈이 없
다. 이것은 자녀들은 그 양친이 양육해야 한다는 사실에 대한 도부

문화의 최대의 타협점이라고 할 수 있다. 마찬가지로 아버지가 죽으면 그 자녀들은 아버지 마을로 들어가는 일이 금지된다. 즉 결혼에 의한 연대 관계라는 피할 수 없는 사정을 더 이상 고려하지 않아도 되면 그 즉시로 어머니 마을 사람들은 자녀들에게 혈연 관계가 끊어진 쪽(아버지 쪽/역자 주) 사람들과는 결코 접촉하지 못하도록 강요한다. 그 자녀가 성인이거나 노인일 경우 의례적인 교환을 위해서 아버지 마을로 음식물을 가지고 가지 않으면 안 되는 때가 있는데 이때에도 그들은 마을 입구에서 머리를 숙이고 같이 온 다른 사람들이 그 짐을 마을로 가져갈 동안 움직이지 않고 서 있는다. 그들이 돌아오면 자녀들은 행렬의 선두에 서서 어머니 마을로 돌아온다. 아버지의 마을은 "머리를 숙이는 곳"이라고 불린다. 죽은 배우자의 마을에 접근하는 일은 더욱더 엄격하게 금지되고 있다. 당사자는 그 마을에서 멀찍히 떨어진 곳에서 멈추거나 빙 돌아가는 길을 찾아내지 않으면 안 된다. 결혼에 의한 연대 관계에 부여되는, 그토록 불확실한 타협도 완전히 취소되고 이제는 더욱 엄격한 제한이 뒤따른다.

도부 인의 특징인 질투, 의심, 소유권에 대한 격렬한 배타성은 그들의 결혼에서 가장 잘 나타난다. 그러나 이 특징들을 완전히 이해하려면 다른 면에서의 그들의 생활 태도를 고려해야만 한다. 도부 인의 전존재를 관류하는 행동 동기는 이상하리만큼 제한되어 있다. 그것은 그 동기를 구체화시키는 문화의 여러 제도들의 일관성과 그것을 실천하는 지속성이 있기 때문에 특히 눈에 돋보인다. 그들에게는 편집광의 단순성이 몸에 배어 있다. 모든 생활은 필사적인 경쟁이고, 모든 이익은 상대방을 패배시켜야만 얻을 수 있다. 이 경쟁은 뒤에서 말하게 될 북서 해안 사람들과 같은 공공연한 적대감이나 당당하고 표면에 드러나는 대립은 아니다. 도부 인의 경우 그것은 은밀하고 배반적이다. 착한 사람, 성공한 사람이란 상대를 속여서 그의 지위를 가로채는 사람을 말한다. 도부 문화는 그러한 행동을 위해서 터무니없는 기교와 세심한 기회를 제공한다. 결국 도부 사회에서의 모든 존재는 그러한 목적에 의해서 지배되고 있는 것이다.

도부 사람의 소유권에 대한 격렬한 관심, 그것을 위해서 타인을 희생시키는 정도, 서로간의 의심과 악의는 그들의 종교에도 그대로 반영되어 있다. 도부 섬 주변의 오세아니아 지역 전체는 주술적 관습의 세계적인 중심지의 하나이다. 종교와 주술이 상호 배타적이고 적대적이라고 생각하는 종교학도들로서는 도부 인에게 종교가 있다는 것을 부정하지 않을 수 없을 것이다. 그러나 인류학적으로 보면 주술과 종교는 다함께 초자연을 그 대상으로 하는 보완적인 두 개의 수단이다. 즉 종교는 초자연적인 세계와 개인적인 관계를 맺고자 하는 그 바람을 조직화함으로써 성립하는 반면, 주술은 그러한 세계를 자동적으로 통어하는 기술을 사용하는 것이다. 도부 인은 초자연의 비위를 맞추려 하지 않는다. 즉 그들에게는 신과 기구(祈求)하는 자를 공고하게 결합시켜주는 공물이나 희생이 없다. 도부에 잘 알려진 초자연적인 존재는 몇개의 비밀스러운 주술적 명칭인데 이 이름을 알게 되면 명령하는 힘이 생긴다. 그것은 흡사 독일의 민간 설화에서 "룸펠스틸헨"(Rumpelstilchen : 독일 민간 설화에 나오는 요괴/역자 주)이란 이름을 발견할 때 힘이 계속 생기는 것과 흡사하다. 그러므로 많은 도부 인들은 초자연적인 존재의 이름을 모르고 있다. 어느 누구도 자기가 대가를 지불한 이름이나 조상으로부터 물려받은 이름 외에는 전혀 알지 못한다. 중요한 초자연적인 존재의 이름은 결코 큰 소리로 말하는 법이 없고 다른 사람이 들을세라 숨소리보다 작게 중얼거린다. 이 이름들과 관련된 모든 신앙은 종교적으로 초자연과의 비위를 맞춘다기보다는 오히려 이름 주술(name-magic)과 관계 있는 편이다.

모든 행동에는 그것에 적절한 주문이 있다. 도부 인들의 신앙 중에서 가장 놀라운 것의 하나는 생존의 분야는 어디를 막론하고 주술 없이는 아무 성과도 없다고 생각하는 신앙이 있다는 점이다. 주니 족의 생활에서는 종교와 무관한 면이 얼마나 많은가 하는 것을 이미 이야기한 바 있다. 그들에게 종교적인 의례란 기껏 비를 구하는 것이고 전통적인 교의(教義)의 과장을 인정한다고 하더라도 종교적인 기교가 마련되어 있지 않는 생존 영역도 많이 있었다. 뒤에 가서 쓰게 되겠지만 북서 해안 지방의 경우 종교적인 관행은 주민들의 생활의 중요한 활동인 지위 확립과 충돌하는 법이 거의 없다. 그러나 도부의 경우 사정은 정반대이다. 어떤 종류 어떤 결과라도 자신이 알고 있는 주술에 좌우된다. 얌은 얌의 주문 없이는 자라지 못하고 성적 욕망은 사랑의 주술(love-magic)이 없이는 일어나지 않으며 경제적 거래에서의 귀중품의 교환도 주술에 의해서 실현된다. 과일나무도 악의 있는 주문을 붙여두지 않으면 도둑맞기 십상이고 바람도 주술로 부르지 않으면 불어오지 않고 질병이나 사망도 축사(逐邪)나 흑주술 같은 책략 없이는 일어나지 않는다.

그러므로 주술적인 주문은 비교할 수 없을 정도로 중요하다. 성공을 탐하는 그 격렬함은 주술의 방식을 둘러싼 격렬한 경쟁에 잘 반영되어 있다. 주술 방식은 결코 공유되지 않는다. 주술을 특권으로 가진 비밀 결사는 존재하지 않는다. 주술을 모두에게 전승해주는 형제 집단도 없다. 심지어 수수 내부에서도 그 구성원이 주술의 힘을 다같이 향유할 수 있을 만큼 협동이 이루어지지는 않는다. 수수는 다만 주술의 엄격한 개인적인 상속을 가능하게 해주는 통로에 불과하다. 사람들은 자기 어머니의 남자 형제들에게 주술 방법을 가르쳐달라고 요구할 수 있다. 그러나 각각의 주문은 씨족 집단의 한 사람에게만 가르칠 수가 있다. 주문의 소유자가 자신의 자매의 두 아들들에게 그것을 가르치는 법은 절대로 없다. 따라서 주문의 소유자는 상속권을 가진 사람 중에서 임의로 한 사람을 선택할 수 있다. 대개의 경우 장남을 선택하지만 다른 아들이 자기와 더 가깝다든가 더 도움이 될 만하면 장남은 무시되며 그러한 경우에는 일체 보상도 없다. 그 장남은 평생 동안 얌과 경제적 교환의 주문 같은 중요한 주술 방식을 모르고 지내는 수도 있다. 그것은 핸디캡이다. 누구라도 그것을 지적하면 모욕이 되고 당사자로서는 항상 어찌할 수도 없는 것이다. 그러나 모든 남자와 여자는 몇개의 주문은 가지고 있다. 질병을 일으키는 주문과 사랑의 주문은 잘 알려진 것들이다. 요즘에는 집을 떠나온 노동자들이 상속을 무시하고 주문을 파는 일조차 있다. 4개월간의 계약 노동의 임금만 주어도 한 가지 주문은 살 수 있다. 그런데 이와 같은 교환의 주역은 백인의 하인들로서 어느 정도는 토착 문화로부터 소외된 자들이다. 그 지불 액수가 주문의 가치를 약간은 암시하고 있다.

포춘 박사가 살았던 조그만 테와라(Tewara) 섬의 도부 인들은 도부 섬의 백인 전도단과 폴리네시아 인 교사들이 밭을 경작할 수 있었다는 사실을 단호히 부정했다. 그들 말로는 주술 없이 그것은 불가능하다는 것이었다. 원주민들의 규범은 원주민들에게만 통용된다는 미개인 공통의 알리바이(alibi)를 도부 인들은 이용하지 않았던 것이다. 도부에서는 주술에 대한 신뢰, 오직 주술에 대해서만 신뢰가 너무나 강력하기 때문에 백인이나 폴리네시아 인들이 그 필연성으로부터 벗어날 수 있다는 것을 도저히 인정할 수 없다.

주술적인 주문의 소유권을 둘러싼 싸움은 어머니의 자매의 아들과 어머니의 남자 형제의 아들 사이에 격렬하게 벌어진다. 전자는 자기 어머니의 남자 형제들에게 주문에 대한 정당한 요구를 할 권리가 있고 후자는 집에서 아버지와 밀접한 관련을 맺고 밭일도 공통의 이해를 위하여 그와 함께 하기 때문에 마찬가지 요구를 해도 도부 족의 관습상 충분히 인정을 받을 수가 있다. 도부 족의 교의는 얨의 씨와 함께 대대로 씨족에게 전해 내려오는 얨 주술(yam-magic)만이 그 씨를 자라게 할 수 있다는 점을 항상 강조한다. 얨의 씨는 앞에 쓴 바와 같다. 그것은 결코 그 씨족과 떨어지지 않는다. 그러나 밭의 주문은 그 소유자의 아들에게도 가르치게 된다. 그것은 결혼에 의해서 생긴 집단의 힘을 은밀하게 인정하는 또 하나의 타협이다. 그러나 그것은 각 개인에게 배타적인 소유권을 보증해주는 도부 인의 교의에 명백하게 위배되는 것이다.

그 주문은 다음과 같다.

그것은 병원 개업처나 기업의 주식이나 귀족의 칭호 및 영지와 같다. 만약 어떤 의사가 동업자가 아닌 사업상 적대 관계에 있는 서로 다른 두 사람에게 자신의 유일무이한 개업처를 매각이나 유증을 통하여 양도한다면 그의 매매 행위는 법적으로 보장받기가 아주 어려울 것이다. 기업의 주식의 경우도 마찬가지이다. 봉건 시대에 어느 군주가 두 사람의 가신에게 동일한 칭호와 영지를 수여했다면 자기 문전에서 반란이 일어났을 것이다. 그러나 도부에서는 [두 사람의 상속자가] 동업자도 아니고 친구도 아니며 공동 재산을 공유하지도 않고 오히려 적대자가 될 가능성이 많을지라도 똑같은 행위가 충분히 합법적인 것이 된다. 즉 똑같은 주식이 두 사람에게 주어질 수 있다.

그러나 만약 그 아들이 아버지가 사망했을 때 자매의 아들보다 아버지의 주술을 더 많이 획득하게 되면 자매의 아들——도부 인의 정통적인 가르침에 따르면 적법한 소유자——은 그 아들에 대해서 자기 권리를 주장하고 그 아들은 무보수로 주술을 가르쳐주어야 한다. 그러나 이 대차 관계가 반대로 되어 있을 때 그 아들은 그와 같은 권리를 주장할 수 없다.

도부 족의 주술적 주문이 효과가 있기 위해서는 한자 한자가 정확해야 한다. 그래서 때때로 특정의 나뭇잎이나 나무는 그것이 상징하는 행위와 함께 주문에 사용된다. 그것은 대부분 공감 주술(sympathetic magic)의 예로서, 잎이 무성한 수초에 관해서 언급하여 새 잎이 돋아나온 얌이 그 무성함을 나타내도록 한다든가 강고사(gangosa)의 파괴성을 확실히 하기 위하여 코뿔새가 나무 그루터기를 쪼아대는 모양을 묘사하는 것 같은 기술에 의존하고 있다. 주술은 그 적의와 함께 어느 한 사람의 이득은 다른 한 사람의 손실이 된다는 도부 인의 사고 방식을 구체화시켜주고 있는데, 그 정도가 심한 것이 특히 주목할 만하다.

밭의 의식은 대지에 얌의 씨를 심을 준비를 할 때부터 시작되어
수확할 때까지 계속된다. 심을 때의 주문은 방금 심은 얌을 이미
거대하고 풍성하게 자란 것으로 묘사한다. 성장 초기에 필요한 주
문은 카팔리(kapali)라는 커다란 거미의 줄 치는 모양대로 덩굴풀
이 꼬이는 것을 묘사한다.

> 카팔리, 카팔리
> 빙글빙글 돌면서
> 그는 즐거이 웃는다.
> 나는 무성한 잎으로 어두워진 나의 밭과 함께 웃는다.
> 나는 나의 잎과 함께 웃는다.
> 카팔리, 카팔리
> 빙글빙글 돌면서
> 그는 즐거이 웃는다.

이 시기 동안에는 주술을 써서 얌을 감시하는 일이 전혀 없다.
주술에 의해서 도둑맞는 일이 없기 때문이다. 그러나 어느 정도 얌
이 자라면 자기 자신의 밭에 뿌리를 깊게 내리게 하는 일이 필요하
다. 왜냐하면 얌은 인간과 같은 것이어서 밤마다 이밭에서 저밭으
로 돌아다닌다고 믿어지기 때문이다. 덩굴은 밭에 남아 있지만 뿌
리는 어디론가 가버렸다가 아침녘에는 보통 되돌아온다는 것이다.
이런 이유로 인하여 얌은 보통 아침 일찍 캐지 않는다. 그때 하면
소용없다는 것이다. 얌이 돌아올 때까지 고분고분히 기다리지 않으
면 안 된다. 또한 얌이 자랄 때에는 너무 일찍 그 자유를 박탈하면
얌이 싫어한다. 따라서 경작의 주문(husbanding incantations)은
그 작물이 어느 단계의 성장에 도달한 후에야 시작된다. 이 주문은
방황하는 얌이 심어져 있던 밭에서 떨어져나와 자기 자신의 밭에
뿌리를 내리도록 유도하는 것이다. 도부 족의 밭일은 상속을 위한
싸움과 마찬가지로 경쟁적이다. 다른 사람이 자기보다 많은 수확을

거둘 수 있다거나 얨을 더 잘 재배할 수 있다고는 생각하지 않는
다. 이웃 사람이 조금이라도 자기보다 많은 수확을 거두면 그 사람
은 주술에 의해서 자기 밭이나 아니면 다른 사람의 밭에서 훔쳐갔
다고 의심을 받게 된다. 그래서 성장기에서부터 수확할 때까지 물
리적인 경계 수단이 밭에 세워진다. 타인의 얨을 자기 밭으로 끌어
오기 위해서 알고 있는 주문이 전부 동원되고 상대는 역주문(逆呪
文)으로 이웃 사람들의 주문에 대항한다. 이런 역주문은 얨 뿌리를
심어진 땅에 더욱 깊이 뿌리 박게 하고 수확기까지 이를 보호한다.

> 카시아라 나무[1]는 어디 서 있는가 ?
> 내 밭의 한가운데
> 내 집 축담에
> 그는 서 있다.
> 그는 꿈쩍도 않고 휘지도 않으며
> 요지부동이다.
> 나무를 베는 사람은 베고
> 돌을 던지는 사람은 던져도
> 그는 요지부동이다.
> 쿵쾅거리며 땅을 밟는 사람이 밟아도
> 그는 요지부동이다.
> 그대로 그대로 꿈쩍도 휘지도 않는다.
> 쿨리아 얨,[2]
> 그는 꿈쩍도 휘지도 않는다.
> 그는 내 밭 한가운데서
> 그대로 요지부동이다

---

1) kasiara palm : 숲에 있는 견고한 나무. 태풍에 다른 나무들은 다 쓰러져
   도 이 나무는 꿋꿋이 서 있다.
2) yam kulia : 얨의 한 품종. 이 시구는 다른 모든 품종에 반복되어 쓰인
   다.

밭의 프라이버시는 매우 존중되어서 부부가 밭 가운데서 성교를 하는 관습이 있을 정도이다. 풍작은 도둑질을 했다는 고백이다. 그 것은 위험스러운 주술에 의해서, 심지어는 자기가 속한 수수의 밭 에서 가져온 것으로 생각된다. 수확고는 세심한 주의를 기울여서 남에게 알리지 않으며, 그것을 말하는 것은 수확한 당사자에게 모 욕이 된다. 오세아니아 주변의 모든 섬에서 수확은 의식을 통하여 얌을 크게 전시할 수 있는 좋은 시기이며 연중 행사 중에서도 최고 조에 달하게 되는 화려한 퍼레이드이다. 그러나 도부에서는 도둑질 처럼 은밀한 가운데 수확이 이루어진다. 부부는 얌을 조금씩 조금 씩 창고로 운반한다. 수확이 많을 때는 혹시 누군가가 그것을 눈치 채지 않을까 겁을 먹는데 그들로서는 그럴 만한 이유가 충분히 있 다. 질병이나 사망이 생기는 경우 점쟁이는 그 재난의 원인을 풍작 의 탓으로 여기는 것이 보통이기 때문이다. 누군가가 그 풍작을 너 무나 시샘한 나머지 풍작을 거둔 그 밭 임자에게 주술을 걸었다고 생각하는 것이다.

질병의 주문은 그 자체가 적의를 가지고 있다. 테와라 마을에 살 고 있는 남자와 여자는 모두 한 개에서 다섯 개까지의 주문을 가지 고 있으며 모든 주문은 제각기 특정한 질병에 대한 것이다. 그리고 그 주문을 가지고 있는 사람은 역시 똑같은 질병을 제거하는 주문 도 가진다. 어떤 사람은 특정의 질병을 독점하고 있어서 그 사람만 이 그 병을 일으킬 수 있고 또한 치료할 수가 있는 것이다. 그러므 로 이 마을에서 상피병(象皮病)이나 연주창(連珠瘡)에 걸린 사람은 그것을 누구의 탓으로 돌리는 것이 좋은가를 알고 있다. 주문은 그 소유자에게 힘을 부여하기 때문에 그는 사람들에게 대단한 선망의 대상이 된다.

주문은 그 소유자에게 그 문화가 허용하는 한에서의 가장 명백한 적의의 표현 기회를 제공한다. 보통의 경우 그러한 표현은 터부이 다. 도부 인은 어떤 사람을 해치고 싶을 때 공공연히 도전하는 위 험은 저지르지 않는다. 그는 상대방에게 아첨하고 더욱더 우정의 표시를 한다. 주문의 효과는 친한 사이일수록 더 강해진다고 믿어지기 때문에 그는 배신의 기회를 기다리는 것이다. 그러나 적에게 자기의 질병의 주문을 걸고 자기 자매의 아들에게 주문을 가르칠 때에 그는 충분히 악의를 발휘할 수 있다. 그때는 적의 눈이나 귀가 미칠 수 없는 경우이므로 그는 가면을 벗어놓는다. 그는 상대의 배설물이나 적이 다니는 길에 덩굴풀을 놓아두고 거기에 주문을 불어넣고서, 상대가 그 덩굴풀에 스치는지의 여부를 확인하기 위하여 참고 기다린다. 주문을 불어넣으면서 그 축사자(逐邪者)는 적에게 걸고 있는 질병의 최후 단계의 고통을 예상하여 흉내를 낸다. 그는 땅에 엎드려 몸을 비틀고 경련을 일으키며 소리를 지른다. 이와 같이 주문의 효과를 충실히 재현한 뒤에라야 비로소 그 주문은 숙명적으로 정해진 작용을 하게 된다. 점쟁이는 만족을 한다. 상대가 그 덩굴풀을 스치면 점쟁이는 그 덩굴을 집으로 가져가서 바싹 마를 때까지 집에 놓아둔다. 적이 죽어도 좋다고 생각되면 그는 그것을 불에 태운다.

　　주문 자체는 거기에 수반되는 행위와 거의 마찬가지로 분명한 것이다. 주문의 행과 행 끝에는 저주의 대상을 향한 지독한 욕설이 들어 있다. 다음의 주문은 강고사라는 질병을 일으키는 것이다. 강고사는 그 병의 동물 수호신인 코뿔새의 이름에서 딴 것이다. 코뿔새는 그 거대하게 찢어진 부리로 나무 줄기를 쪼아 먹는데 강고사라는 병도 그와 같이 사람의 살을 파먹는다는 무시무시한 병이다.

　　시가시가에 살고 있는 코뿔새
　　로와나 나무 꼭대기에서
　　쪼고 또 쪼고
　　쪼아서 찢어발긴다.
　　코로부터
　　이마로부터
　　목구멍으로부터

궁둥이로부터
혀의 뿌리로부터
목 뒷덜미로부터
배꼽으로부터
잘록한 허리로부터
콩팥으로부터
창자로부터
쪼아서 찢어발긴다.
선 채로 쪼아댄다.
도쿠쿠에 살고 있는 코뿔새
로와나 나무 꼭대기에서
그[3]는 몸을 구부린 채 웅크리고 있다.
등을 괜 채 웅크리고 있다.
팔을 비틀며 웅크리고 있다.
콩팥에 손을 대고 웅크리고 있다.
두 팔을 꼬아서 머리를 거기에 처박은 채 웅크리고 있다.
몸을 두 겹으로 꼰 채 웅크리고 있다.
울면서 소리지르면서
그것[4]은 이쪽으로 날아온다.
더욱 빨리 이쪽으로 날아온다.

　　자신이 질병의 희생자라는 것을 알게 되면 그는 그 병을 준 사람
에게 심부름꾼을 보낸다. 그밖의 방법으로는 죽음에서 벗어날 수가
없다. 그 병을 고치거나 약화시키는 방법은 단 한 가지밖에 없다.
그것은 자기에게 질병의 주문을 불어넣은 바로 그 축사자가 가진,
그 질병을 쫓아낼 수 있는 제거 의식이다. 대개의 경우 질병을 제

---

3) 그 희생자를 말한다.
4) 주문의 무형(無形)의 힘을 가리킨다.

거시켜달라는 부탁을 받은 그 축사자가 직접 그 병자를 방문하지는 않는다. 대신 그는 병자의 친척이 가져온 물그릇에 저주를 제거하는 주문을 불어넣는다. 그 물그릇은 밀봉되며 환자는 자기 집에서 그 물로 목욕을 한다. 그러한 제거 의식으로는 죽음만은 간신히 면하게 되고 불구가 되는 경우가 생긴다고들 생각한다. 이러한 생각은 일반적인 풍토병은 대부분 사망을 가져오는 경우보다 불구가 되는 경우가 많은 사실을 반영해주고 있다. 외부에서 들어온 병, 예컨대 결핵, 홍역, 인플루엔자, 이질 등이 치명적인 것이라고 도부에 알려진 지가 비록 50년이나 되었지만 이런 병을 낫게 하는 주문은 없다.

도부 인은 이 질병들의 주문을 자유로이 그리고 독자적인 목적에 사용하고 있다. 물건이나 나무에 간단한 소유 표시를 하는 그들의 방법은, 주술을 통하여 자기 것이라고 할 수 있는 질병을 그 물건이나 나무에다 감염시키는 것을 말한다. 원주민들은 "저것은 알로의 나무다," "저것은 나다의 나무다"라는 말을 하는데 그 의미는 "저 나무는 알로가 제3기의 요우즈(yaws : 인도 마마/역자 주)의 주문을 걸어놓은 나무다," "저 나무는 나다가 마비시키는 주문을 걸어놓은 나무다"라는 뜻이다. 누구나가 다 그러한 질병의 주문의 소유자를 알고 있음은 물론 그러한 주문을 소유한 자는 누구나 그것을 소유 표시로 사용하고 있다. 그 나무로부터 과실을 얻을 수 있는 유일한 방법은 먼저 그 질병을 제거하는 것이다. 질병을 제거하는 주문의 소유권과 그것을 일으키는 주문의 소유권은 분리될 수 없으므로 나무에 걸어놓은 최초의 질병으로부터 본인이 안전해질 수 있는 방법도 항상 가능한 것이다. 애로 사항은 질병의 주술에 걸린 나무를 도둑맞을 가능성이 있기 때문에 역시 경계를 해야 한다는 점이다. 도둑은 그 나무에 제2의 질병을 주술에 의해 걸어놓는다. 그는 그 나무에 맨 처음에 걸려 있는 주문을 제거하지도 않고 자신이 가지고 있는 질병의 주문을 사용하는 위험한 모험을 한다. 그가 가지고 있는 주문으로는 그 나무를 감염시키고 있는 처음의 질병을 제거할 수 없을 경우도 있기 때문이다. 그는 조상으로부터 물려받은 질병 제거의 주문을 외면서 그 사이사이에 자기가 지금 그 나무에서 제거하려고 하는 질병의 이름을 언급하고 나중에는 자신이 가지고 있는 질병을 일으키는 주문을 그 나무에 건다. 그러므로 나무의 소유자는 수확할 때 과실과 함께 그 나무에 걸린 다른 질병도 거두어들이는 수가 있다. 질병을 제거하는 주문은 안전상의 이유 때문에 항상 복수형(複數型)으로 표현되며 그 형식은 다음과 같다.

　　그들은 날아간다.
　　그들은 간다.

　도부 인의 의심은 그 정도가 피해 망상증에 이르렀으며 따라서 역주문이라는 것은 항상 의심을 받는다. 실제로는 주문에 의해서 생기는 질병에 대한 공포심이 너무나 크기 때문에 기근이 든 경우가 아니면 그러한 사소한 절도 행위는 좀처럼 하지 않는다. 기근이 든 때에는 굶어죽지 않으려고 위험을 무릅쓰고라도 훔치게 된다. 소유물에 붙어 있는 질병의 주문에 대한 공포심은 사람을 압도한다. 그 주문은 멀리 떨어져 있는 나무에만 걸게 되어 있는데, 그것은 혹시 마을의 나무에 주문을 걸면 마을 전체가 파괴될지도 모르기 때문이다. 저주가 붙어 있음을 나타내는 마른 야자나무 잎을 마을의 나무 주위에 매달아놓은 것을 발견하면 마을 사람들은 모두 그곳을 떠나갈 것이다. 포춘 박사가 아직 강고사의 주문이 어떤 것인지 배우기 전에 어떤 잘 모르는 마을에서 자기 물품을 지키지 않고 그냥 놔두어도 다른 사람이 손을 못 대게 하기 위하여 마치 그 물품에 강고사의 주문을 걸어놓은 듯이 했을 때 시중을 들던 소년들은 그것을 보고 한밤중인데도 황급히 뛰어나갔다. 나중에 박사는 50-100미터나 떨어진 곳에 살고 있던 가족들도 그들의 집을 버리고 산속에 있는 집으로 옮겨갔다는 것을 알았다.

누구나가 소유하고 있는 어떤 특정의 질병에 대한 주문에는 질병에 걸리게 하는 힘이 머무르지 않는다. 강력한 축사자들은—— 모든 남자들은 축사자들이기 때문에 오히려 강력한 남자들이라고 하는 것이 좋을 듯하다—— 한층 더 극단적인, 바다(vada)라고 하는 수단을 가지고 있다. 그들은 직접 희생자 자신과 마주 설 수가 있다. 이 축사자의 저주는 너무나 무시무시한 것이라서 희생자는 온 몸을 뒤틀면서 땅에 쓰러져 두번 다시 제정신을 회복하지 못하며 몸이 쇠약해지고 운명에 정해진 대로 죽어갈 수밖에 없다. 이와 같은 저주를 가하기 위해서는 축사자는 기회를 기다려야 하고 때가 오면 많은 양의 생강을 씹는다. 이것은 적당한 한도까지 자기 주문의 힘을 높이기 위하여 자신의 몸을 덥게 하기 위함이다. 또한 그는 성교도 하지 않아야 한다. 그는 목구멍을 바싹 말리기 위하여 바닷물을 많이 마신다. 그렇게 해야 자기의 침과 함께 자기 자신의 저주의 주문을 삼키지 않게 된다는 것이다. 그런 다음 믿을 만한 친척 한 사람의 도움을 얻어서 아무것도 모르는 희생될 상대가 혼자서 일하고 있는 밭 가까이에 있는 나무 위에 올라가 있는다. 축사자는 희생자의 얼굴을 볼 수 있는 지점까지 소리내지 않고 기어간다. 피도 얼어붙게 만드는 축사자의 고함을 듣고 희생자는 그만 땅에 쓰러진다. 그들의 말에 의하면 축사자는 주문을 붙인 끈끈이 주걱 같은 것으로 희생자의 내장을 끄집어내고는 아무 흔적도 없이 그 상처를 닫아버린다는 것이다. 그는 "네 이름을 말해보아라" 하고 희생자를 세번씩이나 시험해본다. 그 희생자가 아무도 식별할 수 없거나 이름도 댈 수 없으면 축사자는 성공했다는 증거가 된다. 희생자는 아무 뜻도 없는 말을 중얼거리고 헛소리를 지르며 달려간다. 그는 두번 다시 밥도 먹지 못하며 아무 데서나 오줌을 싸고 대변에도 이상이 생긴다. 힘도 점점 없어지고 결국에는 죽는다.

이 설명은 필자가 잘 아는 믿을 만한 원주민이 해준 것이다. 원주민들의 이러한 믿음은 축사자와 정면으로 맞부딪친 후 시름시름 죽어가는 사람들의 경우를 관찰해보면 그 증거를 볼 수 있다. 바다라는 수단을 통해서 도부 인들은 자신의 관습에서의 증오와 그것이 최후에 나타낼 수 있는 공포를 극단적인 형태로 강조하고 있다.

지금까지 우리는 도부 인들의 경제적인 교역에 대해서 언급을 피해왔다. 멜라네시아의 대부분을 지배하고 있는 상호간의 상업적인 거래에 대한 끝없는 정열은 도부에서도 역시 마찬가지로 존재한다. 모든 도부 인들의 마음 한가운데에는 성공에 대한 열렬한 소망과 성공에 대한 격렬한 분개가 있는데 이것은 주로 두 분야에서 찾아볼 수 있다. 하나는 물질적인 소유의 분야이고 또 하나는 성의 분야이다. 축사도 이 두 가지와 같이 소망과 분노의 대상이 되는 또 하나의 분야이기는 하지만 이들과 관련지어볼 때 축사는 목적이라기보다는 오히려 수단, 즉 기본적인 행위에서의 성공을 얻게 하고 그것을 방어하기 위한 수단인 것이다.

도부와 같이 배반과 의심이 판을 치는 사회에서, 물질적인 의미에서의 성공이란 우리의 문명에서 인정되고 있는 경제적인 목적과 비교해볼 때 반드시 많은 모순이 있다. 재물의 축적은 애당초부터 배제된다. 심지어 타인이 눈치채고 밭 임자가 결코 인정하지 않는 풍작이란 치명적인 주술이 행사될 절호의 기회가 되는 것이다. 마찬가지로 의식적으로 자랑하는 것도 금지된다. 이상적인 상업의 테크닉이란 모든 사람의 손을 거치기는 하지만 영구적인 소유물로 남아 있지 않는 통화(通話) 시스템이다. 도부에서 볼 수 있는 것은 바로 그러한 시스템이다. 이 섬들의 생활은 대략적으로 말해서 직경 약 240킬로미터의 원 안에 있는 열두 개의 섬을 포함한 지역에서 이루어지는 국제적인 교역이 정점이 된다. 이들 제도는 쿨라 링(Kula ring)을 형성하고 있다. 쿨라 링에 대해서는 말리노프스키 박사도 도부의 북쪽에 있는 거래 상대인 트로브리안드 제도에 관해서 이야기할 때 기술했다.

쿨라 링은 도부 인들의 문화 통합보다 더 널리 퍼져 있으며 거기에 참여하고 있는 다른 문화는 이 교역 과정에 다른 동기와 만족을 부여하고 있음이 틀림없다. 도부 인들이 자체의 나머지 문화적인 양식과 깊이 밀착시키고 있는 이 쿨라의 특이한 관습은 반드시 현재 도부의 관습과 결합되어 있는 양식들이나 동기들에서 비롯된 것은 아니다. 우리는 다만 도부 인들의 교역에 대해서만 논의하고자 한다. 트로브리안드 제도를 제외하고는 다른 섬들의 쿨라의 관습에 대해서는 아는 바가 없기 때문이다.

쿨라 링은 섬들의 한 고리로서 그 주변에서 1년에 두번씩 어떤 종류의 귀중품은 어떤 방향으로 교역이 진행되고 다른 귀중품은 또 다른 방향으로 교역이 진행되는 것을 말한다. 각 섬에 사는 남자들은 광활한 바다를 건너서 긴 항해를 하는데 조개 목걸이를 실었을 때는 시계 바늘이 도는 것과 같은 방향으로, 조개 팔찌를 싣게 되었을 때는 그 반대 방향으로 나아간다. 어느 방향으로 가든 목적지에는 교역 상대가 있기 마련이고 각자는 모든 가능한 수단을 통하여 이익이 있는 거래를 한다. 결과적으로 귀중품은 완전히 원을 그리게 되고 새로운 귀중품도 추가될 수 있음은 물론이다. 조개 팔찌와 목걸이는 모두 개인의 이름이 붙어 있고 어떤 것들은 그 유명도에 비례하여 전통적으로 더할 수 없이 높은 값이 매겨진다.

이 관습은 그 교역 과정의 형식적인 양식에서 볼 때 느껴지는 것처럼 그다지 기이한 것은 아니다. 멜라네시아와 파푸아의 대부분 지역에서는 그 지방의 전문적인 가공업이 구석구석 번성하고 있다. 쿨라 링 안에서는 어떤 사람은 녹옥(綠玉)에 광을 내고 어떤 사람은 카누를 만들고 또 다른 사람들은 도기를 만들거나 목각(木刻)을 하고 심지어는 도료를 섞는 일을 하는 사람도 있다. 이들 모든 물품의 교환은 주요한 귀중품의 의례상 교환이라는 핑계하에 행해진다. 상호 교환에 대한 열의가 크게 장려되는 지역의 쿨라 안에서 제도화된 의식적인 거래의 조직도, 그러한 조직을 가지지 않은 문화에서 온 관찰자가 생각하는 만큼 그렇게 극단적인 것을 보이지는 않는다. 조개 팔찌와 목걸이가 이동하는 방향도 외관상으로는 자의적인 것 같으나 그것조차도 그 근저에는 절박한 사정이 있는 것이다. 조개 팔찌는 트로커스(trocus) 조개로 만드는데 이 조개는 쿨라

링의 북쪽 지역에서만 발견되는 것이다. 그리고 목걸이는 스폰딜러
스(spondylus) 조개로 만드는데 이 조개는 남방 지역으로부터 쿨라
의 최남단의 제도로 수입된다. 그러므로 쿨라 링의 서부 제도의 교
역——동부보다 많다——에서는 북부의 귀중품은 남부로 가고 남
부의 귀중품은 북으로 간다. 오늘날의 귀중품은 오래되고 전통적인
것과 함께 중요성이 거의 없는 새로운 수입품도 포함된다. 그러나
그 양식은 그대로 남아 있다.

 해마다 도부 인은 얨을 심고 난 뒤부터 그것을 주문으로 방비하
지 않으면 안 되는 시기 전까지의 농한기에 카누로 북쪽과 남쪽으
로 쿨라의 원정을 나간다. 모든 남자들은 북쪽에서 그가 받을 쿨라
의 귀중품과 교환하기로 한 남쪽의 쿨라의 귀중품을 가지고 있다.

 쿨라의 교역의 특징은 각 섬은 그 상대 섬에 귀중품을 받으러 간
다는 사실에 있다. 항해를 하는 섬 사람들은 간청하여 선물을 받고
귀중품도 받으며 나중에 상대 섬 사람들이 방문해오면 자기들이 소
유하고 있는 것으로 되갚아줄 것을 약속한다. 그러므로 쿨라의 교
역은, 모든 사람들이 자기의 귀중품을 펼쳐놓고 서로 받아들일 만
한 교환이 이루어지도록 교섭을 하는 것과 같은 시장 거래가 아니
다. 각 사람들은 간청을 위한 선물과 약속을 토대로 하여 자기의
목적물을 받는다. 그 약속이란 자기가 이미 소유하고 있으나 집에
다 놓고 온, 적당한 시기에 주려고 준비해두고 있는 귀중품에 관한
것이라고 생각된다.

 쿨라는 집단 교역이 아니다. 각자는 저마다 자신의 상대에게 온
갖 형태로 구애의 말을 하여 개인적으로 거래한다. 쿨라에서 성공
하기 위해서 사용되는 주문은 사랑의 주문(love-charm)이다. 이 사
랑의 주문은 마술적으로 상대방에게 작용하여 청원자의 구애에 상
대가 호감을 가지게 한다. 그것은 청원자의 몸매를 말할 수 없이
매혹적으로 보이게 하고 피부를 곱게 하며 피부에 있는 백선(白
癬 : 전염성 피부병의 일종/역자 주) 자국을 말끔히 없애주며 입을
붉게 그리고 향료와 같은 냄새가 그의 몸에서 풍겨나게 하여 상대

를 꼼짝 못하게 한다. 도부 인의 터무니없는 관념에 의하면 오직 육체적인 정열에 맞먹는 것만이 귀중품의 교환을 평화적이고도 유리하게 할 수 있게 보장한다는 것이다.

카누 화물의 소유자들은 간청용 식료품과 공예품을 한데 모은다. 카누 임자와 그 아내만이 항해하기 전에 주문을 사용한다. 그밖의 다른 모든 주문은 쿨라가 실제로 행해질 때까지 사용되지 않는다. 카누의 임자는 새벽에 일어나 귀항할 때 귀중품을 덮게 될 멍석에 주문을 걸어 그 멍석이 높다랗게 쌓은 부를 안전하게 덮어줄 것을 주술의 힘으로 빈다. 아내도 남편의 원정의 성공을 기리는 데 사용해야 할 주문을 가지고 있다. 그것은 남편이 번개처럼 바다를 건너오고, 남편이 거래 상대의 몸뿐만 아니라 아내와 자식들의 몸에도 위대한 남자, 즉 자기 남편의 꿈으로 가득 차서 몸이 떨리는 열정을 불러일으키게 되기를 바라는 주문이다. 그러나 모든 준비가 완결되고 아무리 항해하기 좋은 바람이 불고 있다 하더라도 그날의 나머지 시간에는 의식상 정박을 하지 않으면 안 된다. 이 의식상의 정박은 아무도 살지 않는 황량한 바닷가, 여자, 아이들, 개 및 일상 생활의 곤란한 일들로부터 일체의 접촉이 있을 수 없는 곳에서 행해져야 한다. 그러나 카누가 남쪽으로 향할 때에는 그런 의식을 하기에 적당한 섬이 없다. 그리하여 되돌아가 사실과는 정반대로 바람 때문에 항해를 할 수 없다고 말한다. 이것은 의례적인 의심의 한 형식으로서 이 절차를 빼먹는 일은 결코 허락되지 않는다. 다음날 아침 카누의 소유자는 다른 때에는 결코 사용하지 않는 그의 두 번째 주문을 읊으면서 카누에 짐을 싣는다. 심지어 이 주문에서도 그의 처가 읊던 이전의 주문과 마찬가지로 자기 자신을 뛰어난 존재로 부른다. 그는 간청용 선물로 준비한 음식물을 주술에 의해서 쿨라의 귀중품으로 변하게 하고, 그들이 만나러 가려고 하는 교역상대가 흡사 또다시 보름달을 기다리듯이 그들의 도착을 기다리면서 자기네 집 축대 끝에 서서 귀중품과 카누의 소유자 자신을 지켜보고 있는 것으로 묘사한다.

도부 인은 항해를 잘하는 족속이 아니라서 사주(砂洲) 근처로 항해하면서 밤마다 그곳에 상륙한다. 쿨라를 여행하는 계절에는 오랫동안 기온이 온화하다. 그들은 바람의 주문을 사용하여 그들이 바라는 북서풍을 부른다. 그들은 북서풍이 멋진 판다누스(pandanus) 잎으로 된 배의 돛과 혼인을 하여 몸가짐이 옳지 못한 낭군(돛)을 꼭 붙들어 다른 사람이 남편을 훔쳐가지 못하도록 북서풍에게 빨리 오라고 읊어댄다. 그들은 다른 세상사와 마찬가지로 바람도 주술에 의해서 일어난다고 믿는다.

마침내 카누가 목적지인 섬에 도착하면 그들은 한 불모의 산호초를 선택하여 거대한 쿨라의 예비 의식을 거행하기 위해서 상륙한다. 각자는 주술과 개인적인 장식을 이용하여 최대한으로 자신을 아름답게 꾸민다. 진정한 도부 인의 방식에 의하면 주문은 사유 재산이다. 따라서 각자는 엄격하게 자신의 개인적인 이익을 위하여 자기의 주문을 사용한다. 주문을 모르는 사람들은 가장 불리한 처지에 놓이게 된다. 그들은 스스로 고안해낸 것과 같은 대용품을 사용하여 자신의 힘으로 그럭저럭 때워나가지 않으면 안 된다. 사실 이들 주문의 소유는 엄격한 비밀로서 신성 불가침이기 때문에 각 카누에 탄 사람들은 그들 중 누가 주문을 가지고 있는지 알지 못한다. 그러나 의식을 거행하는 경우에는 주문을 알고 있는 사람들이 가장 규모가 큰 쿨라의 교환을 할 수 있다. 주문을 아는 사람들은 자신감이 있기 때문에 다른 동료들보다 한결 유리한 입장에 선다. 주문을 알고 있는 사람과 모르는 사람 모두 다 쿨라의 시작에 대비하여 몸에 여러 장식을 한다. 즉 그들은 구혼할 때 사용되는 향내 나는 잎으로 몸에서 향기가 풍기게 하고 신선한 잎으로 음부를 가리고 얼굴과 이에 색을 칠하고 몸에는 코코넛 기름을 바른다. 그렇게 해서 그들은 상대방 앞으로 나아갈 준비를 갖추는 것이다.

사람들의 거래는 개인적인 일로서 행해진다. 교활한 거래는 중요하며 높이 평가되고 있다. 인생살이에서 자신을 위협하는 위험한 존재는 가장 가까이 사귀고 있는 사람이라는 도부 인의 신조에 걸

맞게 쿨라의 교역에서 성공한 자에 대한 보복은, 교역에서 성공하
지 못한 카누의 동료이거나 아니면 적어도 자기와 같은 지방에서
온 사람에 의해서 이루어진다. 따라서 그것은 다른 지방과의 사이
에서 해결해야 할 문제가 아니다. 쿨라의 귀중품에 대해서는 "많은
사람들이 그것 때문에 죽었다"는 호메로스의 시구와 같은 것이 이
야기되고 있다. 그러나 죽음은, 예컨대 트로브리안드 제도의 사람
들에 대한 도부 인의 혹은 도부 인에 대한 투베투베(Tubetube) 남
자들의 분노같이, 교역에서 난폭해진 상대방의 분노 때문에 야기되
는 것은 아니다. 죽음은 항상 성공한 도부 인에 대한 같은 마을의
실패한 도부 인에 의해서 일어났다.

　악감정을 일으키는 가장 큰 원인은 와부와부(wabuwabu)라고 알
려진 교활한 교역 관행이다.


　　와부와부를 한다는 것은 북쪽의 집에 남겨두고 온 하나의 조
　개 팔찌를 담보로 하여 남쪽의 여러 지역으로부터 스폰딜러스
　조개의 목걸이를 많이 획득하는 것이다. 혹은 그 반대로, 소유
　하고 있는 하나의 귀중품을, 간청하여 획득한 선물의 답례로서
　많은 사람들에게 주겠다고 약속하고, 충분한 담보가 될 수도
　있는 것을 담보로 하여 북쪽으로부터 많은 조개 팔찌를 얻는
　것을 말하기도 한다. 이것은 교활한 교역 관행이기는 하나 전
　적으로 신용 사기라고 할 수는 없다.
　　"만약 테와라의 키시안(Kisian of Tewara)인 내가 트로브리
　안드 제도에 가서 도마뱀의 감독(monitor lizard)이라는 조개
　팔찌를 입수했다고 가정해보자. 그러면 나는 사나로아(Sanar-
　oa)에 가서 네 마을에서 나중에 도마뱀의 감독이라는 팔찌를
　주겠다고 약속하고서는 네 개의 다른 조개 목걸이를 입수한다.
　나, 키시안은 약속을 반드시 지킬 필요는 없다. 나중에 네 사
　람의 남자가 테와라의 나의 집에 나타나 모두 도마뱀의 감독이
　라는 팔찌를 받으리라 기대하지만 실제로 그것을 얻을 사람은

한 사람뿐이다. 그러나 나머지 세 사람이 언제까지나 사기당하는 것은 아니다. 그들은 분명히 화를 낸다. 그리고 그해 일년 간은 교역이 중단된다. 그 다음해 나, 키시안이 다시 트로브리안드 제도에 가면 내게 네 개의 조개 팔찌를 주는 사람들에게 내 집에는 네 개의 목걸이가 임자를 기다리고 있다고 말할 것이다. 나는 이전에 얻었던 것보다 더 많은 조개 팔찌를 획득하여 일년 전의 빚을 갚는다."

"도마뱀의 감독이라는 팔찌를 획득하지 못한 그 세 남자는 우리 마을인 테와라에서는 불리한 입장이므로 어쩔 수 없다. 후에 그들이 자기 마을로 돌아가면 내게서는 너무 멀리 떨어지므로 그들은 더 이상 내게 위험한 존재가 될 수 없다. 그들은 십중팔구 도마뱀의 감독이라는 조개 팔찌를 획득하는 데에 성공한 자기네의 경쟁자를 주문을 사용하여 죽이려고 할 것이다. 이것은 충분히 있을 수 있는 일이다. 그러나 그것은 어디까지나 나와는 관계없는 일이다. 나는 그들과의 교역을 일년간 중단하고도 나의 교역을 확대했으므로 위대한 남자가 되었다. 나는 너무 오랜 동안 그들과의 교역을 중단할 여유는 없다. 그렇지 않으면 두번 다시 어느 누구도 나의 교역을 신용하려 하지 않을 것이다. 결국 나는 정직한 셈이다."

와부와부를 성공적으로 한다는 것은 도부 인들 사이에서는 가장 부러워할 만한 위대한 업적의 하나이다. 쿨라의 위대한 신화적인 영웅은 와부와부의 달인(達人)이었다. 도부의 모든 관습이 그렇듯이 그것도 타인의 손실을 희생으로 하여 자기 자신의 이익을 구하는 것을 강조한다. 즉 타인을 희생시키는 상황 속에서 개인적인 이익을 거두는 것을 허용하고 있다. 쿨라만이 인간이 위험을 무릅쓰고 와부와부를 할 수 있는 유일한 경우는 아니다. 와부와부라는 말은 결혼 때의 교환에서 타인을 희생시키는 일도 포함하고 있다. 약혼 기간 동안 양가의 마을 사이에서 일어나는 일련의 지불은 상당한 재산에 달한다. 모험을 좋아하는 남자는 경제적인 이익을 거두기 위하여 약혼하는 수도 있다. 교환의 부담이 일방적으로 자기 쪽으로 치우칠 때 그는 약혼을 취소한다. 배상은 없다. 그러한 방법으로 결혼을 회피하는 사람은 자기의 주술이 자기에게 모욕을 당한 마을의 주술보다 더 강함을 증명하는 셈이 된다. 물론 상대방의 마을은 그의 생명을 노릴 것이다. 그러나 그는 선망의 대상이 된다.

이 후자의 예에서 보는 와부와부는 쿨라에서의 와부와부와는 다르다. 그 이유는 교환 그 자체가 같은 지방내에서 일어나는 것이기 때문이다. 이 집단 내부의 관계에서 분리될 수 없는 적의는, 쿨라에서와 같이, 같은 카누를 타고 여행하는 상업상의 동료들 사이에 불화를 일으키는 대신에 그 두 집단으로 하여금 교환에서 상호 대립하게 한다. 이 두 경우의 와부와부는 지역 공동체의 타인을 이용한다는 사실을 공통적으로 가진다.

지금까지 논의한 여러 가지 태도들, 즉 결혼, 주술, 농경 및 경제적 교환에 포함되어 있는 태도들은 죽음을 맞이했을 때 취하는 행동에서 가장 강하게 표현된다. 포춘 박사의 말에 의하면, 도부인은 "죽음을 받아드릴 때는 흡사 매를 맞을 때처럼 움츠러든다." 그리고는 즉시 어떤 희생자를 찾는다. 도부 인의 신조에 걸맞게도 희생자는 죽은 자와 가장 가까운 곳에 있는 사람이다. 즉 배우자가 그 희생자가 된다. 그들의 믿음에 의하면 잠자리를 함께 하는 사람이야말로 죽음에 이르는 병에도 책임을 져야 할 사람이다. 남편은 질병을 일으키는 주문을 사용하고 아내는 흑주술을 한다. 여자도 질병을 일으키는 주문을 알지만 남자들은 병을 일으키는 주문의 힘의 특별한 형태를 항상 여자의 탓으로 돌린다. 관습에 의하면 죽음과 황폐는 보통 여자들의 탓이라고 말해진다. 점쟁이가 살인자를 결정하기 위해서 불려오면 그는 이 관습에 구애받지 않고 여자와 마찬가지로 남자도 그 죽음의 원인이라고 말하는 경우가 자주 있다. 이 관습은 의도적인 살인보다는 오히려 남녀의 대립을 보다 충실하게 반영하고 있다고 보아야 할 것이다. 어쨌든 남자들은 특수한 기술을 가진 흉악함을 여자의 힘으로 돌린다. 기묘하게도 빗자루에 올라탄 흑주술사에 관한 유럽의 전설과 유사하다. 도부의 흑주술사들은 자기 몸을 남편 곁에서 잠자도록 내버려두고는 사건을 일으키려고 —— 남자가 나무에서 떨어지거나 카누가 정박해 있다가 표류하는 것 등은 날아다니는 이 흑주술사 탓이다 —— 공중으로 날아오르거나 적의 영혼을 빼내어 약해져서 죽어가도록 만든다. 남자들은 그 여자들의 이러한 활동을 대단히 무서워한다. 트로브리안드 섬의 여자들은 흑주술을 부리지 않는다고 믿기 때문에 트로브리안드에 가면 남자들은 집에서 볼 수 없었던 자신만만한 태도를 취한다. 그러나 도부에서는 아내도 남편을 무척 두려워하지만 적어도 그 정도로 남편도 아내를 두려워한다.

부부 중의 어느 한쪽이 중병에 걸렸을 경우에 만약 그들이 그해에 병에 걸리지 않은 배우자의 마을에 살고 있다면 즉시 병에 걸린 배우자의 마을로 이사를 하지 않으면 안 된다. 가능하면 죽음은 자기의 본래 마을에서 맞이해야 한다. 따라서 배우자를 여윈 사람은 유족의 수수의 지배하에 들어간다. 그는 그 마을의 적이고 상대방의 자격에 상처를 입힌 흑주술사나 축사자가 되는 것이다. 고인의 수수는 고인의 시체 주위에 견고한 방어선을 친다. 수수의 일족들만이 시체에 손을 댈 수 있고 장례 일을 거행할 수 있고 그들만이 장례식에서 곡(哭)을 할 수 있다. 살아남은 배우자는 이러한 장례 절차가 행해지는 장소에서 아주 철저히 배제되며 그 모습이 눈에 띄어서도 안 된다. 죽은 사람은 집의 축대 위에 안치되며 혹시 그가 부자인 경우에는 시체를 귀중품으로 아름답게 꾸민다. 만약 그가 밭일을 잘하는 사람이었다면 시체 주위에는 커다란 얌이 놓인다. 모계의 친척들은 전통적으로 아주 목청을 높여서 곡을 한다. 그날 밤이나 아니면 그 이튿날 아침에 고인의 자매의 아이들은 시체를 장지로 운반한다.

죽은 사람의 집은 텅 빈 채 방치된다. 다시는 그 집을 사용하지 않는다. 그 집의 축대 아래에는 주름 있는 멍석이 담처럼 둘러쳐지고 그 마을의 주인들은 그 안으로 죽은 사람의 배우자를 인도한다. 배우자의 몸은 숯으로 검게 칠해지고 상장(喪章)의 표시인 검은 고리 모양의 새끼줄이 목 둘레에 걸려진다. 그는 장례 후 처음 한두 달 동안은 어두컴컴한 장막 안의 땅에 앉아서 지낸다. 그후 그는 장인 장모의 감독을 받으며 밭에서 일을 한다. 그것은 약혼 기간 동안에 하던 일과 같다. 또한 그는 죽은 아내의 밭과 그녀의 형제 자매의 밭에서도 일을 한다. 품삯은 전혀 받을 수 없으며 자기 자신의 밭은 자기의 형제 자매가 대신 경작해야 한다. 그는 웃어서도 안 되고 음식물의 교환에 참여해서도 안 된다. 묘지에서 두개골을 꺼내어 고인의 자매의 아이들이 그것을 가지고 춤을 출 때 그는 그들을 쳐다보아서도 안 된다. 그 두개골은 그 자매의 아들이 간직하고 영혼은 의식에 의하여 고인의 땅으로 보내진다.

　그의 상(喪) 기간 동안 그 남자의 친족은 그의 밭일만 해야 하는 것이 아니라 그보다 훨씬 더 무거운 부담도 진다. 즉 매장이 끝난 후 그들은 고인의 마을로 자매의 아들에게 요리된 얌을 보내고 요리하지 않은 얌도 대량으로 선물한다. 이 후자의 선물은 죽은 사람의 마을에 전시되고 그 마을에 있는 죽은 사람의 친족들에게 분배되는데 수수의 구성원들은 그중에서 많은 몫을 받는다.

　미망인도 이와 비슷하게 죽은 남편의 친족들에게 예속된다. 그녀의 자녀들에게는 특별한 의무가 부과된다. 즉 그해 내내 그들은 바나나와 타로(taro) 토란의 가루로 음식물을 장만하여 고인의 수수에게 갖다 바치지 않으면 안 된다. 그것은 "아버지에 대한 보답을 하기" 위함이었다. "아버지는 우리를 안아주시지 않았던가?" 그들은 국외자로서 그들이 속하고 있지 않은 아버지의 가까운 친족 집단에게 대가를 지불한다. 그것은 특히 자기들을 너그럽게 보아준 친족 집단의 한 사람에게 보답하기 위한 것이다. 그들은 의무를 이행하고 있는 것이기 때문에 이 일에 대해서는 보수가 전혀 없다.

　생존해 있는 배우자가 그 예속에서 벗어나려면 고인의 친족에게 자기 자신의 친족이 보다 많은 지불을 해야 한다. 그들이 요리하지 않은 얌의 선물을 예전과 같이 또 가져오면 고인의 친척들은 상장의 새끼줄을 끊어주고 몸에서 검정숯을 씻어준다. 춤이 벌어지고 그의 친척들은 그를 다시 마을로 인도함으로써 고행의 기간은 끝이 난다. 그는 다시는 사별한 배우자의 마을에 들어가지 않는다. 상중의 고행에서 풀려난 쪽이 남자일 경우에 물론 그의 자녀들은 모계의 진정한 친족 마을에 남게 되고 그들의 아버지는 다시는 그 마을에 들어가지 않는다. 상이 끝날 때 부르는 노래는 아버지와 자녀 사이의 고별을 축하하는 것인데 이 고별은 그들의 의무로 되어 있다. 노래는 고행의 마지막 날을 맞은 아버지에게 하는 것이다.

> 누운 채 잠을 깨라, 누운 채 잠을 깨라 그리고 말하라,
> 이 한밤중에.
> 우선 누운 채 잠을 깨라 그리고 말하라,
> 누운 채 잠을 깨고 말하라.
>
> 마이우르투, 네 시커먼 몸은 아래에 있는
> 뫄니와라로 더러워져 있구나.
> 새벽은 밤의 어둠을 깨뜨린다.
> 우선 누운 채 잠을 깨고 말하라.

마이우르투는 떠나야 할 마을에서 자기 자녀들과 이야기할 수 있는 마지막 밤을 남겨놓고 있는, 아내와 사별한 홀아비를 말한다. 내일이면 숯검정이 칠해진 그의 몸은 씻겨질 것이다. "새벽이 밤의 어둠을 깨뜨리듯이" 그의 몸도 다시금 숯검정을 벗게 될 것이다. 그와 그의 자녀들은 두번 다시 함께 이야기하는 일도 없을 것이다.

두 배우자의 각각의 씨족들만이 상중의 상호 비난에 관여하고 있는 것은 아니다. 생존한 배우자는 전통적인 양식에 의하여 고인의 죽음에 책임을 져야 하는, 고인에 적대적인 마을을 대표한다. 뿐만 아니라 그는 고인의 마을에 결혼해서 들어온 모든 사람들의 대표가

된다. 앞서 말한 바와 같이 결혼하여 들어온 사람들의 집단은 가능한 한 여러 마을에서 온 사람들이다. 그 까닭은 한 마을이 똑같은 마을을 상대로 하여 혼인 관계를 여러 번 맺는 것은 어리석은 방법으로 간주되기 때문이다. 이 마을의 소유자들의 배우자들은 만약 그들의 결혼이 지속된다면 언젠가는 결국 지금 상중의 고행을 치루고 있는 배우자와 같은 꼴이 된다. 초상을 당한 초기에 그들은 마을의 소유자들의 과일 나무에 접근을 금지하고, 심지어는 크게 화냈다는 것을 나타내기 위해서 그중 몇 그루를 자를 수 있는 권리를 가진다. 이 터부를 제거하기 위해서 그들은 몇 주일이 지난 후 창으로 무장을 하고 전쟁에서 적의 마을을 압도할 때 하는 것처럼 마을을 습격한다. 그들은 큰 돼지 한 마리를 운반해 와서는 고인과 가장 가까운 친족의 집 앞에다 내동댕이친다. 그들은 마을의 빈랑 나무에 벌떼같이 와락 달려들어 열매를 몽땅 따버리고, 마을 사람들이 무슨 일이 일어났는지 미처 알기도 전에 달아나버린다. 이 두 가지 습격은 언젠가는 상중의 고행을 강요할 집단에 대한 분노의 의례적인 표현이다. 살진 멧돼지는 전통적으로 인간의 희생물이다. 어쨌든 마을 사람들은 일단 그 침입자들이 보이지 않게 되면 그 멧돼지를 보고 광분하여 날뛴다. 그 놈은 요리가 되어 배우자의 모든 마을에 제공되는 연회의 기본 재료가 된다. 그것은 일종의 선물과 같은 요리 음식인데 가능한 한 가장 모욕적인 방법으로 제공된다. 요리를 제공하는 측은 액체의 돼지 기름을 대접받는 마을의 존경받는 연장자 머리 위에 들어붓는다. 노인은 그 기름으로 더럽혀지고 온통 번질번질해진다. 즉각 그 노인은 가장 위협적인 태도로 앞으로 뛰어나와 창을 든 시늉으로 춤을 추면서 연회의 제공자측에게 전통적인 방법으로 모욕을 준다. 조금 전 나무의 터부 때와 마찬가지로, 상중인 자신들에게 고행을 강요할 수 있는 고인의 친족들에 대한 배우자들의 분노를 표현할 수 있는 특권이 그에게는 허락된다. 고인의 수수 중의 한 사람이 그 노인에 대하여 위협적인 태도를 취하지만 아주 모욕적인 말은 하지 않는다. 결국에 가서는 노인도 몸을 씻고 난 후 마음껏 음식을 먹는다. 만약 고인의 마을 사람들이 그 마을에 결혼해온 배우자의 마을 사람들에게 멧돼지 대신 가루 음식을 대접할 때도 역시 위와 같은 방식으로 그 가루를 받는 쪽의 머리 위에 퍼붓고 후자도 마찬가지 방식으로 춤을 추면서 분노한다. 이들 두 집단간의 긴장은 도부 인들의 가장 큰 축제의 하나를 통하여 끝이 난다. 그 축제는 고인 쪽 마을에서 행해지며 결혼으로 관계를 맺은 마을에서 온 객들에게 모욕이 더불어서 주어진다. "타와, 네 몫이다. 고인에게는 많은 돼지가 있었다. 너의 암퇘지는 새끼를 못 낳는다." "토고, 네 몫이다. 고인은 고기잡이의 명수였다. 이것이 자네가 고기 잡는 방법이다." "코푸, 네 몫이다. 고인은 밭일을 참 잘했지. 그는 황혼녘에야 밭에서 돌아왔다. 너는 대낮이면 벌써 녹초가 되어 집으로 기어들어온다." 포춘 박사의 말대로 "이와 같은 유쾌한 방법으로 그 지방은 죽음이 일격을 가해올 때마다 힘을 한데 합친다."

생존자의 마을과 고인의 마을 사이에 존재하는 전통적인 의심은 특히 생존해 있는 배우자가 살인자로 간주된다는 의미는 물론 아니다. 그가 살인자일 수도 있다. 그러나 점쟁이는 재빨리 고인이 어느 분야에서든 크게 눈에 띌 만큼 성공한 사실을 파악하여 그의 죽음은 그 사건에서 기인된 질투 때문에 일어난 것으로 돌린다. 그러나 초상은 단순한 의례상의 형식인 것만은 아니다. 오히려 그보다는 "한쪽에서 볼 때는 부루퉁한 의심의 표현이요, 다른 한쪽에서는 그 의심에 대한 분노의 표현인 경우가 더 많다." 초상은 어느 경우라도 도부 인의 광란하는 감정의 투영이라는 것이 그 특징이다.

살인은 주술에 의해서도 일어날 수 있지만 주술에 의하지 않고서도 역시 일어날 수 있다. 독은 축사나 흑주술과 마찬가지로 죽음의 원인으로 널리 의심을 받고 있다. 여자들은 요리 그릇에서 한순간도 한눈 파는 일이 없다. 모르는 사이에 누군가가 접근하는 일을 막기 위함이다. 사람들은 각자 여러 가지 독을 가지며 자신의 주술적인 주문을 시험하듯이 그 독을 시험한다. 그 독이 사람을 죽일 수 있음이 판명되면 그것은 심각한 싸움에 사용된다.

"나의 아버지가 그것을 이야기해주었다. 그것은 부도부도 (budobudo)인데 바닷가에서 많이 자란다. 나는 한번 시험해보고 싶었다. 그래서 우리는 그 즙을 짜내었다. 나는 코코넛을 따서 그 물을 마시고 남은 것은 그 즙을 짜놓고 봉해두었다. 다음날 그것을 아이에게 주면서 '나도 마셨으니 너도 마실 수 있을 거야' 하고 말 했다. 낮에 그 아이는 병이 들었고 밤중에 죽었다. 그 아이는 나의 아버지 마을의 누이의 딸이었다. 나의 아버지도 부도부도로 그 애 의 어머니를 독살했다. 그후에 내가 그 고아를 죽인 것이다."

"무엇 때문에 그랬어?"

"그 아이의 어머니가 나의 아버지에게 흑주술을 걸었다. 아버지 는 몸이 약해졌다. 그래서 그녀를 죽였더니 원기를 다시 회복할 수 있었다."

우리들은 선물을 받으면 고맙다고 인사를 하는데 그런 경우 그들 이 하는 인사말은 "네가 지금 나를 독살하면 내가 무슨 수로 되갚 아야 하지?" 하는 것이다. 즉 그들은 그런 기회가 주어졌을 때 공 식적인 인사말을 통하여 선물을 주는 사람이 신세지고 있는 사람에 게 일반적인 무기(독)를 사용하는 것은 이롭지 못하다는 말을 해주 는 것이다.

도부 인의 관습은 웃음을 배제하고 엄숙함을 미덕으로 친다. "웃 음의 뿌리야, 그들은" 하고 말하는 것은 그다지 악의가 없는 이웃 사람들을 조롱할 때 쓰는 표현이다. 농경과 쿨라와 같이 중요 행사 에서 지켜야 할 으뜸가는 의무 중의 하나는 유쾌한 행동이나 행복 한 표현을 삼가는 것이다. "밭에서는 놀지도 않고 노래도 하지 않 으며 요들을 부르지도 않고 전설 이야기도 하지 않는다. 밭에서 만 약 그런 행동을 하면 얨의 씨가 이렇게 말할 것이다. '이건 무슨 주 문이지? 전에는 좋은 주문이었는데. 그런데 이것은 뭐야?' 얨의 씨는 우리 말을 잘못 알아듣게 된다. 그러면 그들은 자라지 않을 것이다." 이와 같은 금기는 쿨라 기간 동안에도 효력을 발생한다.

어떤 한 남자가 사람들이 춤을 추고 있는 암플레츠(Amphletts)의 마을 변두리에 웅크리고 앉아 있었다. 그는 참여하자는 권유를 분연히 거절하면서 말했다. "내 아내는 내가 즐거워 보였다고 말했을 것이다." 그것은 최대의 금기이다.

가치 있는 미덕으로 꼽히는 도부 인들의 이 엄숙함은 질투와 의심이 미치는 범위와도 관계가 있다. 전술한 바와 같이 이웃 사람의 집이나 밭을 침범하는 것은 금지되어 있다. 각자는 각자의 소유권이 있다. 남녀간의 만남은 어떤 것도 위법으로 간주되고, 사실 남자는 관례상 자기를 보고 도망가지 않는 여자는 누구든지 유혹할 수 있다. 여자가 혼자 있다는 바로 그 사실이 그녀의 방종함을 충분히 나타내고 있는 것으로 생각되는 것이 보통이기 때문이다. 여자는 에스코트를 받는데 주로 어린아이와 함께 가는 경우가 많다. 에스코트를 해주는 남성은 그녀를 초자연물의 위험에서뿐만 아니라 타인의 비난으로부터도 보호해준다. 그러므로 여자가 일을 하는 계절이 되면 남편은 밭 입구에서 보초를 서는 것이 보통인데 그때 그는 심심풀이로 아이들에게 이야기를 해주며 자기 아내가 아무하고도 말을 하지 못하도록 감시한다. 아내가 자연적인 생리 현상으로 자리를 비우면 그 시간을 재고 극단적인 경우에는——이것은 지극히 점잖은 체하는 도부 인의 태도에는 어긋나는 것이지만——그녀를 따라 숲속으로 들어가기도 한다. 점잖은 체하는 도부 인들의 태도는 우리들의 청교도 선조들과 그 정도가 같은데 이 점은 우리의 주의를 끈다. 어느 누구도 다른 사람 앞에서 모자를 벗는 일이 없다. 남자 뱃사람이 카누로 여행할 때, 심지어 소변을 보는 경우에도 그는 배의 고물 쪽 보이지 않는 곳으로 넘어간다. 성생활을 밝히는 것도 엄격한 금기로 되어 있다. 음란한 짓거리에 빠졌을 때를 제외하고는 성생활에 대해서 언급해서는 안 된다. 물론 일상적인 이야기에서는 결혼 전의 남녀 교제를 순결한 것으로 말한다. 그러나 그러한 교제를 극화시킨 춤의 노래는 노골적인 정열로 가득 차 있고 그러한 사실들은 모든 성인들이 과거에 경험한 일이 있던 문제인 것이다.

　도부 인의 태도에 깊이 뿌리 박혀 있는 점잖은 체하는 모습은 우리 자신의 문화적인 배경에서도 매우 낯익은 것이고, 그것과 결부된 도부 인들의 성격의 엄숙함은 청교도의 점잖은 체하는 모습을 따르고 있다. 그러나 여기에도 차이점은 있다. 우리는 이러한 컴플렉스를 보고 정열에 대한 부정과 성에 대한 강조의 약화를 연상하는 데 익숙해져 있다. 그러한 연상 작용은 불가피한 것은 아니다. 도부 인들의 엄숙함과 점잖은 체하는 태도는 결혼 전의 난교와 성적인 정열 및 그 기술에 대한 높은 평가와 양립하고 있기 때문이다. 남자들과 여자들은 다같이 성적인 만족을 높이 평가하고 그것의 달성을 큰 관심사로 여긴다. 아내가 배반하지나 않을까 의심하는 남자를 지지하는 남성적인 세계에서는 관습상 무관심이라든가 지나친 몰두가 없다. 도부 인들은 정열의 변화무쌍함을 조장하지만, 반면 예컨대 주니 족들은 부족적인 여러 제도에 의해서 그 변화를 완화시킨다. 여자들이 결혼에 임해서 받는 성교육에는 남편을 묶어두는 방법은 그를 최대한으로 녹초로 만들라는 것이 있다. 그들은 성의 육체적인 여러 측면들을 하찮게 보는 일이 없다.

　그러므로 도부 인들은 엄숙하고 점잖은 체하며 정열적이고 질투와 의심과 분노에 불타는 사람들이다. 도부 인들은 번영할 때는 언제나 적을 패배시킨 투쟁에 의하여 악의 있는 세계로부터 자기 자신이 그 번영을 만들었다고 생각한다. 훌륭한 사람은 자기의 명예가 되는 그러한 투쟁을 많이 경험한 사람을 말하며 그러한 것은 번영을 통해서 그가 살아남았다는 사실을 보고 어느 누구라도 알 수 있는 일이다. 도부 인들에게는 도둑질하고, 아이들이나 가까운 사람들을 주문을 써서 죽이며, 하고 싶은 때는 언제나 남을 속이는 것이 당연한 것으로 생각된다. 앞서 말한 것처럼 도둑질과 간통은 그 사회의 존경받는 남자들의 가치 있는 주문의 대상이다. 이 섬에서 가장 존경받는 한 남자가 포춘 박사에게 다음과 같이 권고하면서 말하는 사람의 모습을 보이지 않게 하는 주문을 가르쳐주었다.

"자, 당신은 시드니의 상점에 가서 마음에 드는 물건을 훔쳐 들키지 않고 달아날 수 있습니다. 나는 여러 번 다른 사람들의 요리된 돼지 고기를 가져왔습니다. 나는 눈에 띄지 않고 그들의 집단에 참가했습니다. 나는 남의 눈에 띄지 않게 돼지 고기를 가져왔습니다." 축사와 흑주술은 결코 범죄가 아니다. 존경받는 사람은 그것이 없이는 존재할 수 없다. 다른 한편 악한 사람이란 다른 사람과의 투쟁에서 패배하여 재산상 손해를 입거나 수족이 병신이 된 사람을 말한다. 불구자란 항상 나쁜 사람이다. 그는 누구라도 볼 수 있게끔 자기의 패배를 몸에 지니고 다니는 사람이다.

도부 인에게는 일반적인 형식의 합법성이 보이지 않는다. 그것은 이러한 살인적인 투쟁이 한층 더 심하고 가장 이상하게 발달해 있는 데서 찾아볼 수 있다. 물론 다른 문화에서는 여러 가지 종류의 상이한 정당성이 많이 있어서 그것을 통하여 합법성을 얻을 수 있다. 우리는 다음 장에서 아메리카의 북서 해안 지방의 경우를 검토하게 될 것이다. 그 지방의 인디언들은 의례상의 언어 암송이나 그에 부수되는 행위에 대한 자세한 지식이 합법적인 소유권을 구성하지는 않는다. 그러나 그 소유자를 살해하면 즉시 그 살인자에게 다른 수단으로는 획득할 수 없는 합법적인 소유권이 주어진다. 사람들은 처마 끝에 서서 남의 의식(儀式)을 엿듣고 그것을 훔치기는 불가능하다고 생각한다. 그러나 이러한 합법적으로 인정된 행동도 우리의 문명에서는 완전히 비합법적이라고 불려야 하는 성질의 것이다. 중요한 것은 이 지방에서는 합법적인 행동이라는 것이 존재하고 있다는 점이다. 그러나 도부에서는 그런 것이 하나도 없다. 처마 끝에 서서 남의 말을 엿듣는 행위는 항상 염려의 대상이 된다. 그렇게 하여 획득한 주문의 지식은 다른 방법으로 획득한 지식과 마찬가지로 효력이 있기 때문이다. 도둑질한 물건은 존중된다. 와부와부는 제도화된 관행이지만 관습상 인정받지 못하는 교활한 행동까지도 도부에서는 사회적으로 단속의 대상이 되지 않는다. 후안무치(厚顏無恥)한 사람들은 —— 소수이기는 하지만 —— 배우자의

상을 당해도 상을 치르지 않는다. 여자의 경우는 눈이 맞아 함께
도망칠 남자가 있기만 하면 상 치르는 것을 피할 수 있다. 이런 경
우 죽은 남편의 마을 사람들은 그녀가 도망쳐간 마을에 와서 나뭇
잎과 가지를 사방에 어지럽게 놓는다. 남자가 도망가는 경우에는
그것으로 끝이고 더 이상 아무 일도 일어나지 않는다. 그것은, 그
의 주술이 너무나 강해서 그가 결혼해 들어간 마을은 그에 대해서
완전히 무력하다는 것을 널리 과시하는 행위이다.

　수장이 존재하지 않는다든가 어떤 개인에게 공인된 권력을 수여
하지 않는 환경의 배후에는 이와 같은 사회적 합법성의 부재가 존
재하고 있다. 어떤 마을에서는 몇 가지 사정이 겹침으로 해서 알로
(Alo)라는 남자에게 어느 정도의 공인된 권력이 주어졌다.

　　알로의 권력의 대부분은 그의 개성의 힘이라든가 장자 상속
　제에 의한 주술의 상속에서 기인한 것이기도 하지만 또한 그것
　은 그의 어머니가 다산이었고, 그녀 이전에는 그의 조모도 다
　산이었다는 사실에서도 기인한다. 그는 장자 계보의 장남이었
　고 같은 혈통의 형제 자매는 그 마을의 다수를 차지하였다. 주
　술적 지식이 두드러진 가문에서의 주술 상속과 강한 개성이 결
　합되고 거기에다 많은 후손들까지 곁들여진 이와 같은 진귀한
　사정하에서는 도부 인의 합법성이 가장 노골적으로 나타난다.

　도부 인의 윤리적인 이상인 배반으로 점철된 투쟁은 합법성으로
이루어진 사회적 관습에 의해서도 완화되지 않는다. 또한 그것은
자비심이나 친절 같은 이상으로도 개선되지 않는다. 그들이 가지고
싸우는 자비심이나 친절 같은 이상으로도 개선되지 않는다. 그들이
가지고 싸우는 무기는 연습용 펜싱 검이 아니다. 그러므로 한없이
도전과 모욕에 빠져서 쓸데없는 말을 지껄이거나 자기의 계획에 차
질을 가져올 위험을 저지르지 않는다. 우리들이 앞서 말했던 의식
적인 축제에서만 전통적으로 모욕을 주는 일이 한껏 사용되고 있

다. 도부 인들의 일상 생활의 회화는 상냥하고 살살 녹을 정도로
예의바르다. "우리가 어떤 사람을 죽이고 싶다고 생각하면, 그에게
접근하여 그와 함께 먹고 마시고 일하고 잠자며 쉴 때에도 그와 함
께 한다. 그런 일은 몇 개월이 될 수도 있다. 그렇게 하면서 기회
를 노리는 것이다. 우리는 상대를 친구라고 부른다." 그러므로 점
쟁이가 살인자가 누구인지를 결정하는 증거를 조사할 때 혐의는 죽
은 자와의 교제를 바라던 사람에게로 떨어진다. 그들이 관례상 그
럴 수 있다고 생각될 만한 아무런 이유도 없이 함께 지냈다면 그
문제, 즉 살인자를 찾는 문제는 증명된 것이나 같다고 간주된다.
포춘 박사의 말대로 "도부 인들은 지독한 악질이 되거나 그렇지 않
으면 전혀 그 반대가 되거나 둘 중의 어느 한쪽을 좋아한다."

　모든 생활 분야에서 우정의 표시나 협동의 증거가 되는 것의 배
후에는 오직 배신만 있을 뿐이라고 도부 인들은 믿고 있다. 그들의
제도에 의하면 모든 사람들의 혼신의 노력은 타인의 계획에 혼란을
일으켜 실패로 끝나게 하는 방향으로 나아가고 있다. 그러므로 그
들은 쿨라에 나갈 때 "집에 남아 있는 사람의 입을 막는" 주문을
사용한다. 집에 남아 있는 사람들이 그에게 적대적인 행동을 한다
는 것은 당연한 일로 생각된다. 분노는 무엇인가를 일으키는 동인
으로 항상 언급된다. 그들의 주술적인 기술은 많은 경우 어떤 패턴
을 따르고 있다. 그 패턴에 의하면 어떤 주문은 단지 맨 처음 심어
진 얌이나 쿨라의 카누에 실린 최초의 음식물 그리고 간청용의 선
물에만 사용된다. 포춘 박사는 어떤 주술사에게 그 주문에 대하여
물어보았다. "'얌은 인간과 같습니다'라고 주술사는 설명했다. '얌은
생각할 줄 압니다. 어떤 이가 말했습니다. 저 얌에게 그가 주문을
걸었다. 네게도 걸어보지 그래? 아, 그는 화가 났군, 그래서 힘차
게 싹을 내는군.'" 인간과의 거래 관계에서 믿고 의지할 수 있는 것
은 초자연물과의 관계에서도 역시 믿을 수가 있는 것이다.

　그러나 앙심을 품은 자는 도부 인들이 초자연물의 힘으로 생각하
지 않는 단 하나의 수단을 가지고 있다. 그는 자살을 기도할 수도

있고 과일을 도난당한 나무를 벨 수도 있다. 그것은 굴욕을 당한
사람의 체면을 세워주고 그 사람의 수수의 지원을 불러 모을 수 있
다고 생각되는 최후의 수단이다. 전술한 바와 같이 자살은 언제나
부부 싸움에서부터 시도되고, 또한 실제로 그것은 자살을 시도한
원한 맺힌 배우자를 지지하게끔 그 친족의 감정을 불러일으킨다.
과일을 도난당한 과수를 베어버리는 제도는 자살하는 경우만큼 명
백한 것은 아니다. 나무에 걸, 질병을 일으키는 주문을 모르는 사
람은 가까운 친척의 치명적인 사고나 심각한 병의 이름을 따서 그
나무에 건다. 그러면 그 나무에서 과일을 훔친 사람은 그 재난을
거의 피할 수 없게 된다. 혹시 누군가가 그 저주를 우습게 보고 무
시하면 나무의 소유자는 불시에 자기 나무에 달려들어 베어버린다.
이것은 자살을 꾀하여 목숨을 끊는 행동과 유사하다. 그러나 그 어
느 경우도 자기 친척의 동정과 지지를 구하기 위한 것이 아닌 것은
분명하다. 오히려 도부 인들은 극단적인 굴욕을 당하면 그들의 모
든 제도가 필요로 하는 파괴의 악의와 의지를 자기 자신과 자기의
소유물에다 투사한다. 비록 그가 이러한 경우 자기 자신에게 그것
을 사용한다고 하더라도 이와 같은 테크닉을 벗어나지는 못한다.

　도부의 생활에서는 대부분 사회의 제도에 의해서 극소화시키는
원한과 적의의 극단적인 형태가 조장되고 있다. 오히려 도부의 여
러 제도는 그러한 것을 최대한으로 찬양하고 있는 것이다. 도부 인
은 우주의 악의와 같은 인간의 가장 끔찍한 악몽을 억제함이 없이
살아간다. 그들의 인생관에 따르면 인간 사회와 자연의 여러 힘의
속성으로 생각되는 악의를 터뜨릴 수 있는 대상, 즉 희생자를 선택
하는 일이 미덕으로 되어 있다. 도부 인이 볼 때 모든 존재는 필사
적인 투쟁의 존재이다. 그 투쟁에서 불구대천의 적대자들은 생활의
재화 하나하나를 얻기 위하여 서로 맞서고 있다. 그 투쟁에서는 의
심과 잔혹함이 가장 믿을 수 있는 무기이다. 그들은 어느 누구에게
도 자비를 구걸하지 않듯이 아무에게도 그것을 베풀지 않는다.

# 제6장
# 아메리카 북서 해안 지방

알래스카에서 퓨젓 사운드(Puget Sound)에 이르는 태평양 연안의 길쭉한 지대에 거주하는 인디언들은 활발하고 매우 긍지가 강한 사람들이었다. 그들은 특이한 문화를 간직하였다. 그들의 문화는 주변 부족들의 문화에 비해 현저하게 달라서, 다른 부족들 사이에서는 조화를 이룰 수 없는 취향이 있었다. 그 문화의 가치관은 널리 일반에게 알려져 있는 것과는 상이하며 또 그 동인(動因)은 때때로 칭송된 바와 다른 것이었다.

그들은 다른 미개 민족과는 비교할 수 없을 만큼 막대한 부를 소유한 민족이었다. 그들의 문명은 노력을 많이 들이지 않아도 얻을 수 있을 정도로 무진장으로 풍부한 재화 위에 구축된 것이었다. 그들의 주식인 어류는 바다에서 얼마든지 얻을 수 있었다. 연어, 대구, 바다 표범, 캔들피시(candlefish)는 말리면 보존 식품이 되고 또 유류의 공급원이 되었다. 해안 가까이로 잘못 들어선 고래는 포획되어 충분히 활용되었다. 보다 남쪽에 있는 부족들은 고래잡이를 하러 바다로 나가기도 했다. 그들의 생활은 바다 없이는 생각할 수 없었다. 산지가 해안 바로 곁으로까지 쏠려 나와 있어 그들은 해안에 거주하고 있었다. 그러나 그곳은 그들의 생활에 가장 적합한 토지이기도 했다. 무수한 섬들이 움푹 들어간 해안에 인접해 있었고 그 섬들은 해안선의 길이를 세 배로 늘리고 있을 뿐 아니라 드넓은 수면을 둘러싸서 막힘이 없는 태평양으로부터 배의 항해를 지켜주었다. 이 지역 바다의 생활은 유명하며 또한 현재까지도 이 지역은 세계적인 어류의 산란 장소로서 유명하다. 북서 해안 지방의 부족들은 한해 동안의 어류의 움직임에 관해서 잘 알고 있으며 그것은 마치 다른 민족이 곰의 습성을 익히거나 또 파종 시기를 잘 알고 있음과 같았다. 육지의 산물에 의지하는 경우는 드물었는데 설사 그런 경우에도, 예컨대 큰 나무를 베어 집 지을 판자를 만드는 경우나 또는 불과 도끼로 나무를 도려내어 카누를 만드는 때처럼, 그들은 수로를 떠나지는 않았다. 그들은 물을 이용하는 것 이외의 교통 수단은 알지 못했다. 나무는 모두 냇물이나 바닷가 근처의 후미진 곳에서 벌채되어 마을까지 수로를 이용해서 운반되었다.

그들은 향해용 카누로 서로 교류하고 있었다. 모험을 좋아해서 북과 남으로 멀리까지 탐험하러 갔다. 사회적 지위가 높은 사람들은 다른 부족의 귀족과 결혼하는 것이 상례였다. 대축연인 포틀래치(potlatch)에 초대할 때는 그 소식을 해안선에서 수백 킬로미터나 떨어진 곳까지 보내며 원격지의 부족은 카누에 많은 사람을 태우고 와서 그 초대에 응했다. 그런데 이들 부족들의 언어는 몇개의 다른 어계(語系)에 속했으므로 사람들은 여러 가지 언어로 말할 필요가 있었다. 그렇지만 그들은 의례의 세부 절차나 풍속 전체의 기본적인 요소는 공통적으로 가지고 있었기 때문에 그 풍속과 의례의 과정 전파에 언어 차이가 장해를 주는 일은 전혀 없었다.

그들은 농경으로 식생활에 보탬을 하려고 들지 않았다. 그들은 클로버 또는 양지꽃(cinquefoil)의 작은 밭을 손질할 뿐이었다. 사냥이나 고기잡이 외에는 목수일이 남자들의 가장 중요한 일이었다. 나무로 집을 짓거나 큰 토템 폴(totem pole)을 만들거나 널빤지 하나로 나무상자를 만들거나 큰 나무를 도려내어 원양 항해용 카누나 목제 가면이나 가구 또는 온갖 종류의 가정용품들을 만들었다. 금속제 도끼나 톱도 없이 큰 삼나무를 베어내고 그것을 쪼개어 판자를 만들었으며 수레 따위는 전혀 사용하지도 않고 바다를 이용해 마을까지 운반하였으며 또한 몇 가족이 동거할 수 있는 큰 주거를 세웠다. 그들이 만들어낸 물건들은 매우 정교했으며 충분히 계산된 것이었다. 그들은 통나무를 재치 있게 두꺼운 판자로 만들어냈으며 큰 나무 줄기를 교묘하게 기둥이나 들보로 사용했다. 비스듬히 뚫은 송곳 구멍을 이용하여 나무와 나무를 접합시켰고 그러면서도 겉으로는 전혀 그렇게 보이지 않게끔 하는 기술을 알고 있었다. 또 큰 나무 등걸을 써서 열대여섯 명을 태우고 원양 항해를 할 수 있는 카누를 만들기도 했다. 그들의 예술은 대담하고 특색이 있었다. 그것은 미개 민족이 달성할 수 있는 것으로서는 누구에게도 뒤지지 않는 것이었다.

북서 해안 지방의 문화는 19세기 후반에 붕괴했다. 그래서 기능하고 있는 문명으로서의 그 문화에 대한 우리의 직접적 지식은 한 세대 전에 기록된 부족들에 한정되지 않을 수 없다. 게다가 우리가 상세하게 알 수 있는 것은 밴쿠버 섬 콰키우틀 족(Kwakiutl)의 문화뿐이다. 따라서 북서 해안 지방의 문화에 대한 다음의 기록은 거의 다 콰키우틀 족에 관한 것이다. 그러나 이를 기록하는 데에는 다른 부족의 자료를 사용하거나 또는 현재 붕괴된 문명에 한때 참여했던 노인들의 기억을 원용하므로써 자료의 부족을 보완할 작정이다.

남서 푸에블로의 부족들을 제외한 다른 아메리카 인디언 부족들이 모두 그렇듯이 북서 해안 지방의 부족들도 역시 디오니소스적이다. 종교 의례에서 그들이 최후로 구하는 것은 황홀경이었다. 중요한 무용수라면 적어도 춤이 절정에 도달했을 즈음에는 정상적인 자기 제어력을 상실하고 무아지경이라는 또 다른 존재 상태에 빠져야 했다. 그들은 입에 거품을 내뿜고 격렬하게 그리고 이상하게 떨면서 제정신 상태로는 공포를 느낄 수밖에 없는 몇 가지 행동을 해야만 되었던 것이다. 그의 광란으로 인하여 타인에게 돌이킬 수 없는 손상을 주지 못하도록 참가자들이 네 개의 밧줄로 무용수의 몸을 묶었다. 그들의 무용 노래는 이러한 광란을 초자연적인 전조라고 찬송했다.

사람의 이성을 파괴하는 정령의 힘
오, 이 초자연의 벗[1]은 사람을 두렵게 하네.
사람의 이성을 파괴하는 정령의 힘
오, 이 초자연의 벗은 집에 있는 사람을 뿔뿔이 흩어지게 하
네.[2]

그러는 동안 무용수는 시뻘겋게 탄 석탄을 손에 들고 춤추었다. 그
리고 그는 그것을 겁없이 가지고 놀았다. 그는 뜨거운 석탄을 몇개
입 속에 집어넣거나 또 다른 몇개의 석탄을 의식에 참가하고 있는
사람에게 던져서 몇 사람에게 화상을 입히고 사람들이 입고 있는
삼나무 껍질 의상에 불을 붙였다. 곰으로 분장한 무용수가 춤출 때
합창대는 노래했다.

위대한 것은 이 큰 초자연적인 것의 노여움이네.
그는 사람을 팔에 안고 괴롭히네.
그는 사람의 가죽과 뼈를 탐식하며,
살과 뼈를 씹어 짓이기네.

춤추는 도중에 잘못을 저지르면 무용수들은 모두 죽은 듯이 땅에
엎드려야 되며 그런 다음 곰으로 분장한 사람이 나타나 엎드린 무
용수들을 덮치고 끝에 가서는 그들의 몸을 갈기갈기 찢는다. 때때
로 이것은 단순히 시늉에 그친다. 그러나 몇 가지 잘못에 관해서는
전통적인 가르침에 따라 형벌을 전혀 줄이지 않는 경우도 있었다.
곰으로 분장한 자들은 대의식일 때에는 몸을 온통 흑곰의 가죽으로
덮어 감추었으며 또 소의식에서는 발톱이 완전히 붙어 있는 곰의 앞
발 부분의 모피로 팔을 감싸고 있었다. 사람들이 곰 무용수의 노래

---

1) 세계의 북단(北端)에 사는 식인귀. 그 힘으로 무용수를 춤추게 하는 초자
연적인 보호자.
2) 즉 공포로 도망친다.

를 흥얼대는 동안 줄곧 곰으로 분장한 자들은 모닥불 둘레를 춤추
며 돌면서 땅바닥을 손톱으로 할퀴고 사납게 성이 난 곰의 움직임
을 흉내내고 있었다.

　　어떻게 하면 숨을 수 있을까 ?
　　온 세계를 돌아다니는 곰으로부터.
　　자, 지하로 기어들자 !
　　등을 진흙으로 감추자.
　　세계의 북쪽에서 오는 무서운 큰 곰에게 들키지 않도록.

　북서 해안 지방의 이들 춤은 종교 결사의 행사였으며 개인은 이
들 춤의 절차를 결사의 초자연적인 보호자로부터 전수받고 있었다.
초자연적인 정령을 만나보는 경험은 환상(vision)의 경험과 깊은 관
계가 있었다. 즉 이 경험은 북아메리카의 많은 지방에서 격리된 상
태로 단식하거나 또는 때때로 자기 자신을 고문하며 애원하는 사람
에게 그의 평생에 도움을 주는 수호신을 수여하는 것이었다. 북서
해안 지방에서는 정령을 개인적으로 만난다는 것은 자기가 희망하
는 비밀 결사에 입회할 수 있는 권리를 표명하는 한 방법인 동시에
가장 중대한 문제이다. 그러나 환상이 공허한 형식으로 됨에 따라
초자연력에 대한 권리를 가진 자에게 수여된 신성한 광란이 강조되
었다. 콰키우틀 족의 종교 결사의 구성원이 되려는 젊은이는 정령
에게 붙잡혀 숲속에 홀로 내버려졌다. 그동안 그는 초자연물에 잡
혀 있다고 생각된다. 그는 수척해지도록 단식을 계속하고, 부락으
로 돌아갔을 때 부족 앞에서 연기할 광란에 대비하고 있었다. 콰키
우틀 족의 일련의 대종교 의식인 겨울 의식(winter ceremonial)은
전부 "인간의 이성을 파괴하는 힘"에 가득 차서 숲으로부터 돌아온
입회 후보자를 "길들이기 위해서" 행하는 것이었다. 그는 세속의
존재로 되돌아설 필요가 있었다.
　식인 무용수(cannibal dancer)의 입회식은 북서 해안 문화의 디

오니소스적인 의미를 표현하기 위해서 특별히 만들어진 것이었다. 콰키우틀 족의 식인 결사는 모든 결사의 최상위에 위치하고 있었다. 그 구성원은 겨울 춤을 출 때 최상위석이 배당되었으며, 또한 축연석에서도 그들이 먹기 시작할 때까지 다른 사람은 음식에 손을 대지 못하도록 되어 있었다. 식인 결사의 사람들이 다른 종교적인 결사의 구성원과 다른 이유 중의 하나는 인육에 대한 남다른 정열이었다. 식인 결사의 구성원은 구경하는 사람들을 덮치고 이빨로 구경꾼의 팔을 물어뜯었다. 그들의 춤은 눈앞에 있는 "음식," 즉 한 여자가 양 팔에 잔뜩 안고 있는 인육에 마음을 빼앗긴 광란의 인육 상식자(常食者)의 춤이기도 했다. 대의식 때, 식인 결사의 구성원은 희생된 노예의 인육을 먹었다.

콰키우틀 족의 식인 습관은 오세아니아의 많은 부족의 쾌락주의적인 식인 습관이나, 인육을 식용으로 하는 아프리카 부족들의 습관과는 크게 다르다. 콰키우틀 족은 인육을 먹는 데 대해서 노골적으로 혐오감을 느끼고 있었다. 식인 결사의 구성원이 자기가 지금 곧 먹으려고 하는 인육 앞에서 몸을 떨면서 춤출 때 합창대는 이렇게 노래했다.

지금, 먹으려고 하는
나의 얼굴은 무섭게 파리하네.
세계의 북쪽 끝의
식인이 준 것을 나는 지금 먹으려고 하네.

식인 결사의 구성원이 구경꾼의 팔을 물어뜯으면 다른 사람들은 그 횟수를 셌다. 그 구성원은 팔의 살을 토해내기 위해서 토사 약을 먹었다. 그러나 그는 때로 그 인육을 전혀 삼키지 않기도 했다.

시체에서 떼어낸 인육이나 식인 의식 때문에 살해된 노예의 인육은 살아 있는 인간의 팔에서 물어뜯은 인육보다 훨씬 더 부정하다고 생각되었다. 이러한 부정이 있으면 그 다음 4개월간은 인육을 먹은 사람은 터부시되었다. 그 사람은 자기 조그만 침실 안에 혼자 있게 되며 곰 무용수가 그 문간을 지켰다. 그리고 그가 음식을 먹을 때는 특별한 식기류를 사용했는데 그것들은 터부 기간이 끝남과 동시에 파괴되었다. 그 기간중에는 의례적으로 술을 마시는데 한 번에 네 잔 이상은 들지 않고 절대로 컵에 입술을 대지 않는다. 그래서 술을 먹기 위한 빨대와 국자를 사용해야 했다. 비록 짧은 기간이기는 하나 익은 음식도 먹지 못하도록 금지되었다. 격리 기간이 끝나면 그는 다시 사람들 앞에 나타나 마치 일상 생활을 말끔히 잊어버린 듯한 행동을 취했다. 보행, 대화, 식사에 이르기까지 그는 가르침을 받아야 했다. 그로서는 전혀 미지의 생활을 시작한 것으로 간주되었다. 4개월간의 격리가 끝나고 나서도 그는 신성한 존재였다. 그에게는 1년간 처와 가까이 하거나 도박, 그밖에 어떤 일이건 하지 못하도록 금해졌다. 전통적으로 그는 4년간 사람들에게서 떠나 있게 된다. 인육을 먹는 것에 대한 콰키우틀 족의 바로 이러한 혐오감이야말로 무서운 것과 금지된 것에 내재하는 디오니소스적인 미덕을 그들 나름대로 적절하게 표현한 것이다.

식인 결사에 입회하려는 젊은이에게는 시련이 부과된다. 숲속에 혼자 격리되어 있는 동안 그는 계속 시체가 놓여 있는 나무에서 그 시체를 손에 넣으려고 노력했다. 그 시체의 피부는 이미 바싹 말라 버렸는데 그는 그것을 무용할 때의 "음식물"로서 특별히 조리했다. 그러는 동안에 격리 기간이 끝나게 되어 부족은 원래 식인 결사의 입문식인 겨울 춤(winter dance)을 준비한다. 부족 사람들은 제각기 의례적인 특권에 따라서 스스로를 신성시했다. 그들은 겨울 춤의 정령들을 불러들였다. 그리고 초자연적인 광란 상태에 빠질 권리를 가지는 자는 광란 상태를 과시했다. 의식에 대해서 그들은 최대의 노력을 하고 세심한 주의를 게을리하지 않아야 했다. 그 까닭은 그들의 힘이 초자연물과 더불어 생활하는 식인하는 사람을 불러들이는 데 부족함이 없어야 했기 때문이다. 그들은 격렬한 춤 또는 물려받은 힘을 행사해서 식인하는 사람을 불러들이고자 했다. 그러나 처음에는 그들의 노력이 모두 헛수고에 그친다.

그러나 결국, 그들의 단결된 광란의 힘으로 식인 결사는 입회 후보를 분발시키는 데 성공한다. 아주 의외로 갑자기 입회 후보자는 지붕 위에서 소리를 지르며 미친 듯이 지붕의 판자를 밀어젖히고 사람들 사이로 뛰어내린다. 사람들은 그를 에워싸려고 하지만 헛수고가 되고 만다. 그는 모닥불 주위를 달리다가 몸에 붙이고 있는 솔송나무(hemlock)의 잔가지만 남기고 비밀 문으로 다시 도망친다. 모든 결사 회원은 그를 뒤쫓아 숲으로 향한다. 그는 세 번 자취를 감추는데 네번째에 가서는 한 노인이 앞으로 나선다. 그 노인은 "미끼"라고 불린다. 식인하는 사람은 그 노인을 덮쳐 팔을 잡고 물어뜯는다. 그러면 사람들은 적당한 때에 현장에서 그 식인하는 사람을 잡게 된다. 그런 다음 그를 의식이 거행되는 오두막으로 데리고 간다. 그는 이성을 잃고 있으므로 자기를 붙잡은 사람들을 물어뜯는다. 의식이 거행되는 오두막으로 가도 그를 그 안으로 넣지는 못한다. 결국 여자 입회 후보자가 준비된 인육을 팔에 안고 나체로 나타난다. 그녀는 그와 마주 보고 춤을 추면서 뒷걸음질로써 그를 집안으로 유인한다. 그러나 그는 유혹에 끌리지 않는다. 마침내 그는 다시 지붕으로 기어올라가 지붕의 갈라진 틈으로 해서 오두막 안으로 뛰어든다. 그는 콰키우틀 족의 광란 상태에서 볼 수 있는 독특한 떨림으로 전신의 근육을 진동시키면서 정신없이 마구 계속 춤을 춘다.

주검을 껴안고 추는 춤은 식인하는 사람이 황홀경에 있는 동안 몇번 반복된다. 겨울 의식의 가장 두드러진 디오니소스적인 기능은 식인하는 사람을 최후에 가서는 점잖게 길들이고 4개월이라는 터부 기간을 알려주는 데 있다. 그들 문화 속에 흐르는 생각에 따르면 그것은 두려움과 금단 속에 존재하는 초자연력을 가장 극단적인 모양으로 표현하는 것이었다.

의식은 네 명의 사제에 의해서 집행되었는데 그들은 식인하는 사람을 가라앉힐 수 있는 초자연력을 물려받은 자들이었다. 입회 후보자는 아직 미친 듯이 흥분하고 있다. 의식에 참가하고 있는 사람들의 제지를 뿌리치고 그는 격렬하게 뛰어다닌다. 그러나 그는 너무나 강렬한 광란 상태에 있었으므로 춤을 추지 못한다. 참가자는 여러 가지 다른 엑소시즘(exorcism)으로 황홀 상태에 있는, 식인하는 사람의 "마음을 움직이게 하려고" 시도한다. 그들은 우선 불로 마귀를 제거하는 의식을 거행한다. 삼나무 껍질에 불을 붙여서 식인하는 사람의 머리 위에서 빙글빙글 돌려서 그를 쓰러지게 한다. 그 다음 물로 마귀를 제거하는 의식을 행한다. 그것은 우선 모닥불로 돌을 달구고 다음에 그 달구어진 돌로 나무통의 물을 데우고 그런 다음 더워진 물을 입회 후보의 머리에 뿌리는 의식이다. 그리고 난 뒤 광란 상태에 있는 식인하는 사람을 상징하는 그림을 삼나무 껍질에 그린 후 그것을 불 위에 놓고 태운다.

그러나 가장 최후의 엑소시즘의 의식은 여성의 월경의 피를 써서 행한다. 북서 해안 지방에서는 월경의 피가 세계에서 가장 부정하다고 간주되고 있다. 여성은 월경 기간 동안 계속 격리되어 있었으며 또 월경중인 여성이 있는 장소에서 행해진 샤먼 의례는 어느 것이든 그 여성이 있기 때문에 효력이 없게 된다고 한다. 그녀들은 연어의 노여움을 살까 두려워 강을 건널 수도, 바다에 접근할 수도 없다. 샤먼 치료의 효험도 없이 사람이 죽으면 죽은 자의 삼나무 껍질의 집 속에 월경 피의 흔적이 있기 때문이라고 생각한다. 식인하는 사람의 최후의 엑소시즘 의식에서 사제는 사회적 지위가 가장 높은 네 명의 여성의 월경 피가 묻은 삼나무 껍질을 태워 식인하는 사람의 얼굴에 그 연기를 쏘였다. 엑소시즘 의식이 효험을 나타내어 식인하는 사람의 춤이 차차 냉정해져서 네번째 춤을 추게 되면 그는 고분고분하고 조용해지며 광란도 사라진다.

북서 해안 지방의 부족들의 디오니소스적인 경향은 그들의 입문식이나 의식의 춤에서는 물론이고 경제 생활이나 전쟁, 장례에서도 마찬가지로 매우 격렬하다. 그들은 아폴로 형인 푸에블로 족과는 반대의 입장에 있다고 할 수 있으며 이 점에서는 다른 대부분의 북아메리카 인디언을 닮았다고 말할 수 있다. 그러나 그들 특유의 문화의 패턴은 재산이나 부의 취급에 대한 그 독특한 생각을 바탕으로 해서 복잡하게 짜여져 있다.

북서 해안 지방의 부족들은 막대한 재산의 소유자이며 그들의 재산에 대한 소유 의식은 엄격하다. 그들의 소유물은 조상 전래의 물건이라는 의미에서의 재산이었다. 그리고 그 조상 전래의 재산이 바로 사회의 기초였다. 재산에는 두 종류가 있었다. 토지와 바다는 친족 집단의 공동 소유로서 집단의 전체 구성원에 계승되었다. 농경지는 없었으나 수렵지와 심지어는 산딸기나 야생의 뿌리 식물이 나는 장소도 친족 집단이 소유했고 그 집안이 소유하는 토지는 타인이 침범하지 못하도록 금지되어 있었다. 또 어로 작업을 하는 장소도 집안에 의해서 엄격히 소유되고 있었다. 자신의 마을 바로 근처의 해안이 다른 집안에 의해서 소유되고 있는 경우에는 지역 집단은 조개를 채취하기 위해서 그들이 소유하는 해안까지 상당한 거리를 걸어가야 하는 경우도 있었다. 이들 장소는 상당히 오랜 동안 재산으로 소유되었으므로 그간에 마을의 위치는 변했는데도 조개 채취 장소의 소유권은 바뀌지 않았다. 해안뿐 아니라 원양 어장도 엄격하게 재산으로 간주되었다. 넙치 잡이 때문에 특정 집안에 소유된 구역은 두 개의 푯말에 의해서 어림짐작으로 나누어졌다. 강도 마찬가지로 봄철의 캔들피시 잡이를 위해서 몇몇 구역으로 구분되어 있으며 각 집안은 각자의 할당 구역의 강에서 어로를 하기 위해서 상당한 길을 걸어야 했다.

그렇지만 이와는 다른 양식으로 소유되고 가치 있는 재산이 있었다. 콰키우틀 족의 소유권으로 주로 표현되는 것은 생활 수단의 소유권——비록 그것이 제아무리 널리 행사되었다 해도——에 대한 것이 아니었다. 가장 가치가 있는 것은 물질적인 유복함을 지배하는 특권이었다. 이들 중의 대부분은 이름 있는 집의 기둥이나 스푼 또는 문장이 그려진 깃장식 같은 물질적인 것이었다. 그러나 이름이나 신화, 노래, 부유한 자의 큰 자랑인 갖가지 특권 같은 비물질

적인 재산이 그보다 더 많이 있었다. 이들 모든 특권은 혈연상의
가계가 보유했다. 그러나 그것은 그 가계의 공동 소유가 아니라 이
특권들을 독점 배타적으로 행사하는 한 개인에 의해서 어떤 일정
기간 동안 개인적으로 소유되었다.

특권 중에서 가장 중요하며 다른 모든 특권의 기초가 되는 것은
귀족의 칭호였다. 각각의 집안과 종교 결사는 상속권과 재정 능력
에 따라 개인이 획득한 칭호를 가졌다. 이 칭호들은 그것을 소유하
는 사람에게 부족내에서 높은 지위를 부여했다. 그것들은 개인의
이름으로 사용되었는데 전통에 의하면 이 세상이 시작될 때 처음부
터 그대로 지속해온 이름이었다. 어떤 사람이 한 이름을 얻었다면
그 사람은 일생 동안 노력하여 그 이름을 얻은 조상의 온갖 위대함
을 몸에 붙인 셈이 되었으며 또 그 사람이 그 이름을 자신의 상속
인에게 양도했다면 필연적으로 그는 그 이름이 가진 모든 권리를
양도한 것이 되었다.

이 같은 이름의 상속은 혈연으로만 이루어지지 않았다. 첫째, 이
칭호는 장자에게만 상속되었고, 따라서 그 장자말고는 자격이 없는
경멸받는 평민이었다. 둘째, 칭호의 권리에는 막대한 부의 분배가
두드러지게 뒤따랐다. 여성이 몰두해야 할 일은 정해진 나날의 가
사가 아니라 되도록 많은 매트와 망태기 또는 삼나무 껍질로 된 담
요를 만드는 것이었다. 그리고 이것들은 남자들이 만든 값비싼 나
무 상자에 소중하게 간수되었다. 또 남자들도 마찬가지로 카누, 화
폐로 쓰이는 조개 또는 덴탈리아(dentalia)를 축적했다. 장자들은
특권 상속을 정당화하기 위하여 은행 지폐처럼 사람의 손에서 손으
로 넘겨지는 막대한 재화를 소유하고 있었으며 또 이자를 받고 남
에게 빌려주기도 했다.

이 재산들은 엄청난 이자 획득을 통해서 경영되는 금융 체계의
화폐와 같은 것이었다. 1년간의 대부에는 100퍼센트 이자가 보통이
었다. 부는 개인이 대부하는 재화량으로 계산되었다. 이같이 고리
로 대부하려면 다음과 같은 사실이 없으면 불가능했다. 즉 우선 해

산물이 풍부하고 얻기 쉬울 것, 그밖에 화폐로 쓰이는 패류를 바다에서 끊임없이 손에 넣을 수 있어야 하며, 마지막으로는 엄청난 가치를 나타내는 가공의 단위로서 "구리판"(coppers)이 사용되어야 했다. 이것들은 10,000개 이상의 담요와 동등한 가치가 있는 자연동(native copper)의 부식판이었다. 이러한 구리판 본래의 가치는 물론 보잘것없었지만 그 구리판의 최종 소유주가 바뀔 때 지불되는 재화의 양에 따라서 그 가치가 매겨졌다. 게다가 제아무리 큰 교환에서도 답례로 지불되는 축적은 결코 한 개인의 힘으로 이루어지지 않았다. 전지역 집단의 중심이 되는 수장들이 물주였으며 또 부족간의 교환에서는 부족의 대수장이 물주였다. 그리고 그들은 필요할 경우에 집단의 모든 사람이 소유하는 재화를 마음대로 자유로이 지배할 수 있었다.

장차 중요한 인물이 될 가능성이 있는 사람은 남성이건 여성이건 간에 누구나 아이 때부터 이 경제적 경쟁에 참가했다. 우선 태어나 얼마되지 않은 갓난애에게는 단지 출생지를 나타내는 이름만이 주어진다. 보다 중요한 이름을 받아 누릴 수 있는 나이에 이르렀을 때 가족의 연장자들은 아이에게 분배된 많은 담요를 준다. 그리고 중요한 이름을 얻으면 아이는 즉시 자기 친족들에게 이 담요를 분배한다. 그 아이로부터 선물을 받은 사람은 재빨리 엄청난 이자를 붙여서 아이에게 답례를 하는 것이 보통이다. 어떤 수장이 그 아이로부터 선물을 받고 나서 얼마 안 있어 곧 공개적인 교환에서 재산을 분배하는 경우에는 언제나 그 수장은 자기가 아이에게서 받은 물품의 약 3배의 물품을 그 아이에게 주었다. 그해 말 그 소년은 자기를 맨 처음에 원조해준 사람에게 100퍼센트의 이자를 붙여서 답례해야 했다. 그러나 그 나머지 재화에 대해서는 자기 자신의 명의로 보유할 수 있었으며 그 양은 맨 처음의 담요 축적의 양과 거의 같았다. 최초의 전통적인 포틀래치의 이름을 얻기 위한 지불 준비를 할 수 있게 되기까지의 2,3년 동안 그 아이는 담요를 분배하고 이자를 받아냈다. 그에게 지불 능력이 생기면 모든 친족들과 부족의 모든 연장자들이 모인다. 모든 사람들이 출석한 가운데 그의 부친은 부족의 수장과 장로들의 면전에서 아들에게 그의 부족내에서의 지위를 나타내는 이름을 부여한다.

이때부터 그 소년은 부족의 칭호를 가진 남자들 중에서 전통적인 지위를 얻은 셈이 된다. 그후, 그가 주최하거나 참가하는 포틀래치에서 그는 한층 더 중요한 상위의 이름을 얻게 된다. 중요한 위치에 있는 사람은 흡사 뱀이 스스로의 허물을 벗듯이 이름을 바꾸어 간다. 이름은 그들의 가족 관계, 재산의 풍부성, 부족내의 자신의 지위를 나타낸다. 그 어떤 포틀래치의 기회이든——예컨대 혼인의 경우이든 손자들이 성인이 되었을 경우이든 혹은 경쟁 상대인 수장에 대한 부족끼리의 도전인 경우이든——간에 그 주최자는 그때를 자기 또는 자기 상속인이 새로운 이름이나 그것에 따른 특권을 자기의 것으로 하는 것을 사람들에게 정당화시키는 절호의 기회로 이용했다.

콰키우틀 족 사이에서는 혼인이 지위를 획득하는 데 가장 중요한 역할을 한다. 콰키우틀 족보다 북방에 있는 북서 해안 지방의 다른 부족들은 모계 사회이며, 실질적인 담당자는 남자들이었어도 사회적인 지위는 모계를 통해서 계승되었다. 그러나 이 부족들과는 달리 콰키우틀 족은 본래 지역 집단을 형성해서 생활을 영위했으며 남자들은 자기들의 부친의 마을에 집을 마련했다. 그들은 이 제도를 크게 수정하기는 했으나 자기들 사회의 이 같은 낡은 기반을 전부 도외시한 것은 아니었다. 그들은 타협했던 것이다. 그들은 대부분의 특권을 결혼을 통하여 이양했다. 즉 한 남자는 그의 특권을 자기 딸과 결혼하는 남자에게 부여했던 것이다. 그러나 그 특권은 사위에 의해서 관리될 뿐이지 그의 사유 재산이 된 것은 아니었다. 따라서 그는 그 특권을 그의 친족, 그중에서도 특히 재산 제공자의 딸의 아이들, 즉 자기 아이들을 위해서 보관하고 있음에 지나지 않았다. 이같이 해서 모계 집단이 존재하지 않아도 모계 상속은 여전히 보장되었다.

사위의 가족은 결혼 때 신부 값으로 재산을 보냈는데 그에 대한 답례로서 아이들이 탄생했을 때 또는 그 아이들이 성인이 되었을 때 특권 또는 재산이 사위에게 주어졌다. 바꾸어 말하자면 구리판을 얻는 것과 똑같은 방식으로 아내를 얻을 수 있었다. 그 어떤 경제적 교환과 마찬가지로 거래를 보증하기 위해서 계약금을 주고받는 방법이 취해졌다. 혼인할 때의 신부 값이 많으면 많을수록 신랑의 씨족은 보다 큰 명예를 얻을 수 있었다. 그리고 신부 값에 대한 답례는 보통 장자가 태어났을 때 이루어지는 답례 포틀래치를 통해서 막대한 이자와 더불어 신랑에게 지불되어야 했다. 이 신부 값에 대한 답례가 끝남과 동시에 아내는 친정 가족에 의해서 회복되었다고 말해지며 그녀의 결혼은 "아무런 이익도 얻음이 없이 [남편의] 집에 머물러 있는 것"이라고 일컬어졌다. 그러므로 남편은 아내를 맞기 위해서 또 다른 지불을 했으며 그것에 답해서 장인도 답례로서 사위에게 재산을 넘겨주었다. 이 같은 방법으로 장인 되는 사람은 평생토록 딸의 결혼의 산물인 후손을 위하여 아이가 출생했을 때나 성인이 되었을 때 사위에게 그의 특권과 재산을 양도했다.

콰키우틀에게 종교 조직은 세속 조직이 투영된 것이다. 귀족의 칭호를 재산의 일부로 소유하는 가계에 의해서 부족이 구성되고 있듯이, 종교 조직은 초자연력을 가진 식인 결사, 곰의 결사, 멍청이 결사 등등으로 구성되고 있었다. 또 그 결사들은 가족과 마찬가지로 제멋대로 계급 칭호를 가졌다. 그리고 종교적인 계급 제도만이 아니라 동시에 세속적인 계급 제도에서도 지도자로서의 지위를 가지는 사람이 아니면 누구도 부족내에서 중요한 지위에 오르지 못했다. 1년은 크게 두 시기로 나누어졌다. 여름에는 부족의 세속 조직이 힘을 장악했으며 모든 사람은 자신이 소유하고 있는 귀족 칭호의 각 지위에 따라서 우위를 차지했다. 그러나 겨울이 되면 이러한 것들은 모두 의미가 없어진다. 겨울 의식의 초자연력의 휘파람 소리가 들리는 순간부터 세속적인 이름으로 사람을 부르는 것은 터부시된다. 세속적인 칭호를 바탕으로 세워진 사회의 모든 구조는 도외시되며 겨우내 부족의 성원은 자기들을 초자연적인 결사에 입문시켜준 정령들을 따라서 분류된다. 겨울 의식 기간 동안 사람은 식인 결사, 곰의 결사, 멍청이 결사나 그밖의 결사의 구성원으로서 가지는 이름의 위대성에 따라서 지위를 차지한다.

그러나 이 같은 두 기간의 상위는 아마도 우리가 생각하는 것만큼 크지는 않았다. 세속 귀족의 칭호가 가계의 내부에서 상속되는 것과 마찬가지로, 종교 결사에서의 유서 있는 칭호도 가계의 내부에서 상속되었다. 그것들은 혼인할 때 기대되는 신부의 지참금의 주요한 품목이었다. 식인 결사 또는 멍청이 결사에 들어간다는 것은 여러 특권을 획득함을 의미하는데 이러한 특권에 대한 권리는 출생이나 혼인에 의해서 생기는 것이었다. 그리고 이들 특권은 다른 특권을 획득할 때와 마찬가지로 재산 분배를 통해서 정당화되었다. 따라서 부족이 종교적인 결합에 따라 조직되는 기간은 지위가 높은 가족이 상속받은 지위를 포기하는 기간이 아니라 또 다른 한 쌍의 특권들을 과시하는 기간이다. 이들 특권은 부족의 세속적인 조직에서 그들이 가진 특권과 유사한 것이었다.

그것은 선물 또는 혼인을 통해서 여러 조상으로부터 얻을 수 있는 모든 특권과 칭호를 정당화하고 행사하려는 게임이었고, 또한 북서 해안 지방의 인디언의 마음을 가장 사로잡는 것이었다. 모든 사람은 각자의 분수에 따라서 그 게임에 참가한다. 그 게임에 참가하지 못하도록 배제된다는 것은 노예라는 낙인이 찍힐 수 있는 첫 번째 이유가 되었다. 이 문화에서의 부의 조작은 경제적인 욕구의 현실적인 투영과 경제적인 욕구의 충족을 훨씬 넘어서는 것이었다. 그것은 자본, 이자, 엄청난 낭비의 개념을 포함하고 있었다. 부는 단순히 경제재가 되었을 뿐만이 아니라——이 같은 재화는 포틀래치를 위해서 상자 속에 간직되었고, 그리고 교환을 통해서만 사용되었다——경제적인 기능이 전혀 없는 특권이 되었다는 사실이 보다 더 특징적인 것이었다. 노래, 신화, 수장의 집 기둥의 이름이나 개의 이름, 카누의 이름은 모두 부가 되었던 것이다. 무용수를 기둥에 맬 수 있는 권리 또는 무용수가 자기 얼굴에 칠하기 위한 나무 진을 들여놓을 권리 그리고 무용수들이 얼굴에 바른 나무 진을 닦아내기 위해서 찢어진 삼나무 껍질을 들여놓는 권리와 같은 것들은 가치 있는 특권인데, 이런 것들은 모두 부에 속하며 가계를 통해서 계승된다. 인근 부족인 벨라 쿨라 족(Bella Coola)에서는 가족 신화를 가진 귀족은, 이 귀중한 재산이 그것을 가지고 있지 않은 사람들의 손으로 넘어가는 것을 두려워한 나머지 자기들 가족 안에서 혼인을 하여 가족 신화가 밖으로 유출되는 것을 방지하는 것이 관습이 되었다.

북서 해안 지방에서 부를 다루는 방법은 여러 면에서 볼 때 분명히 우리들 현대의 경제 구조에 대한 하나의 풍자이다. 이 부족들은 부를 동등한 가치를 가진 경제재의 획득에는 사용하지 않고 그들이 승리하려고 하는 게임에서 고정된 가치의 대항물로서 사용한다. 그들은 인생을 사다리 같은 것으로 간주했다. 그들이 생각하는 사다리는 남이 인정하는 특권이 따르지 않는 직함뿐인 사다리이다. 사다리를 한단 한단 올라가려면 막대한 양의 부의 배분이 필요하다. 그러나 거기에 배분된 부는 훗날 엄청난 이자를 수반하고 자기 앞으로 돌아오므로 그것이 또한 사다리를 오르려는 자를 고무하여 한단 더 오르게 한다.

그러나 이 부와 귀족 칭호의 직접적인 결합은 일부분만이 묘사된 것에 불과하다. 재산 배분은 결코 이처럼 단순하지 않다. 북서 해안 지방의 사람이 귀족의 칭호, 부, 깃장식, 특권에 집착하는 가장 큰 이유를 보면 그들 문화의 주요 동인을 밝혀낼 수 있다. 그들은 그것을 경쟁 상대에게 치욕을 주려는 경쟁에 사용했다. 사람은 끊임없이 타인과 다투며 또한 각자 나름대로의 방식으로 재산 분배에서 타인을 능가하려 한다. 처음으로 재산 증여를 받는 소년은 자기의 선물을 받아줄 젊은이를 선정한다. 여기서 선정된 젊은이는 처음부터 패배를 인정하지 않고서는 그 도전을 거부할 수가 없으며 따라서 어쩔 수 없이 그 선물에 동등한 양의 재산을 더 얹어주어야 했다. 만일 그가 답례할 때가 되어 받아들인 선물에 이자를 붙여서 원금의 곱인 액수로 답례하지 못하면 그는 모욕을 당하고 지위도 떨어진다. 그리고 그의 경쟁 상대의 권위는 그만큼 더 높아진다. 이렇게 시작된 경쟁은 평생토록 계속된다. 만일 그가 승리하면 차례로 점점 더 많은 큰 재산을 가지고 보다 강력한 상대와 계속 싸워나간다. 그것은 전투였다. "우리는 무기로 싸우지 않는다. 우리는 재산으로 승부를 결정한다"는 것이 그들이 하는 말이다. 구리판을 내놓는 자는 경쟁 상대를 이길 수 있었다. 그것은 마치 전투에서 크게 상대를 압도한 것과 같다. 콰키우틀 족은 이 두 가지를 같다고 생각한다. 그들의 춤의 하나는 "피를 집안으로 들여놓는 것"이라고 하는데, 남자들이 운반하는 솔송나무 화환은 전투에서 얻은 목을 상징한다고 일컬어진다. 그들은 그 화환이 상징하는 적의 이름을 외치면서 그것을 모닥불 속에 던지고 화환이 불에 모두 탈 때까지 계속 외친다. 그러나 그 화환은 또한 그들이 양도한 구리판을 상징하기도 한다. 그리고 그들이 소리치며 부르는 이름은 재산의 배분에서 그들이 패배시킨 자들의 이름이다.

모든 콰키우틀 족이 일을 꾀하는 목적은 경쟁 상대보다 자기 쪽이 우수하다는 것을 나타내는 데 있다. 그들은 자기 쪽이 우수하다는 것을 허락된 범위내에서 최대한의 방법으로 나타내려고 한다. 그것은 아무도 나무랄 수 없는 자기 찬미이며 모든 도전자에 대한 조소이다. 그들의 문화를 다른 문화의 기준으로 판단해보면, 포틀래치 때의 그들의 수장들의 연설은 부끄러움을 모르는 과대망상광의 바로 그것이었다.

  나는 사람들을 부끄럽게 하는 위대한 수장이다.
  나는 사람들을 부끄럽게 하는 위대한 수장이다.
  우리의 수장은 사람들의 얼굴에 부끄러움을 가져다준다.
  우리의 수장은 사람들의 얼굴에 질투를 가져다준다.
  이 세상에서 끊임없이 행하는 것으로서, 모든 부족에 대해서

몇번이고 기름 잔치를 베풀어,
　우리의 수장은 사람들이 제 얼굴을 가리게 한다.
　　　　　　　＊　　　　　　　＊　　　　　　　＊
　나 수장은 단 하나뿐인 위대한 나무이다.
　나 수장은 단 하나뿐인 위대한 나무이다.
　너희들은 내 부하이다, 부족들이여.
　너희들은 집 뒤 울 안의 한가운데 앉아 있다, 부족들이여.
　나는 너희들에게 재산을 주는 최초의 사람이다, 부족들이여.
　나는 너희들의 독수리이다, 부족들이여.
　　　　　　　＊　　　　　　　＊　　　　　　　＊
　재산을 세는 사람을 데려오라, 부족의 사람들이여, 와서 재산을 세어봐야 다 헛일이다. 재산은 이 위대한 구리판의 제작자, 수장이 주는 것이니.
　계속하라, 아무도 도달하지 못하는 포틀래치의 기둥을 세워라.
　이것은 단 하나의 굵은 나무, 부족의 단 하나의 굵은 뿌리이기 때문이다.
　자, 우리의 수장님은 집안에서 성을 낼 것이다.
　노여움의 춤을 추실 것이다.
　우리의 수장님은 격노의 춤을 추실 것이다.
　　　　　　　＊　　　　　　　＊　　　　　　　＊
　나는 야콰틀렌리스, 나는 클라우디, 나는 세위드이다. 나는 위대한 유일자, 나는 담배의 소유자, 그리고 위대한 초청자이다. 이 이름들은 내가 어느 부족에게 갔던지 간에 그 부족의 수장의 딸과 결혼했을 때 결혼 선물로서 획득한 바로 그것들이다. 그러므로 나는 신분이 낮은 수장들의 말을 비웃고 싶다. 그놈들이 내 이름에 대항하여 나를 깎아내리려고 해도 헛수고이니라. 나의 조상인 수장들이 한 일에 접근할 수 있는 놈이 있느냐? 그러므로 세계의 모든 부족들은 나를 알고 있다. 나의 조상님이신 수장만이 큰 잔치에서 재산을 물려주셨고 다른 놈들은 내 흉내를 낼 뿐이다. 놈들은 우리 가족의 원조이시며 내 할아버지이신 수장의 흉내를 내려고 하고 있다.

＊　　　　　＊　　　　　＊

나는 부족의 제일인자이다.

나는 부족의 유일자이다.

부족의 수장들은 지방의 수장에 불과하다.

나는 부족들 중의 유일자이다.

나는 초대한 모든 수장 중에서, 나처럼 위대한 자가 있는지를 찾아보지만

나는 손님들 중에서 한사람의 수장도 찾지를 못한다.

놈들은 결코 답례 잔치를 열지 않는다.

고아들, 가난뱅이들이다. 부족의 수장들은 !

놈들은 망신살이 뻗쳤다.

나는 부족의 수장들, 손님들, 수장들에게 바다수달(sea otter)을 주는 자이다.

나는 부족의 수장들, 손님들, 수장들에게 카누를 주는 자이다.

이와 같은 자기 찬미의 노래는 온갖 큰 행사가 행해질 때 수장의 부하들에 의해서 불려진다. 이 자기 찬미의 노래는 그들의 문화를 가장 단적으로 표현한다. 자기가 타인보다 더 우수하다는 마음이 그들의 모든 행동 동기의 중심이 되고 있다. 그들의 사회 조직이나 경제 제도, 종교, 출생이나 죽음은 모두 이것을 표현하기 위한 수단이다. 그들이 생각하는 승리는 공적인 장소에서 자신의 경쟁 상대 —— 그들의 관습에 따르면 상대는 초청된 손님이지만 —— 에게 퍼붓는 산더미처럼 많은 조소와 모욕을 포함하고 있다. 포틀래치에서 주최자측은 구리판을 받아들일 상대방 수장을 조롱하기 위해서 상대와 똑같은 크기의 목각 인형을 만든다. 상대의 가난함을 빨래판과 같은 늑골로 나타내며 그 비천함은 보잘것없는 모습으로 나타낸다. 주최자인 수장은 손님들을 모멸하기 위해서 노래한다.

와, 길을 비켜라,

와, 길을 비켜라,

얼굴을 돌려 대라, 내 패거리 수장들을 때려서 내 노여움을 나
타낼 수 있도록.

놈들은 가장하고 있을 따름이다. 놈들은 단 한 개의 구리판을
몇번이고 팔아서, 그것을 부족의 졸개 수장에게 줄 뿐이다.

아아, 자비를 청하지 말라,

아아, 자비를 청하고 손을 내밀어도 그것은 헛수고이다. 너희
들, 혀를 맥없이 늘어뜨리고 있는 놈들아.

나는 놈들을 비웃을 뿐이다. 자기 집에 있는 [재산 상자를] 텅
비게 하는 놈을, 그의 포틀래치의 집을, 우리에게 배고픈 생각을
가지게 하는 초대소(inviting house)를 비웃을 따름이다.

*　　　　　*　　　　　*

내가 웃는 까닭은 이것이다.

돈이 궁한 자를,

조상 중에 수장인 자가 없나 하고 찾는 자를 비웃는 것이다.

초라한 자들에게는 조상 중에 수장이 없다.

초라한 자들에게는 조상으로부터 이어받을 이름이 없다.

일을 하는 초라한 자들이여,

과오를 범하는 자, 이 세상의 하찮은 곳에서 오는 자.

이것만이 내가 웃는 까닭이다.

*　　　　　*　　　　　*

나는 정복하는 위대한 수장이다.

나는 정복하는 위대한 수장이다.

오오, 이제까지 해온 대로 계속해라.

(연어처럼) 꼬리를 잃고도 열심히 일하면서,

이 세상을 빙글빙글 돌고 있는 자, 그만을 나는 조소할 뿐이
다.

위대한 진짜 수장의 밑에 있는 여러 수장들을 조소한다.

핫하하, 놈들에게 자비를! 말라빠진 푸석푸석한 머리털에 기름을 발라라.

머리를 빗지 않는 놈들의 머리에.

나는 위대한 진짜 수장의 밑에 있는 수장들을 조소한다.

나야말로 사람들을 부끄럽게 만드는 위대한 수장이다.

북서 해안 지방의 모든 경제 체계는 이러한 망상(忘想)의 작용에 따르고 있다. 수장이 승리를 얻는 방법은 두 가지가 있다. 첫째, 경쟁 상대가 필요한 것보다 많은 액수의 이자를 붙여서 답례할 수 없을 만큼 많은 선물을 하여 상대를 수치스럽게 하는 것이고, 또 다른 방법은 재산을 파괴하는 것이다. 이 두 경우에서 선물을 하는 자는 반드시 답례를 요구한다. 그러나 전자의 경우에는 선물하는 사람의 부가 늘어나지만 후자의 경우에는 선물하는 사람은 자기의 재화를 줄이는 결과가 된다. 이 두 가지 방법의 결말은 양극단인 것으로 생각된다. 그러나 콰키우틀 족에게는 이 두 방법은 경쟁 상대를 이기기 위해서 상호 보완하는 것이 되고 있다. 그리고 인생에서의 최대의 영예는 무엇이건 간에 완전한 파괴 행위에서 나온다. 그것은 구리판을 파는 것과 아주 똑같은 도전 행위이다. 그러한 완전한 파괴 행위는 항상 경쟁 상대에게 적대적으로 행해졌고 그러한 도전을 받는 상대는 그와 똑같은 액수의 귀중한 재화를 파괴하지 않으면 안 된다. 그렇지 않으면 스스로를 치욕에서 벗어나게 할 길이 없다.

재화의 파괴에는 많은 형태가 있다. 엄청난 양의 캔들피시의 기름을 소비하는 성대한 포틀래치의 축연은 파괴의 경연으로 간주된다. 그 기름은 손님들의 음식에 아낌없이 사용되고 불 위에도 쏟아 붓는다. 초대된 사람들은 불가에 앉기 때문에 그 기름이 타는 데서 생기는 열기가 그들에게 심한 불쾌감을 일으킨다. 이것도 역시 경연의 일부분으로 간주되고 있다. 모욕을 당하지 않으려면 그들은 비록 불이 심하게 타올라서 집의 서까래에 불이 붙어도 그 자리를 떠나서는 안 된다. 또 한편 주최자는 집이 파괴될 위험에 처해도 전혀 모르는 체해야 한다. 위대한 수장 중의 몇몇은 지붕 위에 남자를 새긴 목각물을 두고 있는데 그것은 토하는 자(the vomiter)라고 불린다. 또한 거기에는 나무로 만든 물통이 준비되어 있으며 그 목각의 열린 입으로부터 비싼 캔들피시의 기름이 끊임없이 시냇물처럼 흘러 지붕 아래에서 타고 있는 불길 속으로 떨어지게 되어 있다. 만일 이 기름의 축연이 초대된 수장이 이제까지 행했던 것보다 더 성대한 것이라면 초대된 수장은 그 집을 떠나 자기 경쟁 상대가 해준 축연을 능가하는 답례의 축연을 준비하지 않으면 안 된다. 그러나 그것이 자기가 이전에 행했던 것에 미치지 못한 축연이었다고 생각되면 그는 그 축연을 개최한 수장에게 산더미 같은 모욕을 퍼붓는다. 그렇게 되면 그 모욕을 받은 수장은 자신의 위대성을 나타내기 위해서 또 얼마간은 그보다 더 정도가 높은 방법을 취하지 않을 수 없게 된다.

이러한 목적을 위하여 주최자는 사람을 보내서 네 척의 카누를 박살내고 그 부서진 조각을 모닥불에 태우기 위해서 날라와야 한다. 혹은 그가 노예를 죽일는지도 모르며 그렇지 않으면 구리판을 부술 수도 있다. 그러나 포틀래치에서 파괴한 모든 구리판이 그 소유자에게 전부 부의 손실이 되는 것은 결코 아니다. 구리판을 파괴하는 데는 여러 가지 단계가 있다. 만일 수장이 자기의 소중한 구리판이 선물하기에 알맞지 않다고 느낄 경우에는 그 구리판의 일부를 잘라내야 하고 그러면 그 상대도 반드시 동등한 가치의 구리판의 일부를 잘라내야 한다. 재화의 답례도 구리판을 모두 선물하는 경우와 마찬가지 방법으로 이루어진다. 다른 경쟁 상대와의 경연에서 구리판이 해안선을 따라 수백 킬로미터에 걸쳐서 뿌려지는 경우가 있다. 맨 끝으로 대수장이 흩어진 구리판 조각들을 긁어 모으기에 성공하면 그는 즉시 그것들을 못으로 박아놓았다. 그렇게 하면 그 구리판은 상당히 그 가치가 늘어나게 되었다.

콰키우틀 족의 철학에 의하면 구리판을 진짜로 파괴한다는 것은 이 관행의 변형에 불과하다. 대수장은 자기 부족을 모아놓고 포틀래치를 거행할 것을 선언한다. "내 집에서 신음하고 있는 내 구리판 단달라유를 불 속에서 태우는 일은 나의 다시없는 자랑이다. 너희들은 내가 이 구리판을 입수하는 데 얼마나 많은 재산을 썼는지를 잘 알고 있을 것이다. 나는 이것을 4,000장의 담요로 입수했다. 자, 이제 나는 내 경쟁 상대를 이기기 위해서 이 구리판을 파괴시키기로 한다. 나는 내 집을 너희들, 내 부족을 위한 싸움의 장소로 만들겠다. 수장들이여, 다행스럽게도 이 포틀래치는 이제까지 행해진 포틀래치 중에서 가장 성대한 것이 된다." 그 수장은 그 구리판을 불 속에 던져넣어 없애버리든가 그렇지 않으면 곶 끝에서 그것을 바다로 던지든가 한다. 그는 자기 재산을 모두 없애는 것과 동시에 어느 무엇과도 비길 수 없는 막강한 위엄을 획득한다. 이것으로 그는 결정적으로 우세한 입장에 설 수 있게 되었고, 경쟁 상대에게 남겨진 길은 동등한 가치가 있는 구리판을 파괴하든가 아니면 패배를 인정하고 경연을 포기하든가 하는 수밖에 없는 것이다.

수장에게는 매우 오만하고 고압적일 정도의 행동이 필요하다. 그러나 수장의 역할이 너무나도 전제적인 경우에는 그것에 대한 문화적인 제재 조치가 필연적이다. 즉 수장이 자신의 부하들을 최후의 궁지에 몰아넣을 정도까지 재산을 파괴할 만큼 자유로운 것은 아니며, 자기들의 부족을 파멸로 인도하는 것 같은 경연에 자유로이 참가할 정도로 자유로운 것도 아니다. 그들이 도덕적 터부——즉 도를 넘치는 데 대한 터부——라고 이름짓고 있는 제한 속에 수장의 행동을 묶어두려는 커다란 사회적 제재가 작용하고 있는 것이다. 도가 넘친다는 것은 늘 위험한 것이므로 수장은 허용되는 범위내에서 행동해야 된다. 관습으로 강요된 제한 범위에는 뒤에 적은 바와 같이 수많은 예외가 있다. 그러나 부족이 지원할 수 있는 것 이상을 수장이 요구하면 즉시 제동이 걸린다. 행운은 도를 넘어선 자를 저버린다고 믿고 있으므로 방종한 수장은 더 이상 부하들의 지지를 받지 못한다. 그만큼 사회가 제한을 두고 있는 것이다. 비록 우리가 볼 때 그 제한이 매우 어이없게 생각되기는 하지만 말이다.

북서 해안 지방에서 우월감을 어느 만큼 마음껏 나타내고자 하는 이러한 소망은 포틀래치 교환의 여러 미세한 부분에 걸쳐서 표현되고 있다. 큰 포틀래치를 개최할 때에는 초대장이 일년 또는 그 전부터 보내져 멀리 떨어진 부족의 귀족들도 배를 타고 온다. 주최자는 자기 찬미의 연설과 자기의 이름과 구리판의 위대성을 주장하고 구리판 판매를 시작한다. 그는 먼저 초대된 사람들에게 답례로 가지고 온 선물의 내용을 제시하도록 요구한다. 초대된 사람들은 처음에는 자기들의 재산의 극히 일부만을 제출한 다음 서서히 분위기를 고조시켜간다. 초대된 사람들이 저마다 상담을 전개시킬 때마다 팔려는 측은 모욕의 말을 퍼붓게 된다. "너희는 이것으로 된다고 생각하는가? 이같이 위대한 구리판을 그 정도로 사려고 결심했다니 너희들은 앞뒤도 모르는 놈들이군. 아직 끝나지 않았어. 더 많이 내놔. 이 구리판의 값은 나의 위대함에 대응하는 것이다. 400장의 담요를 더 내놔야 돼." 그러면 "수장이여, 당신은 참으로 연민의 정도 없는 분이시군" 하면서 사려는 측은 즉시 수장이 요구하는 만큼의 담요를 내놓는다. 주최자 쪽의 수장의 계산을 맡은 자는 장수를 소리 높여 세면서 모인 부족들에게 다음과 같이 말한다. "여보시오. 부족 사람들이여. 우리가 어떻게 해서 담요를 손에 넣었는지를 잘 알았을 것이다. 우리 부족은 놈들이 구리판을 사려고 할 때, 아주 강력한 입장에 설 수 있다. 놈들은 너희들과는 다르다. 내가 여기에 1,600장의 담요를 운반하여 쌓아놓았다. 콰키우틀의 수장님들이여, 이것은 구리판을 어떻게 사는가를 모르는 놈들에게 일러주는 말입니다." 담요를 계산하는 자가 위와 같은 말을 마치면 그의 수장이 일어나 사람들에게 이렇게 말한다. "이제 너희들은 내 이름을 보았다. 이것이 내 이름이다. 이것이 내 이름의 무게이다. 이 담요는 산더미같이 쌓여 우리들의 하늘 밑에까지 도달할 것이다. 나의 이름은 바로 콰키우틀의 이름이다. 부족 사람들이여, 너

희들은 우리가 하는 것같이 할 수가 없다. 이제 두고보라. 이후로
도 너희들에게 우리의 구리판을 사가라고 할 것이다. 부족 사람들
이여, 너희들이 내게서 구리판을 사가는 것을 나는 기대하고 있지
않다."

그러나 구리판 매각은 이제 겨우 시작된 것에 불과했다. 구리판
을 내놓으려고 하는 주최자인 수장은 일어나서 자신의 위대함과 권
위를 열거한다. 그는 자기의 신화적인 조상에 대해서 이야기하고
다음과 같이 말한다. "나는 어떻게 구리판을 사는가를 잘 알고 있
다. 수장, 너는 늘 자신이 부자라고 말하고 있다. 너는 이 구리판
에 아무런 배려도 하지 않는가? 수장, 우선 1,000장의 담요를 더
내놓아라." 이같이 해서 구리판의 값은 차례차례 올라가고 마침내
는 담요가 3,200장으로까지 늘어난다. 그 다음에 구리판을 사려고
초대된 수장은 그 막대한 수의 담요를 넣어둘 값비싼 상자를 내놓
으라는 요구를 받는다. 그러면 상자를 가져온다. 그러나 "구리판의
소유자를 빛나게 하려면" 좀더 많은 선물이 필요하다. 사려는 자는
그 요구에 따라서 더욱 많은 선물을 내놓으며 다음과 같이 말한다.
"잘 들어라, 수장들아, 50장의 담요와 같은 값인 이 카누와 또 50
장의 값인 이 카누와 또 50장의 값인 이 카누, 그리고 이 200장의
담요를 함께 가지고 몸치장을 하라. 지금 여기에 4,000장의 담요가
있다. 이만하면 좋을 것이다." 구리판의 주인은 "됐다"라고 말한
다. 그러나 아직 거래는 끝나지 않았다. 사려는 수장은 그것을 내
놓으려는 수장에게 다음과 같이 말한다. "수장, 어째서 그것으로
된다고 말하는가? 그대는 너무나 성급하게 거래를 마치려고 한다.
수장 너는 나를 매우 가난하다고 생각하는 게 틀림없군, 나 역시
콰키우틀이다. 나도 전세계의 모든 부족이 그 이름을 부여받았던
콰키우틀의 일원이다. 아직 내가 너와 거래를 마치지도 않았는데
너는 벌써 항복하고 있구나. 너는 앞으로 계속 우리보다 낮은 신분
을 감수해야 된다." 그는 자기의 누이동생인 자기 아내에게 심부름
꾼을 보내어 그의 경쟁 상대에게 "수장 아내의 옷"인 200장의 담요

를 더 주었다. 이 200장으로 5,000장이 되었다.

이상이 다소 판에 박힌 구리판 매입의 절차이다. 대수장끼리의 경쟁에서는 이 문화의 진수인 무지막지함과 맞겨루기가 유감없이 발휘된다. 이 경쟁들이 어떤 과정에서 공공연한 적대의 장소가 되는가를 잘 보여주고 있다. 이 두 수장은 원래 친구였다. 스로 어웨이는 그의 친구인 패스트 러너의 씨족을 연어 알의 향연에 초대했는데 깜박 잘못하여 손님에게 충분한 경의를 표하지 않았다고 생각될 정도로 지저분한 카누 위에서 연어의 기름과 알을 내놓았던 것이다. 패스트 러너는 이것을 자기들에 대한 심한 모욕으로 받아들였다. 그는 흑곰의 담요를 머리에 뒤집어쓰고 그곳에 드러누워 대접을 거절했다. 수장이 불유쾌하다는 것을 안 그의 모든 친족들 역시 덩달아 그 자리에 드러누웠다. 초대자는 그들에게 식사를 권했으나 패스트 러너는 모욕에 대한 불만을 표명하기 위해서 자기의 대변인에게 다음과 같이 말하게 했다. "너희들이 내놓은 이런 더러운 음식물을 우리 수장이 먹을 수 있다고 생각하는가. 오오, 이 더러운 놈들아." 스로 어웨이는 조롱하는 투로 다음과 같이 답했다. "듣자하니 너희들은 마치 자신이 대단한 부자이기나 한 것처럼 말하는군." 그것에 대해서 패스트 러너는 "그래, 우리는 큰 부자이다"라고 응수하고 바다의 괴물(sea monster)이라고 하는 자신의 구리판을 곧 가져오도록 심부름꾼을 보냈다. 부하는 가지고 온 구리판을 그에게 넘겼다. 그러나 그는 자기의 경쟁 상대의 불을 끄기 위해서 그 구리판을 모닥불 속에 밀어넣었다. 이에 대해서 마찬가지로 스로 어웨이도 심부름꾼을 보내어 아스칸스를 보았다(looked at Askance)라는 자기의 구리판을 가져오게 하여 역시 그것을 "모닥불이 계속 타도록" 축제 장소에 있는 모닥불 속에 밀어넣었다. 그러나 패스트 러너도 이번에는 두루미(crane)라는 이름의 또 다른 구리판을 가져오게 한 다음 "모닥불을 끄기 위해서" 그것을 모닥불 위에 올려놓았다. 그러나 스로 어웨이는 불행하게도 다른 구리판이 없었으므로 그의 모닥불을 계속 태울 수 없었고 마침내 그는 제1회전에서는 패배했다.

　다음날 패스트 러너는 답례의 축하연을 열기로 하고 스로 어웨이를 초대하려고 심부름꾼을 보냈다. 한편 스로 어웨이는 그동안 재산을 담보로 해서 구리판 한 개를 빌렸다. 스로 어웨이는 야생 사과와 수지(樹脂)가 나왔는데도 그것들을 먹기를 거절하고 전날 패스트 러너가 말한 대로 똑같은 말을 하고 심부름꾼을 보내어 낮의 얼굴(day face)이라는 구리판을 가져오게 했다. 그런 다음 그 구리판으로 자기 경쟁자의 불을 꺼버렸다. 모닥불이 꺼지자 패스트 러너는 일어나 그들에게 이렇게 말했다. "이제 확실한 내 불은 꺼졌다. 그러나 잠깐 기다려라. 다시 한번 고쳐 앉아 내가 하는 모양을 똑똑히 보아라." 그는 흥분 상태를 가장하여 자기가 가입하고 있는 멍청이 결사의 춤을 춘 다음, 자기 장인의 카누 4척을 마구 파괴했다. 그의 부하들은 그 부서진 카누의 조각을 축하연이 벌어지고 있는 오두막까지 가져와서 그것을 쌓아올린 다음 모닥불을 피웠다. 그렇게 해서 그들은 스로 어웨이의 구리판으로 모닥불이 꺼졌다는 수치를 벗어나려고 했다. 초대된 사람들은 어떤 일이 벌어져도 그 자리에서 떠나려고 하지 않았다. 그렇지 않으면 패배를 인정하는 것이 된다. 스로 어웨이의 흑곰의 가죽은 불에 그슬렸으며 털가죽 밑의 그의 발은 불에 데어 물집이 생겼지만 그는 그 자리에서 꿈쩍도 하지 않았다. 불이 꺼진 다음에 비로소 그는 아무 일도 없었던 것같이 일어서고 그의 경쟁 상대의 낭비에 전혀 무관심하다는 듯이 잔치상을 받았다.

　패스트 러너와 스로 어웨이는 마침내 공공연한 적대 관계에 놓이게 되었다. 그래서 그들은 세속적인 특권보다는 종교적인 특권을 사용할 수 있는 비밀 결사에 들어가는 적대적인 입회식을 거행하기로 결정했다. 스로 어웨이는 비밀리에 겨울 의식을 거행하기로 계획하고 있었는데 이것을 밀고자로부터 전해들은 패스트 러너는 그를 타도하기로 결심했다. 스로 어웨이는 한 아들과 한 딸을 입회시켰는데 패스트 러너는 두 아들과 두 딸을 입회시켰다. 그래서 패스트 러너는 그의 경쟁자를 훨씬 앞서게 되었다. 그의 네 아이들이 격리 기간을 마치고 돌아오고 춤의 흥분이 절정에 달했을 때 패스트 러너는 멍청이 춤의 무용수와 회색 곰 결사로 하여금 한 노예를 학살하여 그의 머리 가죽을 벗기게 했고 그 인육을 식인하는 사람이 먹도록 했다. 패스트 러너는 그 머리 가죽을 스로 어웨이에게 주었다. 스로 어웨이는 이 같은 강력한 행위에 도저히 대항할 수가 없었다.

패스트 러너는 또 다른 면에서도 승리를 거둘 수 있었다. 그 까닭은 그의 두 딸은 전쟁 춤의 무용수로서 입회하여 자신들을 불 위에 앉히도록 부탁했기 때문인 것이다. 장작이 불가에 산처럼 쌓이고 두 딸은 불 속에 던져질 수 있도록 판자 위에 묶였다. 그러나 실제로는 두 딸을 대신해서 두 노예가 전쟁 춤의 무용수와 똑같은 모양으로 꾸며지고 불 속에 던져졌다. 나흘간 패스트 러너의 딸들은 숨어 있다가 화형된 노예의 재 속에서 당당히 되살아난 모양으로 나타났다. 스로 어웨이는 이 패스트 러너의 화려한 특권 과시에 대항할 수 없었으므로 그와 그의 부하들은 누트카 족(Nootka)과 싸우려고 갔다. 그러나 그 전투에서 되돌아온 사람은 한 사람뿐이었으며 그는 전투의 패배와 자기 편의 전멸이라는 비보를 알렸다.

이 이야기는 실화이며 실제로 이와 비슷한 경쟁을 목격한 사람들의 이야기도 많이 있다. 그들 이야기는 다만 경쟁 상대의 수장들이 자신의 위대성을 과시하는 방법이 조금씩 다를 뿐이며 대체로 앞에서 말한 바와 같았다. 아직도 살아 있는 사람들이 본 어떤 한 경우에서는 수장이 자기 경쟁자의 모닥불을 7척의 카누와 400장의 담요로 "끄려고" 했을 때 그 반대로 초대한 측은 불 속에 기름을 쏟아 넣었다는 이야기가 있다. 그때 오두막 지붕에 불이 옮겨 붙어서 오두막은 대부분 불에 타버렸는데도 거기에 관여하고 있는 사람들은 전혀 무관심한 척 그 자리를 떠나지 않았으며 계속 더 태우려고 보다 많은 재산을 모닥불 속에 던졌다고 전해진다.

그러고 난 다음 200장의 담요를 가지러 갔던 사람들이 돌아
와 그 담요를 주인측의 모닥불의 속에 던졌다. 이제 그들은 주
최자의 "모닥불을 끈 것이다." 그때 초대한 측은 보다 더 많은
새랄 과실(salal berry)과 야생 사과를 먹으면서 그들의 딸이
춤추고 있을 때 가지고 있던 구리판을 모닥불 속에 밀어넣었
다. 국자로 기름을 푸고 있던 네 명의 젊은 남자는 국자 하나
가득히 기름을 떠서 불 속에 쏟아넣었다. 그래서 기름과 담요
는 전부 세차게 타올랐다. 주최자는 기름을 퍼서 그것을 경쟁
상대자들 주위에 다 쏟아부었다.

이 같은 경쟁은 야망의 절정이었다. 그들의 이상적인 인간상은
이러한 경쟁을 통해서 묘사되었으며 이 경쟁에 내포된 특유한 모든
동기는 미덕으로 간주되었다. 한 늙은 여자 수장은 포틀래치의 자
리에서 자기 아들에게 이렇게 훈계했다. "나의 부족들이여, 이제
나는 아들에게 특별히 일러둘 말이 있다. 친구들이여, 당신들은 모
두 내 이름을 알고 있다. 당신들은 또 나의 아버지도 알고 있으며
아버지가 그 재산으로 무엇을 했는가도 알고 있다. 아버지는 두려
움을 모르는 분이었으며 자신이 한 일을 전혀 마음에 두지 않았다.
아버지는 노예를 양도했으며 죽이기도 했다. 아버지는 또 카누를
양도하거나 축연이 있던 집의 불에다 그것을 태우기도 했다. 그는
수달의 모피를 자기 부족내의 경쟁 상대에게 양도하기도 했고 그
수달의 모피를 갈기갈기 찢어버리기도 했다. 당신들은 내 말이 진
실임을 알고 있을 것이다. 아들아, 이것이 아버지가 너를 위해서
구축해놓은 길이다. 그리고 너는 이 길 위를 걸어가야 한다. 아버
지는 보통 인간이 아니었다. 그는 코스키모 족(Koskimo)의 진실한
수장이었다. 아버지가 한 일과 똑같은 일을 하라. 단추가 달린 담
요를 갈기갈기 찢어버리든가 아니면 그것을 우리들의 경쟁 상대인
부족에게 주어라. 내가 말하고자 하는 바는 그것뿐이다." 이 말에
대하여 아들은 다음과 같이 말했다. "나는 아버지가 나를 위해서

구축한 길을 헛되이 하지는 않을 것입니다. 또 나는 수장이 만든 계율을 깨뜨리지 않을 것입니다. 나는 이 담요들을 경쟁 상대에게 주겠습니다. 우리가 지금 하고 있는 싸움은 즐겁기도 하며 또 억센 것입니다." 그리고 그는 그 담요를 분배했다.

북서 해안 지방에서 재산의 분배가 이러한 형태로 이루어지는 경우는 참으로 많았다. 그와 같은 경우의 대부분은 경제적인 교환과는 전혀 다른 것이다. 만일 우리가 콰키우틀 족에게 흐르고 있는 특이한 심리적 구조를 이해하고 있지 않았다면 콰키우틀 족이 결혼, 죽음, 기타 경우에서 보이는 행동을 이해할 수 없었을 것이다. 이성간의 관계, 종교, 심지어는 불운까지도 그들의 문화 속에서 교묘하게 짜여져 있다. 그리고 그 교묘함은, 그와 같은 여러 경우가 재산의 분배와 파괴로 그 우월성을 과시할 수 있는 기회를 제공해 주는 정도에 따라 비례했다. 그중에서 주된 기회는 상속인에게 특권을 양도하는 경우, 결혼식, 종교적 권력을 획득하고 그것을 과시하는 경우, 장례식, 전쟁, 재난을 당했을 경우 등이다.

상속인에게 특권을 양도하는 경우는 거리낌 없이 자신의 위대성을 과시할 수 있는 절호의 기회였다. 온갖 칭호와 특권이 상속인에게 양도되어야 했다. 그리고 이 같은 칭호와 특권의 수여는 재산의 화려한 배분과 파괴를 통하여 정당화되는 것이었다. "부의 갑옷과 투구"는 새로운 부담 위에서 갖추어야 한다. 이 같은 종류의 포틀래치는 중요하며 또 복잡한 것이었는데 그 절차의 기본적인 특징은 매우 단순한 것이었다. 그 다음의 포틀래치는 "그의 왕자의 이름인 틀라소티왈리스(Tlāsotiwalis)의 위대함을 칭송하는 것"인데 이것은 매우 특색 있는 것이었다. 그것은 계보내의 모든 부족을 위한 축연인데 모든 사람들이 모였을 때 틀라소티왈리스의 아버지인 수장이 가족 신화로 자기가 부여받은 특권을 사람들에게 극적으로 말해주고 자기 아들의 이름이 바뀌었음을 선언한다. 이것으로 그 상속인은 전통적인 왕자의 이름 하나를 계승하게 되며 그의 명예를 위하여 재산이 바야흐로 배분되게 되었다. 춤이 최고조에 이르렀을 때 사람들은 아버지의 이름으로 아들이 아버지를 위해서 만든 노래를 합창했다.

길을 비키고 이것[구리판]을 그에게 잡게 하라. 이것으로 나는 늘 적의 수장을 치고자 한다.
부족의 사람들이여, 혀를 내밀거나 두 손을 뒤로 뻗으면서 자비를 구하지 말라.

그런 다음 젊은 왕자는 덴탈라유라고 하는 구리판을 손에 쥐고 안방에서 나왔다. 아버지는 그에게 다음과 같은 매우 도발적인 충고를 해주었다. "오오, 수장인 틀라소티왈리스, 너는 위대하다. 너는 참으로 그렇게 되기를 바랐던가. 너는 참으로 이 덴탈라유라고 불리는 구리판을 모닥불 옆에 죽은 듯이 눕혀놓아도 되는가. 너의 특권에 따라 행동하라. 나는 참으로 구리판을 이렇게 만든(즉 구리판을 파괴한) 엄청난 수장들의 자손이다." 그의 아들은 온갖 부수적인 의식과 함께 구리판을 부수고 그것을 경쟁 상대자들에 배분하고 초대된 사람들에게 다음과 같이 말했다. "어떠한 것도 두려워하지 않는 무모하고도 무자비한 수장이 걷는 길을 나의 아버지인 수장이 만들었는데, 나도 그 길을 걸어갈 작정이다. 수장들이여, 나는 부족을 위해서 산산조각이 날 때까지 덴탈라유에 맞추어 춤을 추었다." 그는 재산의 나머지를 모두 배분하고 자기 아버지의 수장의 지위를 자기의 것으로 만들었다.

이런 종류의 포틀래치의 한 변형으로서 수장 가족 중 고참인 여성, 즉 수장의 누이동생이라든가 딸이 성인이 되었을 때 행하는 포틀래치가 있다. 물론 이름의 위대함은 상속인에게 특권을 양도하는 경우처럼 성대하지는 않지만 그래도 그 경우와 마찬가지로 정당화되어야 한다. 담요와 구리판을 제외한 다른 막대한 양의 재산이 배분되기 위해서 모아졌다. 그와 같은 재산은 부인의 옷 또는 조개 채집을 위한 부인용 카누, 금은 팔찌, 귀걸이, 초롱 모자, 전복으로 된 장식품 등이었다. 이것들을 배분함으로써 수장은 좀더 위대한 수장으로 접근할 수 있는 사다리를 한층 올라갔다고 주장할 수 있었다. 그것은 그들의 방식대로 말한다면 "통과한 수장"이라는 뜻이었다.

북서 해안 지방에서 상속인을 위해서 포틀래치를 한다는 이야기는 그 포틀래치가 가져다주는 자기 찬미와 과시의 기회가 있음에도 불구하고 결코 직접적으로 경쟁 상대자와 대항하는 것은 아니었다. 그리고 그것은 결코 혼인이 핵심이 되는 포틀래치만큼 그들의 문화를 충분히 표현하고 있지는 않다. 혼인은 구리판을 입수하는 경우와 마찬가지로 흡사 전쟁처럼 극적으로 표현되고 있다. 바야흐로 혼인을 맺고자 하는 중요한 지위에 있는 남자는 자기 친척과 동료들을 불러모아 전쟁 집단 같은 것을 꾸미고 다음과 같이 말한다. "지금 우리는 여러 부족과 전쟁을 하게 될 것이다. 내가 아내를 집으로 맞아들이는 것을 도와달라." 즉시 전쟁 준비가 갖추어진다. 그러나 그들이 싸움에 사용하는 무기는 그들이 가진 담요와 구리판이었다. 본질적으로 전쟁은 재화의 교환을 통해서 이루어졌다.

신부를 맞기 위해서 신랑이 지불하는 신부 값은 구리판 매입의 경우와 같이 점차 그 값이 올라갔다. 신랑과 그의 부하들은 무리를 지어 신부의 아버지 집으로 몰려갔다. 각 귀족들은 "신부를 바닥에서 위로 들어올리기 위해서" 또는 "신부를 위한 자리를 확보하기 위해서" 자기 재산의 일부를 가지고 모였다. 그들은 신부의 가족을 압도하고 신랑의 위대성을 과시하기 위해서 점점 더 많은 담요의 수를 세었다. 이 두 집단간의 투쟁에는 다른 표현이 주어졌다. 신랑측의 일단은 무장을 하고 신부의 부락을 습격했고, 이에 대항해서 신부의 부락은 습격한 자를 격퇴하려고 했다. 전쟁은 아무도 말릴 수 없으며 사상자를 내기도 했다. 혹은 장인은 부하들을 타오르는 횃불로 무장시켜 서로 마주 보고 두 줄로 정렬시켰다. 그렇게 되면 신랑 일행은 태형(笞刑)을 감수해야 했다. 다른 가족들은 특권으로 연회의 집안에다 거대한 모닥불을 피울 권리를 가지고 있었으며 신랑 일행은 모닥불 바로 곁에 앉아야 했고 화상을 입을 때까지 그 자리에 꼼짝 않고 있어야 했다. 한편 신부 집의 또 하나의 문장(紋章)의 특권인 목각으로 된 바다 괴물은 그 입에서 일곱 개의 두개골을 토해냈으며 신부의 아버지는 신랑 일행을 우습게 보면서 다음과 같이 말했다. "조심해, 과체녹스! 이 해골들은 내 딸들과 결혼하려고 찾아왔다가 내 모닥불이 무서워서 도망쳐버린 구혼자들의 것이다."

　이미 말한 대로 이 같은 경우에 사는 것은, 사실은 신부가 아니라 그녀가 자기 자식에게 당연히 양도해줄 권리가 있는 그 특권이었다. 신부 값은 북서 해안 지방의 다른 거래에서처럼 그것을 받아들인 장인이 후에 그것을 몇배로 해서 신랑측에 답례해야 하는 일종의 부채였다. 신부 값에 답례를 하는 경우는 딸 부부에게 아이가 생겼을 때 또는 그 아이가 성인이 되었을 때이다. 그와 같은 기회에 장인은 자기가 받아들인 물질적인 재산의 몇배가 되는 양의 재산을 사위에게 주며, 게다가 더욱 중요한 것으로서 장인은 딸의 아이들에게 계승될 이름과 특권도 동시에 사위에게 넘겨주었다. 이것들은 사위의 재산이 되었는데, 그러나 엄밀한 의미로는 그것들은 그의 재산이 아니며 그는 다만 그것들을 자기가 선정한 상속인에게 양도할 수 있는 권리만을 가질 따름이었다. 또 때로는 그 상속자는 그러한 권리를 상속받은 바로 그 아내의 아이들이 아닐 수도 있었다. 사위 자신을 위한 포틀래치의 공적에서 사위가 그 이름이나 특권을 사용할 수 없다는 의미에서 그것들은 그의 재산이 아니라고 말할 수 있다. 위대한 가계에서는 신부 값에 대한 그 답례가 딸 부처의 장남이든가 아니면 장녀가 유명한 식인 결사에 가입하는 연령이 되기까지 결혼 후 여러 해 동안이나 연기되었다. 이런 경우 비로소 장인으로부터 막대한 양의 답례를 받으려 하는 사위는 대대적인 겨울 의식을 개최하여 그 의식에 필요한 막대한 양의 재산 분배에 책임지려고 한다. 물론 이에 필요한 비용 전부는 장인의 답례로 지불된다. 이 의식은 또 딸 부부의 아이들이 식인 결사에 들어가기

위한 입회식이기도 하며, 이때 젊은 남녀(아들이나 딸/역자 주)가
받게 되는 이름과 특권은 양친이 결혼할 때의 지불에 대한 답례이
며 그것은 결혼의 거래가 포함하고 있는 것 중에서 가장 가치 있는
재산이기도 했다.

답례의 액수와 답례가 행해지는 시기는 가족의 지위와 태어난 아
이의 수, 기타 각각의 결혼에 따라서 생기는 다른 요인을 고려하여
결정되었다. 그러나 의식은 모두 일정한 형식대로 극적으로 이루어
졌다. 장인은 수년 전부터 그 준비를 했다. 답례를 할 때가 오면
장인은 그가 대여하고 있던 모든 재산을 회수하고 식료품, 담요,
상자, 접시, 스푼, 솥, 팔찌 그리고 구리판 등을 넉넉하게 비축했
다. 팔찌는 10개씩 나무막대기에 묶었고 스푼이나 접시는 긴 밧줄
인 "카누의 닻줄"에 매어놓았다. 장인의 친족들은 그를 원조하기
위해서 모여 재산 과시에 도움을 주었다. 한편 사위의 친족들은 모
두 축제의 복장을 하고 해안을 바라볼 수 있는 사위의 집의 축대
위에 모였다. 장인 일행은 "카누"를 해안 위에 만들었다. 모래 위
에서 만든 카누는 사방 수십 미터 되는 정사각형이었으며, 동물의
얼굴이 그려졌고 수달의 이빨이 삽화로 들어 있는 조상 전래의 의
식 상자의 뚜껑 모양을 본뜨고 있었다. 그들은 장인이 모은 모든
재화를 이 카누의 밑바닥에 운반했다. 그들은 목각 주발과 야생 염
소의 뿔로 된 값비싼 스푼을 메어달은 닻줄로 카누의 뱃머리와 사
위 집의 축대를 서로 연결했다. 모든 장인 친족들은 카누를 탔으며
그들과 사위의 일행은 번갈아가면서 제각기 귀중한 노래를 불렀다.
사위의 처, 즉 결혼할 때 이미 지불된 신부 값에 대한 답례가 이루
어지는 바로 그날의 장본인이 되는 여성은 그녀의 부모와 함께 카
누를 타고 있었으며 그녀는 자기 남편에게 양도하려고 하는 수많은
장신구로 몸단장을 무겁게 하고 있었다. 이 의식에서 가장 멋진 무
용은 그녀가 추는 것이었다. 그때 그녀는 자신의 장신구를 과시하
는데, 전복으로 만든 코걸이는 너무나 커서 그것이 코에 걸려 있게
하기 위해서는 줄로 귀에다 묶어놓아야 했으며 또 귀걸이 역시 너

무 무거웠으므로 머리 타래에다 묶어놓아야 했다. 그녀의 춤이 끝났을 때 그녀의 아버지는 일어섰고 카누 속의 모든 재산에 따르는 칭호는 사위에게 주어졌다. 중요한 재산은 조그마한 상자 속에 들어 있었다. 또한 그 상자에는 딸 부부의 아이들을 위해서 사위에게 양도한 이름과 종교 결사의 구성원으로서의 특권을 나타내는 증거품도 들어 있었다.

모든 재산에 대한 칭호가 사위에게 주어지면 곧 그의 친구들은 손에 손에 도끼를 들고 카누로 달려 내려가 "지금 우리들의 짐을 가득 실은 카누가 부서진다"고 외치면서 카누의 형상을 본딴 상자의 뚜껑 하나를 때려부순다. 한편 사위도 "자, 모두 함께 즐기자" 하고 맞장구를 친다. 그것은 카누를 침몰시키는 것이라고 불리는 것이며 이것은 사위가 배에 가득히 쌓인 모든 재산을 부족 사람들에게 나누어주려는 사실을 의미하는 것이었다. 즉 그것을 나누어주고 이자를 받아서 자신의 재산을 한층 더 증가시키려는 것을 나타내는 것이었다. 이때가 모든 남자의 일생에서 절정의 시기이며 이런 경우 사위의 노래는 권력의 절정에 있는 수장의 승리를 표현했다.

나는 가서 스티븐스 산을 산산조각 내겠다.
나는 그것을 내 부싯돌로 쓰겠다.
나는 가서 카츠타이스 산을 부수겠다.
나는 그것을 내 부싯돌로 쓰겠다.

한 야심 있는 남자는 네 번이나 결혼하여 한층 중요한 특권에 대한 칭호를 얻으려고 했으며 신부 값에 대한 답례를 획득하려 했다. 만일 이런 종류의 혼인을 바라기는 하나 적당한 결혼 상대가 되는 처녀가 없을 경우에도 재화의 이동은 일어날 수 있다. 그런 사위는 그의 장인의 "왼발" 또는 "오른팔" 또는 장인의 몸의 다른 부분과 결혼했다고 사람들은 말한다. 즉 진짜로 결혼했을 경우와 똑같은 의식을 거쳐서 가공의 결혼이 이루어지며 이 같은 가공 결혼이라는 방법을 통해서도 특권은 양도되는 것이다. 북서 해안 지방에서 이 처럼 결혼이 특권을 양도하기 위한 정식 방법이 되고 있음을 이와 같은 경우를 보면 분명히 알 수 있는데, 그것은 질투 어린 전쟁의 원인이 되는 부족간의 결혼에 관한 많은 이야기에서는 한층 더 두 드러지게 나타난다. 귀족 여성이 다른 집단으로 시집을 간다는 것 은 그녀 쪽 부족 사람들이 놓치고 싶지 않은 춤과 특권을 상실한다 는 것을 뜻한다. 일찍이 장인에게 춤을 부여한 부족이 그 춤을 자 기 부족의 경쟁 상대자인 수장에게 양도하게 될 결혼식 자리에서 난폭하게 군 일이 있었는데, 이것이 바로 그러한 예의 하나가 될 수 있다. 그들은 축하연을 연다고 거짓으로 꾸미고 장인과 그 부족 의 사람들을 초대했다. 사람들이 모두 모였을 때 그들은 초대한 사 람들을 습격하고 장인과 그의 친구를 많이 죽였다. 이같이 해서 그 들은 춤에 대한 칭호가 경쟁 상대자인 수장의 손으로 넘어가는 것 을 미연에 방지한 것이다. 그렇게 하지 않으면 경쟁 상대자인 수장 은 그 춤의 권리를 결혼 값에 대한 답례로서 받아들이게 되기 때문 이었다. 그러나 장인의 죽음으로 욕심을 냈던, 춤의 권리를 손에 넣을 수 없었던 경쟁 대상자인 수장은 그렇게 간단히 물러서지 않 았다. 그는 자기의 장인이 될 사람을 죽이고 그 춤의 권리를 획득 한 다른 남자의 딸과 혼인을 맺었다. 그렇게 함으로써 그는 자신이 애당초에 결혼으로 획득하려던 춤을 손에 넣을 수가 있었다.

북서 해안 지방에서의 결혼은 전적으로 상업적인 거래의 일종이 며 그것은 아주 비슷한 특이한 계율에 따라 이루어지고 있다. 여자 가 결혼하여 아이를 낳으면 친정에서는 먼저 받은 신부 값에 대한 답례로서 막대한 재화를 지불해야 하는데 그렇게 되면 그 여자는 그녀의 혈연들이 다시 사들인 사람으로 간주되었다. 아내를 "공짜 로 집에 머물러 있게" 한다는 것은 물론 남편의 위엄을 크게 떨어 뜨리는 것이 된다. 그래서 남편은 자신이 전혀 그 값을 치르지 않 고 있다는 것과 또한 남의 호의를 받지 않고 있다는 것을 보여주기 위해서 장인에게 새 선물을 보낸다.

만일 혼인에 따르는 재화의 교환에 대하여 당사자간에 불만이 생겼을 경우에는 장인과 사위와의 사이에는 공공연한 반목이 야기된다. 언젠가 한번 장인이 딸 부부의 제일 어린아이의 성인식을 위해서 사위에게 많은 담요와 이름 하나를 주었는데, 사위는 그 담요들을 경쟁 상대자인 지역 집단에 나누어주는 대신에 자신의 친척들에게 나누어주고 말았던 적이 있었는데, 이런 때 공공연한 반목이 생긴다. 이것은 장인에 대한 대단한 모욕이 된다. 왜냐하면 그 행위는, 선물이 그의 이름의 위대함에 비해서 너무나 적고 하잘것없다는 뜻이 되어버리기 때문이다. 장인은 이 모욕에 대해서 딸과 딸의 두 아이들을 자기의 부락으로 도로 데려간다는 보복 수단을 취하였다. 장인은 이 보복 수단이 사위에게 대단한 고통이 되리라고 기대하고 있었는데 사위는 처와 두 아이들을 장인이 데려가는데도 무관심을 가장하고 그들을 단념함으로써 오히려 장인을 역습했다. "그래서 장인은 창피스러운 입장이 되었다. 그 까닭은 그의 사위는 자기 자신의 아이들을 만나려고도 하지 않았기 때문이다." 그 사위는 다른 아내를 맞아들여 평생을 보냈다.

또 어떤 수장은 자신의 장인이 신부 값에 대한 답례를 부당하게 늦춘 것을 참을 수가 없었다. 이것도 두 사람간에 반목이 생기는 경우가 된다. 그는 자기의 처와 꼭 닮은 초상을 조각한 다음 부락의 모든 사람을 축하연에 초대하고 사람들이 보는 앞에서 초상의 목 주위에 돌을 매달아 그 목각 초상을 바다에 던져넣었다. 이 같은 모욕을 씻으려면 장인은 자기가 가진 재산의 몇배가 되는 재화를 분배하고 파괴하지 않으면 안 되었다. 따라서 이 같은 방법으로 사위는 처의 높은 지위를 떨어뜨릴 수 있었으며 그녀를 통하여 장인의 높은 지위도 파괴할 수 있었다. 물론 이 결혼은 취소되었다.

자기 자신의 힘으로 귀족의 칭호를 상속받을 수 없는 남자는 지위가 높은 여성과 결혼을 함으로써 높은 지위를 획득할 수 있는 가능성이 있다. 그와 같은 방법을 취하는 사람은 보통 장자 상속이라는 관습 때문에 높은 지위에 오르지 못하는 차남, 삼남이었다. 만일 그가 높은 지위의 여자와 마침 결혼할 수가 있고 또한 자기의 부채를 잘 처리하여 부를 증가시키면 때때로 그는 부족의 위대한 남자들과 나란히 스스로 매우 높은 지위에 나갈 수가 있었다. 그러나 그 길은 매우 험난했다. 지위가 높은 여자의 가족으로서는 딸을 평민과 결혼시키는 것이 매우 불명예스러운 일이었다. 신랑이 필요한 재화를 모을 수 있는 능력이 없기 때문에 그러한 결혼에 따르는 재화의 교환은 보통 불가능했다. 포틀래치에 의해서 인정되지 않았던 결혼은 "개와 같은 금수가 맞붙은 것"이라고 일컬어졌으며 그러한 결혼으로 생긴 아이는 사생아로 경멸을 받았다. 만일 그의 아내가 자기가 가진 귀족의 칭호를 남편에게 준다면 그 남자는 공짜로 그것을 획득한 자라고 일컬어지며 그것은 가족의 치욕의 원인이 되었다. "그녀가 평민을 남편으로 삼았기 때문에 그들의 이름은 더럽혀졌고 평판이 나빠졌다." 그 남편이 제아무리 재산을 저축하고 그의 이름에 대한 권리를 정당화하려고 힘써도 그 오명은 부족에 의해서 계속 기억되며 수장들은 일체가 되어 그를 적대시하고 포틀래치에서 그를 패배시켜 그의 주장을 분쇄하려고 한다. 한번은 귀족의 여자와 결혼한 평민의 남자가 백인에게서 얻은 돈을 효과적으로 사용하여 높은 지위를 획득한 일이 있었는데 그때 수장들은 자기들이 소유하는 온갖 구리판을 다 합해서까지 그 남자를 이겨내려고 했던 것이다. 결국 수장들은 그 남자의 오명을 지속시키는 데 성공했다는 것이다. 그 이야기에 의하면 수장들은 12,000장의 담요와 동등한 가치가 있는 구리판과 9,000장의 담요와 동등한 값의 구리판 그리고 18,000장의 담요와 같은 값의 구리판을 파괴했는데, 그것에 대해서 그 남자는 파괴된 세 개의 구리판을 이겨내기에 충분한 구리판을 입수하는 데 필요한 39,000장의 담요를 모을 수가 없어서 결국 무참하게도 패했다고 한다. 그래서 그의 아이들은——반쪼가리 귀족인 셈이다——아버지의 오명을 함께 덮어쓰지 않기 위해서 다른 가족에게 양도되고 말았다.

그렇지만 혼인만이 특권을 획득하는 유일한 방법은 아니었다. 그 외의 방법 중에서 가장 명예로운 것은 특권을 소유하는 사람을 살해하는 방법이었다. 특권을 소유한 사람을 죽인 사람은 그의 명예, 춤, 깃털 장식을 자신의 것으로 할 수 있었다. 소유자와의 적대 관계 때문에 자기들이 원하는 춤 또는 가면에 붙어 있는 칭호를 획득하지 못한 부족은 그 칭호의 소유자로 알려진 남자가 여행을 하고 있을 때 그 남자의 카누를 기다렸다가 그를 살해하고 그가 가진 칭호를 빼앗는 경우도 있었다. 소유자를 살해한 사람은 춤에 대한 권리를 차지하게 되는데 그 처분은 살해자의 수장 또는 그의 형의 재량에 맡겨지게 되며 보통 그의 수장이나 형은 조카 또는 아들을 받아들여 살해된 사람의 칭호 또는 춤의 권리를 그에게 준다. 물론 이 같은 권리 양도 방식은 의식 운영의 전부——예컨대 노래의 문구, 춤의 여러 단계, 성스러운 물건의 사용법 등——를 현재의 소유자가 그 전의 소유자를 살해하기 전부터 알고 있었음을 뜻한다. 그가 입수한 것은 의식에 대한 지식이 아니라 의식에 대한 칭호이며 그것은 재산이 될 수 있는 것이었다. 전투에서 살해된 자의 특권을 그 살해자가 자기의 것으로 주장할 수 있다는 사실은 유명한 북서 해안 지방의 지위를 둘러싼 갈등이 주로 전투로 결정되며, 재산을 둘러싼 경쟁은 전투만큼 중요한 것으로 간주되지 않았다는 초기의 역사적 상황을 여실히 반영한다.

북서 해안 지방에서는 소유자를 살해함으로써 그 사람이 가지고 있는 특권을 획득할 수 있었는데 이러한 방식은 또한 신들에게서 힘을 얻어내기 위해서도 자주 쓰인 방법이었다. 초자연물을 만나서 그것을 죽인 사람은 그 초자연물이 소유했던 의례 또는 가면을 자신의 것으로 차지할 수 있었다. 모든 사람은 그들이 인간 관계에서 가장 의존하고 있었던 행동(상대를 죽이는 일/역자 주)을 초자연물에 대해서도 사용하는 것 같았다. 그러나 초자연물에 대한 충성심이 그렇게 하잘것없는 것으로 간주되는 경우는 드물다. 또한 초자연물에 대해서 인간이 반드시 취해야 할 태도라고 할 수 있는 경외

감과는 아주 동떨어진 것으로서 그 보상이 가장 확실한 행동은 초자연물을 죽이거나 모욕을 주는 일인데, 그러한 행동도 아주 드문 일이다. 그러나 그것은 북서 해안 지방에서는 인정을 받고 있는 관습이었다.

그러나 상속받거나 사들이지 않고도 그들이 어떤 종류의 특권을 획득할 수 있는 또 하나의 방법이 있었다. 그것은 성직자가 되는 일이었다. 샤먼이 되려면 아버지 또는 백부에 의해서가 아니라 초자연물에 의하여 전수를 받아야 했다. 그래서 그 사람은 초자연적인 내방자로부터 일반적으로 인정된 이름 또는 특권을 입수할 수 있었다. 그러므로 샤먼들은 "정령이 명하는 바에 따라서" 특권을 소유하고 행사했다. 그러나 샤먼들이 소유하는 특권도 다른 상속된 특권과 마찬가지로 존중되었으며 같은 방법으로 사용되었다.

샤먼이 되는 전통적인 방법은 중환자를 치료하는 것이었다. 그러나 병을 치료한 사람들이 그후 모두 샤먼이 된 것은 아니었다. 병을 치료하기 위해서 필요한 정령을 찾아서 숲속 오두막에 스스로 틀어박히는 사람들만이 샤먼이 되었다. 만일 초자연적인 존재가 숲속의 오두막에 있는 그를 찾아와서 그에게 하나의 이름과 병을 치료하는 가르침을 전수하면 그는 상속된 특권을 전수받은 자가 취하는 행동과 똑같은 경로를 밟는다. 즉 그는 정령의 힘을 지니고 부락으로 돌아와 새로 획득한 이름을 공표하고 환자를 치료함으로써 자신의 힘을 과시한다. 그런 다음 그는 자신이 새로이 획득한 이름을 인정받기 위해서 재산을 분배하고 샤먼으로서의 경력을 밟기 시작하는 것이다.

지위 획득의 경쟁에서 수장과 귀족이 자신의 특권을 사용하는 것과 똑같은 방법으로 사먼들도 자신들의 특권을 사용했다. 샤먼은 경쟁 상대자의 초자연적인 겉모습을 조소하고 자신의 힘의 우월함을 과시하기 위해서 경쟁을 했다. 샤먼은 각자 나름대로 자기의 경쟁자와는 조금씩 다른 술수를 가지고 있으며 각각의 샤먼 지지자들은 상대방 샤먼의 술수를 비방하고 자기들이 지지하는 샤먼의 방법을 칭찬했다. 어떤 샤먼은 병을 빨아내며 어떤 자는 환부를 문지르고 또 어떤 자는 행방을 감춘 영혼을 되찾아냈다. 흔히 행하는 방법은 환자의 몸에서 질병을 작은 "벌레" 모양으로 끄집어내는 일이었다. 그것을 실연(實演)하기 위한 준비로 샤먼은 새털뭉치를 이와 윗입술 사이에 감춘다. 치료해달라는 초대를 받았을 때 그는 우선 물로 입을 헹군다. 이같이 해서 자기의 입 속에 아무것도 없음을 증명한 다음, 춤추고 빨아내며 그리고 끝으로 자기 볼의 안쪽을 깨물어 입 안을 피가 섞인 침으로 가득 채운다. 그런 다음 그는 마치 병이 있던 곳에서 빨아낸 것같이 피와 함께 새털뭉치를 주발에 뱉는다. 그리고 나서는 그 "벌레"를 물로 헹구어 자신이 통증과 병의 원인을 제거했다는 증거품으로서 그것을 사람들에게 보인다. 어떤 샤먼들은 때때로 단 한번의 치료로서 자기의 힘을 시험하려 한다. 치료에 실패한 샤먼은 체면이 말이 아니게 된다. 그것은 마치 구리판을 걸고 경쟁을 하다가 패배한 수장과 똑같은 입장이다. 치료에 실패한 샤먼은 패배하여 오명으로 죽어가거나 아니면 그 같은 오명을 가진 샤먼들끼리 일치 단결해서 같은 방면에서 성공하고 있는 샤먼을 살해하는 경우도 있었다. 샤먼이 되는 과정에서 이긴 자가 패배한 경쟁 상대자에게 살해된다는 이야기는 충분히 있을 법한 일이라고 생각되었다. 샤먼이 죽임을 당해도 사람들은 그를 위해서 복수를 하지 않았다. 까닭인즉 샤먼의 힘은 사람을 치료하는 데와 마찬가지로 사람을 해치는 데도 쓰인다고 생각되었기 때문이다. 또한 샤먼은 축사자이기도 했으므로 자신의 신변 안전을 요구할 수도 없었다.

또 다른 면에서도 콰키우틀의 샤머니즘은 깃털 장식을 획득하기 위해서 그리고 칭호를 정당화하기 위해서 벌이는 세속적인 경연에 맞먹는 것이 되었다. 마치 식인 결사의 입문식이 그 행사의 극적인 연출이 되고, 초자연물과의 개인적인 접촉의 경험으로 믿어지는 환상이 단순한 형식적인 교리가 된 것과 꼭 같이 샤머니즘에도 같은 일이 일어나고 있다. 즉 술수를 습득할 때와 의무(醫巫)로서의 권리를 극적으로 정당화하는 데 필요한 조수를 양성할 때 정령과 친하게 되는 일은 잊혀지고 있는 것이다. 샤먼은 각자 저마다 조수 —— 정확하게는 염탐꾼 —— 를 거느리고 있었다. 사람들과 친하게 교제하고 환자가 고통을 느끼는 곳이 몸의 어느 부분인가를 자기 주인인 샤먼에게 보고하는 일이 스파이로서의 조수의 임무였다. 만일 어떤 샤먼이 병을 치료해달라는 초대를 받으면 그는 환자에게 온 정신을 집중하여 자신의 초자연력을 과시했다. 게다가 염탐꾼은 누군가 몸이 나른하다고 호소하는 사람이 있으면 그 사실을 즉시 주인에게 보고했다. 그러므로 통상적인 치료를 할 때 샤먼들은 이 사람들의 영혼이 회복되는 것이 필요하다고 예언해줌으로써 자신의 힘을 과시했다. 염탐꾼들은 정령으로부터 얻은 영감이라고 생각되는 말씀을 가지고 카누로 매우 먼곳까지 찾아간다.

　샤먼과 그 염탐꾼들의 속임수는 샤먼 자신이나 다른 사람들의 무관심의 대상은 아니었다. 많은 사람들이 초자연력을 사람이 교묘하게 조종하는 속임수에 의해서 나타나는 것으로 생각했는데, 이는 당연한 것이었다. 그러나 콰키우틀 족은 그렇게 생각하지 않았다. 전지상의 선(Good-over-all-the-Earth)이라는 이름을 지닌 샤먼처럼 오직 어쩔 수 없이 절망에 빠진 샤먼만이 교묘한 속임수로 자기의 방울뱀으로 하여금 자기의 손을 물게 했다고 생각했던 것이다. 그때 사람들은 "그 샤먼이 평범한 사람이며 그가 샤머니즘으로 일해온 것은 모두 사기였다"는 사실을 알았다. 그 샤먼은 오명을 한 몸에 받아들이고 은퇴했으며 그해 말에는 미쳐버렸다. 자신의 속임수가 탄로난 샤먼도 마찬가지 운명이었다. 한 사람의 의무는 박제한 다람쥐를 윗도리의 목 깃에서 꺼내어 그 박제 다람쥐를 자기 팔위로 달리게 하는 방법을 사용하곤 했다. 그가 박제 다람쥐와 춤을 추며 그것을 다시 소생시킬 수 있다고 주장한 바로 그후에, 지붕위의 그의 비밀 조수는 판자를 하나 뜯어내고 거기에서 끈 하나를 아래로 내려뜨렸다. 샤먼은 그 끈에 박제 다람쥐를 매어 지붕 위로 올라가게 했다. 그런 다음 샤먼은 다시 그 다람쥐를 보면서 내려오라고 불렀다. 그것을 보고 있던 사람들은 샤먼이 계속해서 집의 한 곳에만 서서 다람쥐를 부르는 것을 보고서, 누군가가 지붕 위로 올라가 지붕의 얇은 판자 하나가 젖혀져 있는 것을 발견했다. 그러자 샤먼은 더 이상 연기를 계속할 것을 단념했다. 그후 그는 다시는 사람들 앞에 나타나지 않았으며 전지상의 선이라는 샤먼처럼 오명을 지닌 채 쓸쓸히 죽었다. 이처럼 콰키우틀 족의 샤먼은 항상 자기들의 연기를 교묘하게 하려고 비밀 방법을 사용하는 데 익숙해져 있었다. 그러나 만일 그 사기술이 탄로나면 포틀래치의 경연에서 패배한 것과 같은 것으로 간주되었다.

세속의 수장과 마찬가지로 샤먼도 재산 분배로 자신의 특권을 정당화할 필요가 있다. 그가 치료를 할 때는 마치 재산 분배를 할 때와 마찬가지로 환자 가족의 부의 정도와 지위에 따라서 보수를 받았다. 콰키우틀 족의 말을 빌리면 샤머니즘은 "재산의 획득을 용이하게 하는 것"이었다. 그것은 또한 상속이나 재산을 써서 사들이는 방법을 취하지 않고서도 사람의 지위를 높이는 데 쓰이는 귀중한 특권을 입수하는 한 방법이었다.

콰키우틀 족의 관행에 따르면 상속과 구입이라는 방법으로 모든 특권을 입수할 수 있는데 이 두 방법은 또한 샤먼적인 특권을 입수하는 경우에도 쓰였다. 샤먼의 속임수는 배워야 하는 것이었으므로 이것을 초심자에게 가르치는 샤먼들은 분명히 사례를 받았다. 그러나 어떻게 해서 초자연적인 힘이 전수되는가를 말하기는 어렵다. 때로는 사람들은 식인 춤의 무용수가 하듯이 일정 기간 동안 아들들을 숲속에 은거시켰다가 샤먼으로 만들었다. 위대한 샤먼인 풀 (Fool)은 자기 몸에서 석영 결정을 토해내어 아들의 몸 안에 던져넣었다. 그것으로 아들은 더욱 고위직의 샤먼이 되었지만 아버지는 그 행위로 인하여 샤머니즘을 행할 수 있는 모든 권리를 상실했음은 물론이다.

북서 해안 지방의 인간 행동은 모든 점에서 자신의 위대함을 과시하고 경쟁 상대자의 열세를 나타내려는 욕구에 의해서 지배되었다. 그 행동에는 아무도 나무라지 못하는 자기 찬미와 적대적인 상대에게 퍼붓는 조소와 모욕이 수반되었다. 이 상황에는 또 하나의 측면이 있었다. 콰키우틀 족은 조소에 대한 공포와 모욕이라는 측면에서의 경험 해석을 똑같이 강조하고 있다. 그들은 단 하나의 감정의 영역만을 알고 있었다. 즉 그것은 승리냐, 수치냐 하는 두 점 사이를 왔다갔다하는 감정이었다. 경제적인 교환 또는 결혼, 정치 생활이나 종교 의식 등의 행사는 온통 모욕의 말이 난무하는 가운데서 이루어졌다. 그러나 이것만으로는 그들의 행동이 수치에 대해서 얼마나 지나치게 신경을 쓰고 있는가를 충분히 설명할 수 없다. 북서 해안 지방에서는 외계 또는 자연의 여러 가지 힘과의 관계에서도 같은 행동 형식을 취하고 있다. 무슨 사고든지 나기만 하면 반드시 상대를 모욕할 기회가 되었다. 잘못하여 도끼를 떨어뜨려 발을 다친 사람은 즉시 자기에게 퍼부어진 모욕을 말끔히 씻어내지 않으면 안 되었다. 카누를 타다가 뒤집히면 그것도 역시 마찬가지로 즉시 오명에 뒤덮힌 "자기 몸을 씻어내야" 하는 일이었다. 무엇인가 일어나면 사람들은 어떤 희생을 치러서라도 남의 냉소를 사지 않으려고 온갖 짓을 다했다. 그러한 목적에 일반적으로 사용되는 방법은 물론 재산의 배분이었다. 그렇게 해서 오명을 씻을 수 있었다. 즉 재산을 배분함으로써 그들의 문화가 포틀래치와 결부시키고 있는 우월감을 다시 확립할 수 있었다. 여러 가지 작은 사고가 났을 경우 이 같은 방식으로 오명을 설욕할 수 있었다. 그러나 보다 큰 사고인 경우에는 겨울 의식을 개최하거나 인두(人頭) 사냥 혹은 자살과 같은 방법을 사용했다. 식인 결사의 가면이 파괴되는 경우에는 오명을 씻기 위해서 겨울 의식을 개최하고 자기 아들을 식인 결사의 회원으로 가입시켜야 했다. 그리고 또 친구와 도박에 탐닉하다가 결국 재산을 탕진한 남자는 자살이라는 수단을 썼다.

이 같은 의미로 다루어지는 큰 사건은 죽음이었다. 북서 해안 지방의 장례식은, 이 문화가 제도화한 행동의 특이한 범위에 대한 지식이 없으면 도저히 이해할 수 없는 것이었다. 죽음은 그들이 인정하는 최대의 모욕이었다. 그들은 다른 큰 사고가 일어났을 때도 그러하듯이 죽음의 경우에도 재산의 분배와 파괴, 인두 사냥, 자살로써 그 문제를 해결했다. 그들은 일반적으로 인정된 해결 수단, 즉 모욕을 씻어내는 수단을 사용했다. 수장의 가까운 친척이 죽었을 경우, 수장은 자기 집을 양도했다. 즉 벽과 바닥의 판자는 모두 뜯어내어져서 그것을 사들일 여유가 있는 사람들이 가지고 갔다. 지극히 당연한 일이지만 그것은 포틀래치를 하는 것과 같은 것이었으므로 그 판자들을 뜯어간 사람은 후일 적당한 이자를 붙여서 지불해야만 되었다. 그것은 "사랑하는 사람의 죽음이 일으킨 미친 짓"이라고 일컬어졌으며 그리고 그러한 방법으로 콰키우틀 족은 장례식을 치렀다. 그러나 그 장례를 치르는 절차는 결혼식이나 초자연력을 획득할 때 혹은 싸움을 할 때 사용하는 것과 같은 것이었다.

죽음의 오명에 대처하는 방법으로서 이보다 더욱 극단적인 방법이 있었다. 그것은 인두 사냥이었다. 그러나 그것은 절대로 사람을 죽인 집단에 대한 보복으로 하는 것은 아니었다. 친척이 병으로 죽든지 적의 손에 죽든지 하여간에 인두 사냥은 할 수 있었다. 인두 사냥은 "사람의 눈을 닦기 위해서 죽이는 것"이라고 말해지며 그것은 다른 가족에게도 장례 치를 일거리를 만들어줌으로써 고르게 하자는 방법이었다. 수장의 아들이 죽었을 때 수장은 카누를 타고 여행을 떠났다. 인근 수장의 집에서 그를 맞아들였고 격식대로 인사를 나눈 다음 그는 주인에게 이렇게 말했다. "나의 아들이 오늘 죽었다. 그러므로 너는 내 아들과 함께 가야 한다." 그런 다음 수장은 그 주인을 정말 살해했다. 그들의 생각대로 해석한다면 그 수장은 훌륭한 행동을 한 셈이다. 왜냐하면 그렇게 함으로써 그는 굴복당하지 않고 오히려 반격을 했기 때문이었다. 이 같은 모든 과정은 사별(死別)에 대한 편집광적인 이해를 바탕으로 하지 않고는 무의미한 것이다. 다른 모든 존재를 위태롭게 하는 불운한 사고와 마찬가지로 죽음 또한 사람의 자존심을 꺾어버리는 것이므로, 수치라는 견지에서만 그것을 처리할 수 있었다.

죽음을 맞이하여 이와 같은 행동을 취한 예는 많이 있다. 어떤 수장의 누이동생과 그녀의 딸이 빅토리아까지 배를 타고 거슬러올라갔는데 결국 둘 다 두번 다시 돌아오지 않았다. 돌아오지 못한 이유는 품질이 나쁜 위스키를 마셨기 때문이 아닌가 하는 것과 그들이 탄 보트가 전복된 것이 아닌가 하는 것 중의 하나였다. 그 수장은 자기의 전사들을 불러들였다. "전사들이여 지금 내가 묻노니 누가 한탄하며 슬퍼해야 하는가? 내가 그렇게 해야 되겠는가?" 전사의 대표자는 당연하다는 듯이 이렇게 대답했다. "수장이여, 당신이 할 것이 아니라 부족 중의 누군가에게 시키십시오." 그들은 즉시 전쟁 기둥을 세우고 모욕을 지울 의사를 표명하고 전투 집단을 소집했다. 그들은 출진하여 일곱 명의 남자와 두 어린아이가 자고 있는 것을 발견하고는 그들을 몰살했다. "그런 다음 저녁에 세바에 도착했을 때 그들은 아주 기분이 좋았다."

한 노인은 그가 1870년대에 덴탈리아를 낚으러 갔을 때의 경험을 말했다. 그는 부족의 두 수장 중의 한 사람인 틀라비드와 같이 머물고 있었다. 그날 밤 그가 해안의 오두막에서 자고 있는데 두 남자가 와서 깨우며 이렇게 말했다. "우리의 수장인 가가헤메의 공주가 죽었으므로 틀라비드 수장을 죽이려고 왔다. 우리는 세 척의 큰 카누를 타고 왔으며 그 수는 60명이나 된다. 틀라비드의 목을 갖지 않고서는 우리는 부락으로 돌아갈 수 없다." 아침 식사 때 그 방문자들은 틀라비드와 이야기를 나누었다. 틀라비드는 "가가헤메는 나의 삼촌이 아니냐. 그의 아버지의 어머니와 내 어머니는 같은 사람이다(한 여자의 딸과 손자가 결혼한 경우/역자 주). 그러므로 그는 나에게 어떤 위험도 주지 않을 것이다"고 했다. 함께 아침 식사를 끝내자마자 틀라비드는 준비를 마치고 부락 밖의 작은 섬으로 홍합을 따러 간다고 했다. 부족 사람들은 수장이 홍합을 따러 가는 것을 말렸다. 그러나 틀라비드는 부하들의 말을 웃어넘기며 소매 없는 옷과 노를 손에 쥐고 집을 나섰다. 틀라비드가 화를 냈으므로 부락 사람들은 아무도 그에게 말을 건네지 못했다. 그는 자기의 카누를 물에 띄웠다. 그가 카누를 내렸을 때 그의 어린 아들이 들어와 아버지와 함께 뱃머리에 앉았다. 틀라비드는 배를 저어 홍합이 많이 있는 작은 섬으로 갔다. 그들이 카누를 타고 작은 섬을 향해서 절반쯤 갔을 때 남자들이 가득 탄 3척의 큰 카누가 나타났다. 그것을 보자마자 틀라비드는 그들 쪽으로 노를 저어갔다. 이제 틀라비드는 노를 젓지 않았다. 3척의 카누 중에서 2척은 그를 바라보며 육지 쪽으로 움직였으며 나머지 1척은 바다 쪽으로 나아갔다. 그래서 3척의 카누의 뱃머리는 한 줄로 늘어서게 되었다. 3척의 카누는 쉬지 않았다. 그런데 바로 그 다음 틀라비드의 목이 없는 몸뚱아리가 서 있는 것이 보였다. 전사들은 배를 저으며 사라졌다. 그들의 모습이 보이지 않게 되자 부족 사람들은 작은 카누를 띄우고 틀라비드의 시체가 누워 있는 카누를 끌어오려고 떠났다. 함께 타고 있었던 아이는 울부짖지도 않았다. 왜냐하면 "방금 아버지에게 가해진 것을 보고 말할 수 없는 충격을 받았기" 때문이었다. 해안에 도착한 다음 그들은 그 위대한 수장을 매장했다.

어떤 사람의 죽음을 씻기 위해서 남을 죽이려고 할 때 죽이려는 사람을 선정하는 데는 한 가지 조건이 고려되었다. 즉 죽이려는 사람의 지위는 이미 죽은 사람의 지위와 동등해야만 한다는 것이었다. 평민의 죽음은 평민을 죽여서, 그리고 수장의 아들의 죽음은 수장의 딸을 죽여서 씻어야 했다. 그러므로 만일 그 유족이 죽은 사람과 동등한 지위에 있는 사람을 죽였다면 가족의 죽음이라는 큰 타격을 받았음에도 불구하고 그 유족은 자기의 지위를 그대로 유지할 수가 있었다.

볼멘 얼굴을 하고 자포 자기한 듯한 행동을 취하는 것이 욕구 불만에 대한 콰키우틀 족의 특징적인 반응 방법이었다. 소년이 자기 부친에게 맞았을 때 또는 자기의 아이가 죽었을 때 그들은 빈약한 침대에 드러누운 채 절대로 먹거나 말하려고 하지 않았다. 그리고 자신의 위협받은 위엄을 고쳐 세울 수단이 정해졌을 때 그들은 일어나 재산을 분배하거나 인두 사냥을 나가던가 또는 자살을 꾀했다. 다음은 콰키우틀 족의 가장 통속적인 신화의 하나이다. 자기 부친 또는 모친에게 야단을 맞은 젊은이는 4일간 꼼짝도 않고 자기 침대에 누워 있다가 자살하기로 결심하고 숲으로 들어갔다. 그는 폭포에도 뛰어들었고 단애 절벽에서 뛰어내리기도 했으며 호수에 투신을 꾀하기도 했지만 그 어떤 경우에도 그에게 다가가서 힘을 빌려주는 초자연물의 도움으로 죽을 수가 없었다. 그래서 그는 되돌아와 그의 위대함으로 그의 부모들에게 창피를 준다.

실제로 자살은 비교적 널리 행해졌다. 부정을 범하여 자기 남편에 의해서 친정으로 내쫓긴 여자의 모친은 수치스러워서 목을 매어 자살했다. 자기 아들이 성인 의례의 춤에서 실수를 했는데도 두번째의 겨울 의식을 열 재력이 없는 부친은 업신여겨졌으며 그는 끝내 자살했다.

창피를 당한 사람이 실제로는 자살을 꾀하지 않는다 하더라도 죽음은 늘 부끄러움에서 비롯되는 것이라고 생각되었다. 치료를 하기 위한 춤에서 실패를 한 샤먼이나 구리판을 파괴할 때 패배한 수장 또는 놀이에서 패배한 소년 등은 모두 다 패배했다는 것 때문에 입은 오명으로 죽어갔다고들 말해진다. 그렇지만 그중에서도 변칙적인 결혼이 가장 큰 희생을 야기했다. 이 같은 결혼에서 가장 피해를 입기 쉬운 사람은 신랑의 아버지였다. 왜냐하면 혼인 때 재산과 특권의 양도로 가장 올라가는 것은 신랑의 권위이기 때문이다. 따라서 신랑의 부친은 아들의 변칙적인 결혼으로 가장 심한 손실을 입는다.

콰키우틀 족은 그들의 부족 중 어느 한 부락에 사는 늙은 수장이 오명을 입었다 하여 죽은 이야기를 들려주었다. 상당히 오랜 옛날에 그 연로한 수장의 막내 아들이 점잖은 노예의 딸과 먼 후미진 곳으로 간 채 돌아오지 않았다. 이것 자체는 별로 문제가 되지 않았다. 그 까닭은 장자가 아닌 아들들은 사람들로부터 경멸당하고 낮은 계급에 속하기 때문이었다. 그들 부부는 매우 아름다운 딸을 두었다. 그 딸이 결혼 적령기에 이르렀을 때 그녀의 아버지의 만형, 즉 백부가 그녀를 보고 좋아하게 되었으며 자기 아우의 딸임을 모르고 드디어 그녀와 결혼했다. 그들 사이에 아들이 태어났고 맏형은 자기의 고귀한 이름을 그 아들에게 주었다. 맏형은 자신의 가족과 처의 양친을 거느리고 아버지 즉, 연로한 수장에게 돌아왔다. 자신의 막내 아들을 본 그 연로한 수장은 수치심 때문에 죽고 말았다. 그 까닭은 그 수장의 고귀한 아들(즉 맏형/역자 주)이 수장의 고귀한 이름을 "평민이며 비천한 신분에 속하는 자기 막내 아들의 딸"의 후손에게 주었기 때문이었다. 그러나 아버지의 죽음과는 반대로 막내 아들은 의기양양했다. 그도 그럴 것이 그는 자기의 고귀한 맏형을 속여 자기의 딸과 결혼시킨 다음 자기 손자를 위해서 직함이 있는 이름을 획득하는 데 성공했기 때문이다.

이러한 결혼을 수치스럽게 생각하는 늙은 수장의 기분 가운데 근친혼에 대한 항의의 요소는 전혀 없었다. 아우 역시 귀족일 경우에는 형이 아우의 딸과 결혼한다는 것이 전통적으로 인정되었으며 그것은 어떤 가족내에서는 매우 일반적으로 행해지는 혼인형태이기도 하였다. 북서 해안 지방의 귀족 정치가 지나칠 정도로 완전하게 장자 상속과 결부되고 있었으므로 우리가 일반적으로 귀족 정치와 결부시키고 있는 "혈통의 긍지"는 그들의 사이에서는 인정되고 있지 않았다.

북서 해안 지방에서는 뾰루퉁하게 화를 내고 자살을 하는 것이 그들의 주된 선입감을 완전하게 나타내는 것이 된다. 그들이 인정하는 감정의 영역——즉 승리에서 수치에 이르기까지의 영역——은 최대한으로 확대되었다. 승리는 자기 생각으로 마음껏 과대망상에 빠지는 것이고, 수치는 죽음의 원인이 되는 것이었다. 이와 같이 단 하나의 감정 영역밖에 몰랐으므로 그들은 그것을 온갖 경우에 다 사용하였으며 따라서 전혀 관계가 없는 경우에도 그러한 감정을 사용했다.

이 같은 조건하에서 세상을 잘 살아갈 수 있는 인간에게 그들은 모든 보상을 아끼지 않았다. 인재(人災)이건 천재(天災)이건 간에 모든 사건은 먼저 인간의 안전을 위협했으며 그러한 재난이 있은 다음에는 그 사람을 다시 일어서게 하는 일정하고도 분명한 방법이 준비되어 있었다. 만일 어떤 사람이 이 방법들을 재치 있게 사용하지 못한다면 그에게 남는 길은 죽음밖에 없었다. 그는 자신의 인생관에 따라서 자아의 웅대한 모습에 모든 것을 걸었다. 그러나 그의 자존심 어린 야심에 바람이 빠지면 그에게는 물러나 의지할 만한 안전 수단이 아무것도 없어진다. 그리고 그 의기양양했던 자아가 붕괴됨으로써 그는 패배자가 되었다.

동료에 대한 그의 관계도 마찬가지로 이것과 똑같은 심리에 의해서 지배되었다. 그들은 자신의 지위를 유지하기 위해서 이웃을 모욕하며 업신여겼다. 그처럼 남을 비방하는 것은 결국, 자신의 허세의 무게로 타인의 허세를 "완전히 압도하고" 타인의 이름을 "쓸모없게" 하기 위함이었다. 콰키우틀 족은 또한 신에 대해서도 똑같은 태도를 취했다. 인간에 대한 최대의 모욕은 노예라고 부르는 것이었다. 그러므로 신에게 좋은 날씨를 기도했을 때 바람의 방향이 바뀌지 않는다면 초자연물에 대해서도 똑같은 모욕을 가했다. 한 나이든 여행가는 침시 족(Tsimshian)에 대해서 다음과 같이 썼다. "불행한 사건이 오래 계속되거나 그 도가 심해지면 그들은 신에게 분격하고 눈을 치켜뜨고 주먹을 휘두르며 발을 구르면서 신에게 노여움을 보내고 '너는 위대한 노예이다'라고 서너 번 되풀이하여 외쳤다. 그것은 그들로서는 최대의 모욕의 말이었다."

그들은 초자연물이 자비심이 많다고는 생각하지 않았다. 그들은 태풍이나 눈사태의 비정함을 알고 있었다. 그리고 그들은 자연계의 그러한 특성을 신의 탓으로 돌렸다. 이러한 신들의 하나인 강의 북쪽 끝의 식인귀는 시체를 조달하기 위해서 여자 노예 한 사람을 고용했다. 그의 파수꾼인 까마귀가 그들 시체의 눈을 먹고, 그의 노예인 전설에 자주 나오는 또 다른 한 마리 새는 부리로 시체의 두개골을 부수어 인간의 뇌수를 빨아들였다. 초자연물이 자비심을 많이 지니고 있다고는 생각되지 않았다. 카누를 만드는 사람들이 손

도끼로 카누를 깎은 다음 맨 먼저 해야 하는 일은 배의 양쪽에 인간의 얼굴을 그려넣는 것이었다. 이것은 죽은 카누의 제작자들을 놀라게 하여 쫓아보내기 위함이었다. 만약 그런 예방을 하지 않으면 그들은 틀림없이 카누를 두 쪽으로 쪼개게 될 것이다. 이것은 주니 족의 사제들이 이전에 사제직에 있었던 사람들과 호의적인 상호 부조의 관계를 맺고 있는 것과는 엄청난 차이가 있다. 북서 해안 지방에서는 그들이 바로 살아 있는 자기의 동료를 공격하려고 으르고 있는 집단이었다. 이미 말한 대로 신들에게 축복을 얻기 위해서 일반적으로 인정된 방법은 신들을 죽이는 것이었다. 그렇게 함으로써 그들은 승리를 거둘 수 있으며 초자연력으로부터 보상을 받았다.

북서 해안 지방이 그 문화 가운데 제도화하려고 선정한 인간 행동의 국면은 우리 문명에서는 이상하다고 생각되는 국면이다. 그러나 그것은 우리가 이해할 수 있을 정도로 우리 자신의 문화가 가지는 태도에 매우 가까운 것이며 게다가 우리는 그것에 대해서 논의할 수 있는 명확한 표현을 가지고 있다. 우리 사회에서는 과대망상적이고 편집광적인 경향은 분명히 위험한 것이다. 우리는 그러한 경향에 대해서 우리가 취할 수 있는 태도를 선택해야 한다. 한쪽은 그러한 경향을 이상하고 비난해야 할 것으로 낙인을 찍고 있는데 그것은 우리가 우리의 문명 가운데서 선택한 태도이다. 또 다른 한 극단적인 태도는 그 경향을 이상적인 인간상의 본질적 속성으로 만들어놓고 있다. 바로 이 태도야말로 북서 해안 지방의 문화가 취하고 있는 해결법이다.

# 제7장

## 사회의 성격

　주니, 도부, 콰키우틀 족의 세 문화는 단순히 행동과 믿음의 이질적인 조합만은 아니다. 각 문화는 그 행위의 방향을 결정하고, 그리고 그 제도가 조장하고 있는 특정의 목표가 있다. 어떤 관습이 이쪽에는 있는데 저쪽에는 없다든가, 또는 다른 관습이 상이한 형식으로 두 지역에서 발견되고 있기 때문에 문화가 서로 다르다는 것은 아니다. 문화가 그 이상으로 다르다는 것은 문화가 전체적으로 다른 방향으로 방향지어지고 있기 때문이다. 각각의 문화는 서로 다른 길로 나아가 서로 다른 목표를 추구하고 있다. 한 사회의 문화의 목표와 수단을 다른 사회의 문화의 목표와 수단으로 판단할 수는 없다. 그 까닭은 원래 문화들은 동일 표준으로는 평가할 수 없는 것이기 때문이다.

　물론 모든 문화가 그 무수한 행동을 균형이 잡히고 리듬이 있는 패턴으로 만들어놓고 있는 것은 아니다. 특정의 개인처럼 특정 사회의 질서는 활동들을 하나의 지배적인 동기에 종속시키고 있지 않다. 그것은 저마다의 독자적인 활동으로 되어 있다. 만일 어떤 활동이 어느 순간에 어떤 목표를 추구하고 있는 것처럼 보여도 다음 순간에는 분명히 이전의 줄거리와는 전혀 연결되지 않는 곳으로 벗어난다. 따라서 다음에 어떤 행동이 일어나는가에 대해서 그 이전의 행동은 전혀 그 단서를 주지 않는다.

　이 같은 통일성의 결여는 어떤 문화의 특징으로 보이는데 이것은 극단적인 통일이 다른 문화의 특징이 되는 것과 같다. 이것은 같은 상황이 있는 곳이면 어디에서나 볼 수 있는 것은 아니다. 브리티시 컬럼비아 내륙 쪽의 부족과 같은 경우는 모든 주위의 문명에서 관습을 받아들였다. 그들은 어떤 문화 영역에서는 재화를 다루는 패턴을, 다른 문화 영역에서는 종교적 관행의 일부분을, 또 다른 곳에서는 그것과 모순되는 단편적인 관습들을 각각 받아들였다. 그들의 신화는 그들을 둘러싼 지역에서 나타나는 서로 다른 세 개의 신화권(myth-cycles)에서 나온, 상호 통합되지 않은 문화적 영웅들이 뒤죽박죽으로 섞여 있는 혼합물이다. 그러나 다른 문화의 제도들에 대한 이와 같은 비상한 관용성에도 불구하고 그들의 문화는 극단적으로 빈약한 인상을 주고 있다. 따라서 그 문화의 실체를 만들 정도로까지 충분하게 받아들여진 것은 하나도 없다. 그들의 사회 조직은 세련된 것이 거의 없고 의식은 세계의 다른 어떤 지역보다도 빈약하며 망태 만들기나 구슬 세공은 공예 활동의 범위가 협소함을 보여주는 것에 불과하다. 많은 다른 방향으로부터 무차별적으로 영향을 받은 특정의 개인과 마찬가지로 이들 부족의 행동 패턴도 조정되지 않고 불안정하다.

　브리티시 컬럼비아의 이 부족들에게서 볼 수 있는 이 통일성의 결여는 다만 이질적인 것만은 아니다. 거기에는 그것보다 더 깊은 부분이 있는 것같이 생각된다. 인생의 국면에는 저마다 독자적이고 유기적인 성향이 있는데 그것은 다른 국면으로는 퍼지지 않는다. 사춘기에는 아이들에게 갖가지 직능과 수호신을 획득할 수 있도록 하는 주술적 교육에 큰 주의를 기울이고 있다. 서부 평원에서는 이 환상 체험이 성인 생활의 전복합체(whole complex)에 스며들고 있으며 수렵과 전투의 직능은 이와 관련이 있는 신앙에 의해서 지배되고 있다. 그러나 브리티시 컬럼비아에서는 환상의 추구는 하나의 조직화되어 있는 행위이고 전투는 전혀 다른 행위이다. 마찬가지로 브리티시 컬럼비아의 축연과 무용은 매우 사교적인 것이어서 그 축제의 행사에서는 배우가 관객을 기쁘게 하기 위해서 동물의 흉내를 낸다. 그러나 수호신이 될 가능성이 있는 것으로 생각되는 동물의 흉내를 내는 일은 엄격한 터부가 되어 있다. 이 축제는 종교적인 의의가 없으며 또 경제적 교환의 기회로서 이용되지도 않는다. 각각의 활동은 원래대로 분리되고 있다. 각 활동은 복합체를 형성하고 있으며 그 동기와 목표는 독자적인 한정된 분야에만 합당하며 사람들의 생활 전체에 확대되는 일은 없다. 또 특징적인 심리적 반응도 문화 전반을 지배할 정도로까지 강하게 나타나 있지 않다.

이 같은 문화의 통일성의 결여를, 분명히 모순되는 영향에 보다 직접적으로 노출됨으로써 생기는 문화의 통일성의 결여와 구별하는 일이 항상 가능한 것은 아니다. 후자와 같은 유형의 통일성의 결여는 가끔 명확한 문화 영역의 경계에서 나타난다. 그러한 주변 지대 (marginal regions)는 그 문화의 가장 전형적인 부족과의 밀접한 접촉에서 제거되고 밖으로부터의 강한 영향하에 놓이게 된다. 그 결과, 거기에서는 때때로 가장 모순되는 절차를 그들의 사회적 조직이나 기술 속으로 편입해들이고 있다. 그러한 주변 지대는 조화를 이루지 못한 소재를 어떤 새로운 조화로 재형성하여 그들과 많은 행동의 항목을 공유하고 있는 확고부동한 문화의 어느 것과도 기본적으로 닮지 않는 결과를 이루는 경우도 가끔 있다. 이 같은 문화의 과거의 역사를 알게 되면, 가령 충분한 세월이 주어질 경우 조화가 되지 않은 남의 것들이 조화를 이루는 경향이 있음을 알게 될는지도 모른다. 확실히, 많은 경우 그러한 일이 일어나고 있다. 지금 우리가 확실히 이해할 수 있는 것은 현대의 미개 문화의 단면 (cross-section)일 수밖에 없는데 그런 한도내의 많은 주변 지대에서는 분명한 부조화가 눈에 띄게 나타나 있다.

다른 역사적인 사정들이 문화의 통일성 결여의 원인이 되는 경우도 있다. 문화의 통일성 결여는 문화가 제대로 상호 조정되지 못한 주변 부족의 경우에만 한하지 않고 같은 무리의 부족에서 분열하여 다른 문명의 지역에서 어떤 위치를 차지하고 있는 부족의 경우에도 있다. 그와 같은 경우 부족의 사람들에게 부과되고 있는 새로운 영향과 본래의 행동이라고 부를 수 있는 것과의 사이의 갈등은 가장 명백하게 보인다. 이와 같은 사정은, 큰 세력을 동반하거나 많은 수효를 형성한 부족이 새 지역으로 와서 큰 변화를 줄 경우, 원래 의 그 지역의 사람들에게도 일어난다.

완전히 방향 감각을 잃은 문화를 자세하게 이해하고 연구하는 일 은 매우 흥미가 있을 것이다. 새로운 영향에 대한 특정한 갈등이나 혹은 반대로 손쉬운 수용의 본질은 "통일성의 결여"의 그 어떤 총 괄적인 특징 묘사보다 더욱 중요하다는 것이 십중팔구 판명되겠지 만 그 특징의 성격이 무엇인지는 추측할 수 없다. 비록 가장 방향 감각을 잃은 문화에서도 어울리지 않는 요소는 배제시키고 선택된 요소를 보다 안정적으로 확립시키려는 경향을 가진 조절 작용이 있 다는 것은 고려에 넣어야 할 필요가 있을 것이다. 이러한 조정의 과정은 그 과정이 처리하고 있는 소재의 다양성에 비해서 더욱더 명백하게 나타나고 있는지도 모른다.

조화를 이루지 못하는 요소간의 갈등 중에서 가장 좋은 실례는 통일을 이미 달성하고 있는 부족의 과거의 역사에서 볼 수 있다. 콰키우틀 족도 앞에서 말한 것과 같은 일관성 있는 문명을 항상 자 랑하고 있는 것은 아니다. 해안과 밴쿠버 섬에 정착하기 이전부터 일반적으로 그들은 남쪽의 샐리시(Salish) 사람들의 문화를 공유하 고 있었다. 그들은 지금도 이 샐리시 사람들과의 연결을 보여주는 신화와 촌락 조직 및 인간 관계를 보여주는 용어법을 보존하고 있 다. 그러나 샐리시 부족은 개인주의자이다. 세습적인 특권은 거의 없다. 남자에게는 각자의 능력에 따라서 사실상 다른 어느 누구와 도 마찬가지의 동등한 기회가 주어진다. 그는 자신의 수렵의 숙련 도, 도박의 행운, 의사 또는 점쟁이로서의 초자연물에 대한 의견 주장을 얼마만큼 성공적으로 처리하느냐에 따라 그 사회적 중요도 가 결정된다. 이것보다 더 북서 해안 지방의 사회 질서와 대조적인 것은 없을 것이다.

그러나 이 극단적인 대조까지도 콰키우틀 족의 이질적인 패턴의 수용을 반대하는 것은 아니었다. 그들은 심지어 이름, 신화, 집의 기둥, 수호신, 어떤 결사에 입회하는 권리 따위까지도 사적 소유물로 간주하게 되었다. 그러나 필요한 조정들은 그들의 제도 안에 아직도 명백하게 존재하고 있으며 그것은 두 사회 질서가 나타내는 차이점, 즉 사회 조직의 메커니즘 바로 그것에서 현저하게 나타나고 있다. 왜냐하면 콰키우틀 족은 북서 해안 지방의 특권과 포틀래치의 체계 전체를 채용했으나 그러한 특권을 계승시켜주는 고정된 틀을 제공하는 북부 부족들의 확고한 모계 씨족 제도는 채용하지 않았기 때문이다. 북부 부족들의 개인은 자동적으로 귀족의 명칭과 조화를 이루고 있으며 이 명칭에 대해서는 생득적인 권리가 있다. 그러나 앞에 쓴 바와 같이 콰키우틀 족의 개인은 그 같은 명칭을 획득하는 일에 일생을 보내며 자기 가계의 어느 분가가 보유하고 있는 어떤 명칭에 대해서도 권리를 주장할 수 있었다. 콰키우틀 족은 특권 체계의 전체를 채용했지만 북부 부족들의 카스트 제도와 대조적인, 개인의 위신을 획득하는 게임에는 자유로운 경쟁의 여지를 남겨두었고 또 자기들의 해안 지방으로 들어온 남방의 옛 관습도 존속시켰다.

콰키우틀 족에서 어떤 종류의 명백한 문화 행위는 옛것과 새것의 통합의 특수한 갈등의 반영이다. 사유 재산의 새로운 강조와 더불어 상속의 규정이 새로운 중요성을 띠게 되었다. 내륙의 샐리시 족의 가족과 촌락 조직은 허술하게 되어 있었고 사유 재산은 소유자가 사망하면 대부분 파괴되었다. 북부 부족들의 엄격한 모계 씨족 제도는 앞에 쓴 바와 같이 콰키우틀 족 안에서 채용되지 않았는데 그러나 이것도 사위가 아내의 부친으로부터 특권을 청구할 수 있는 권리를 강조함으로써 타협을 본 셈이고 그로 인하여 그 특권들은 그의 자녀들을 위하여 보유할 수 있었다. 이것은 이상한 조정이며 분명히 서로 맞지 않는 두 개의 사회 질서간의 타협의 하나이다. 그들이 어떻게 두 대립적인 사회 질서를 종교화시키는 문제를 해결했는가는 이미 앞의 장에서 말했다.

따라서 통일성은 오히려 근본적인 갈등에 직면할 때 실현될 수

있다. 문화적인 방향 상실의 사례는 오늘날 보는 것보다 한결 적을
는지 모른다. 어떤 문화를 기술하는 것이 문화 그 자체보다 더 방
향을 상실할 가능성은 늘 존재하고 있다. 그렇다면 통일의 본질은
다만 우리들의 경험 밖에 있어서 이해가 곤란할는지도 모른다. 문
화 기술의 불완전한 점은 한결 나은 현장 조사로, 또 이해의 곤란
이라는 점은 날카로운 분석으로 제거할 수 있을 것이다. 이 두 곤
란한 점이 해결된다면 문화의 통일성의 중요성은 오늘날 생각되고
있는 것보다 훨씬 분명해질는지도 모른다. 그렇다고 해도 주니 족
이나 콰키우틀 족에서 쓴 바와 같은 동질적인 구조가 모든 문화에
있다고 할 수 없다는 사실을 인정하는 것 역시 중요하다. 모든 문
화를 프로크루스테스의 침대(Procrustean bed : 프로크루스테스는
그리스의 강도로서, 잡은 사람을 쇠침대에 눕혀 키 큰 사람은 다리
를 자르고 작은 사람은 잡아 늘였다고 함. 폭력으로 규준에 억지로
맞추려고 하는 것을 비유/역자 주)처럼 몇개의 캐치워드로 특징지
어버리고 다른 것은 잘라낸다는 것은 어리석은 짓이 될 것이다. 주
요 명제의 설명에 소용이 되지 않는다고 해서 중요한 사실을 잘라
내는 일은 위험한 짓이며, 아무리 잘한다 하더라도 이 위험성은 심
각한 것이다. 주제를 잘라내고 최종적인 이해에 방해가 되는 장해
물을 추가로 세우는 것 같은 조작을 해서 추론해가는 것은 변호의
여지가 없다.

문화의 통일성에 대한 안이한 일반화는 현지 조사를 할 때 가장
위험한 것이다. 사람이 말과 어떤 신비로운 문화의 행동의 모든 특
이성을 체득하고 있을 때 그 통합에 대해서 선입관을 가지게 되면
정확한 이해를 하는 데 방해가 될 것이다. 현지 조사를 하는 사람
은 진실로 객관적이어야 한다. 관계가 있는 모든 행동은 반드시 기
록하고, 아무리 그럴듯한 가설이라 할지라도 그것에 근거하고 있는
주장에 알맞는 사실만을 선별하지 않도록 주의해야 된다. 이 책에
서 논의해온 민족들은 그 문화가 보여주는 일관성 있는 행동 유형
을 가질 것이라는 선입견은 전혀 가지지 않은 채 현지에서 연구된

것이다. 민족학은 있는 그대로 기술되어 있으며 그 자체를 일관된
것으로 만들려는 의도는 없다. 그러므로 그 전체의 모습은 연구자
에게 한결 설득력이 있다. 또 문화를 이론적으로 논하는 경우에도
문화의 통일성에 대한 일반화는 독단이 되거나 보편화되면 될수록
그만큼 공허한 것이 될 것이다. 어느 한 문화에서는 다이나믹하나
다른 문화에서는 그렇지 않은 것 같은 동기와 행동의 한계를 대조
시킬 수 있는 자세한 정보가 필요하다. 어떤 민족학파의 강단에서
쓰인 통합의 강령 따위는 우리에게는 필요없다. 다른 한편, 다른
문화가 추구하고 있는 특징적인 재물, 여러 제도의 토대가 되고 있
는 다른 의도는 다른 사회 질서를 이해하는 데 또는 개인의 심리를
이해하는 데 다같이 가장 필수적인 것이 된다.

　문화의 통일성과 서구 문명의 연구와의 관련, 따라서 사회학적
이론과의 관련은 오해받기 쉽다. 우리들 자신의 사회는 통일성이
결여된 사회의 극단적인 예로서 가끔 그려지고 있다. 그 거대한 복
잡성과 세대마다의 급격한 변화는 우리 사회의 요소들 사이의 조화
의 결여를 불가피하게 만들고 있다. 이러한 조화의 결여는 좀더 단
순한 사회에서는 일어나지 않는다. 그러나 통일성의 결여는 대부분
의 연구에서 과장되고 또한 오해되고 있다. 그것은 단순한 기술적
인 잘못 때문이다. 미개 사회는 지리적인 단위로 통일되고 있다.
그러나 현대 문명은 계층화되어 있어서 상이한 사회 집단이 동일한
시대, 동일한 지역에서 전혀 다른 가치 기준으로 생활하고 다른 동
기에 의해서 움직이고 있다.

　현대 사회학에 인류학적인 문화 영역을 적용하려는 시도는 다만
매우 한정된 범위에서만 성과를 볼 수 있다. 그 까닭은 오늘날 서
로 다른 생활 양식은 근본적으로 공간적인 분포의 문제가 아니기
때문이다. 사회학자들 사이에서는 "문화 영역의 개념"에 대해서 시
간을 낭비하는 경향이 있다. 그 같은 "개념"은 존재하지 않으며 이
것은 또한 당연한 것이다. 문화 특성 그 자체가 지리적으로 분류되
어 있을 경우에는 그것은 지리적으로 다루어져야 한다. 그렇지 않

을 경우에도 기껏 엉성한 경험적 범주에 불과한 것에서 원리를 만들려고 한다면 무익할 따름이다. 우리 문명에는 인류학적인 의미에서 단일한 국제 문화가 있으며 그것은 세계 어디에서나 볼 수 있는 것이다. 그러나 마찬가지로 노동자 계급과 상류 사회 사이에, 또는 생활을 교회 중심으로 보내는 사람들과 경마장 중심으로 보내는 사람들 사이에 전대 미문의 분화가 있다. 현대 사회에서 상대적인 선택의 자유는 중요한 자발적 집단의 출현을 가능케 하고 있으며 그 집단의 원칙은 로터리 클럽과 그리니치 빌리지(Greenwich Village : 미국 뉴욕 시 맨해튼 구 남부의 상업 지구/역자 주)와 같이 서로 다른 것이 된다. 문화 과정의 본질은 이러한 현대의 여러 조건으로 인하여 변하지 않지만 그러한 조건을 연구할 수 있는 단위는 이미 지역 집단이 아니다.

문화의 통일성은 중요한 사회학적 인과성을 가지며 이것은 사회학과 사회 심리학의 몇 가지 논의의 여지가 있는 문제와 부딪친다. 그 첫째는 사회가 유기체인가 아닌가 하는 논쟁이다. 현대의 사회학자와 사회 심리학자들은 대부분 사회는 그 사회를 구성하고 있는 개인의 마음(mind) 그 이상의 다른 아무것도 아니며 그것을 넘어서는 무엇이 될 수도 없다는 것을 세련된 방법으로 논해왔다. 그 설명의 일부로 그들은 "집단의 허구성"을 맹렬하게 공격했던 것이다. 즉 그들의 해석에 따른다면, 사고와 행동을 어떤 신비적인 존재 즉 집단의 기능으로 생각하는 것이 집단의 허구성이라는 것이다. 한편 다양한 문화를 다루어본 사람들은 개인 심리학의 모든 법칙이 사실을 설명하기에 부적당하다는 것을 자료가 명백하게 나타내는 곳에서는 가끔 그들 자신이 신비적인 어법으로 표현했다. 어떤 사람은 뒤르켐과 같이 "개인은 존재하지 않는다"고 주장하고 다른 사람은 크로버와 같이 문화 과정을 설명하는 데에 초유기체(superorganic)라고 불려지는 힘의 도움을 받았다.

이것은 대부분 말싸움에 지나지 않는다. 소위 유기체설 지지자도 문화 안에는 개인의 마음 이외의 다른 마음의 단계가 있다고 진심으로 믿지는 않는다. 다른 한편 올포트와 같이 집단의 허구성에 대한 맹렬한 비판자도 집단, 즉 "사회학의 특수 과학의 영역"에 대한 과학적 연구의 필요성을 인정하고 있다. 집단을 그 성원의 것으로 인정할 필요를 느끼는 사람들과 그렇지 않는 사람들 사이의 논의는 주로 서로 다른 종류의 자료를 다루는 연구자간의 논쟁이었다. 문화의 다양성, 특히 오스트레일리아 문화에 대해서 일찍부터 잘 알고 있는 상태에서 출발한 뒤르켐은 때로 애매한 표현법으로 문화 연구의 필요성을 반복해서 말했다. 이와는 반대로 자기 자신의 표준화된 문화를 다루고 있는 사회학자들은 그들의 작업에서 그 필요성이 나타나지 않는 방법론을 타파하려고 시도했다.

주니 족에서 분명한 것은 모든 개인의 총체가 그들 개개인이 바라며 또한 창조한 것을 넘어서서 하나의 문화를 만들고 있다는 점이다. 그 집단은 전통에 의해서 배양되며 "시대에 구속된다." 그 집단을 유기체적인 통일체로 부르는 것은 전적으로 타당하다. 자신의 목표를 선택하고 특정한 목적을 가지는 이 같은 집단에 대해서 말하는 것은 우리 언어 속에 깊이 새겨져 있는 애니미즘의 필연적인 결과이다. 그 같은 집단을 신비 철학의 한 증거라고 주장하여 연구자에게 대항해서는 안 된다. 인간 행동의 역사를 알기 위해서는 이들 집단 현상은 연구되어야 한다. 개인 심리학에 의해서 우리가 직면하고 있는 사실들이 저절로 설명될 수는 없다.

현재 고려의 대상이 되고 있는 행동은 사회적 승인이라는 바늘구멍을 통과해야 된다는 것과, 역사만이 가장 넓은 의미에서 이 사회적 승인과 편견에 대해서 설명을 가할 수 있다는 것이 사회적 관습에 대한 모든 연구의 요체이다. 심리학만이 문제가 되는 것이 아니라 역사도 또한 문제가 된다. 역사는 결코 자기 분석에 의해서 발견될 수 있는 일련의 사실이 아니다. 그러므로 경제적인 조직은 인간의 경쟁심에서 유래한다고 하거나 전쟁은 인간의 전투심에서 유래한다고 간주하는 식의 관습에 대한 해석과, 온갖 잡지 또는 책에 나타나는 기타의 모든 기성적(旣成的)인 설명은 인류학자의 안

목으로 본다면 헛소리가 된다. 이 문제를 정력적으로 다룬 최초의 인류학자는 리버스이다. 그는 복수(復讐)라는 사실에서 피의 복수를 이해하는 것이 아니라 피의 복수라는 제도에서 복수를 이해할 필요가 있음을 지적했다. 마찬가지 방식으로 질투는 각각의 지방의 성의 규제와 재산 제도의 여러 조건을 통해서 연구할 필요가 있다.

개인의 행동으로 문화를 해석하려는 나이브한(naïve) 방법에 수반되는 곤란은 그러한 해석이 심리학적인 것이라는 데 있음이 아니라 그러한 해석이 역사 및 관습의 승인이나 거절의 역사적 과정을 무시하고 있다는 데 있다. 문화의 통합적인 해석은 그 어떠한 것도 개인 심리학적인 견해에서의 한 해석이다. 그러나 그것은 심리학과 마찬가지로 역사에도 의지하고 있다. 디오니소스 형의 행동은 그 자체가 개인 심리학에서는 영구적인 가능성이므로 어떤 문화의 제도 중에서는 강조되고 있지만 그러나 그것은 어디까지나 어떤 종류의 문화에서만 강조되는 것이지 다른 모든 문화 속에서도 강조되는 것은 아니다. 그 까닭은 어떤 한 지방에서는 그 행동 발달이 조장되나 다른 지방에서는 그것이 배제되었다는 역사적 사건에 의한 것이라고 보는 편이 문화의 통합적인 해석 방법이다. 다른 입장에서 보면 문화의 여러 형태의 해석은 역사와 심리학이 모두 필요하다. 그 까닭은 누구도 심리학으로 역사를 대신할 수 없기 때문이다.

이것은 통합적인 인류학(configurational anthropology)과 충돌하고 있는 모든 문제 중에서 가장 격심하게 논의가 오가는 문제로 우리를 인도한다. 그 문제는 사회 현상의 생물학적 기초에 관한 논쟁이다. 우리들은 이제까지 인간의 기질은 이 세상에서 어느 정도 일정한 것이며 모든 사회에는 대체적으로 유사한 분포가 잠재적으로 존재하고 있어서 문화는 그 전통적인 패턴에 따라서 그중에서 선정해야 할 것을 끄집어내고, 또한 대다수의 개인을 틀에 넣어서 획일적인 존재로 만들고 있는 것처럼 말했다. 이 해석에 따르면 환상 체험은 어느 사회에서도 일정한 수의 개인이 잠재적으로 가지고 있는 것이다. 그 경험이 명예가 되고 보상을 받는 경우에는 상당히 많은 사람이 그 경험을 얻으려고 모방하게 될 것이다. 그 같은 경험이 가문의 불명예가 되는 우리 문명에서는 그 경험을 얻으려는 사람의 수는 매우 적을 것이며 또한 그 같은 사람은 이상스러운 존재로 간주될 것이다.

그러나 또 하나의 해석 방법이 가능하다. 그 방법에 의하면 관습은 문화적으로 선택되는 것이 아니라 생물학적으로 유전된다고 강력히 주장되고 있다. 그 해석에 의하면 차이는 인종적인 것이 된다. 즉 대평원 인디언이 환상을 구하는 까닭은 그 부족의 염색체 중에 그 필요성이 유전되어 있기 때문이라는 것이다. 마찬가지로 푸에블로 족의 문화가 절제와 중용을 추구하는 까닭도 그들의 인종적 형질의 유전에 의해서 그 같은 행위가 결정되기 때문이라는 것이다. 만일 이러한 생물학적 해석이 옳다고 하면 집단 행동을 이해하는 데 우리에게 필요한 것은 역사가 아니라 생리학이 될 것이다.

그러나 이 같은 생물학적 해석은 결코 납득이 가는 과학적 반응을 가지고 있지 않다. 그들의 주장을 입증하기 위해서는 반드시 이해되어야 할 사회 현상의 조그마한 부분이라도 설명해주는 생리학적 사실들을, 이러한 견해를 지지하는 사람들이 보여줄 필요가 있을 것이다. 기본적인 대사작용(代謝作用) 또는 내분비선의 기능이 집단마다 크게 다를 수가 있으며 또한 이러한 사실들이 문화적 행동의 차이를 우리들에게 시사해줄 수도 있다. 그러나 그것은 인류학의 문제가 아니다. 만일 생리학자 또는 유전학자가 자료를 제공한다면 그것은 문화사 연구자에게는 가치가 있을 것이다.

그러나 관습의 형질 유전에 관한 한, 생물학자가 장차 보여줄 생리학적 상호 관계는 도저히 우리가 지금 알고 있는 모든 사실을 망라하지 못할 것이다. 생물학적으로 말하면 북아메리카의 인디언은 전부 같은 인종이다. 그러나 그들 전부가 문화적 행동에서 디오니소스 형이라고 말할 수는 없다. 주니 족은 디오니소스 형과는 전혀 정반대 동기의 극단적인 예이며 그 아폴로 형의 문화는 다른 푸에블로 족도 가지고 있는데 그중의 한 부족이 호피 족이다. 디오니소스 형의 부족을 널리 대표하는 집단인 동시에 언어학적으로 보면 아스텍 족과도 관계되는 쇼쇼니 족(Shoshone)의 하부 집단에 속하는 것이 호피 족이다. 아폴로 형의 문화를 공유하고 있는 또 다른 하나의 푸에블로 집단은 테와 족(Tewa)이다. 테와 족은 생물학적 및 언어학적으로 남부 평원의 푸에블로 족이 아닌 키오와 족과 밀접하게 관련되어 있다. 그러므로 문화적 통일체는 지역적인 것이며 갖가지 집단의 이미 알려진 관계들과 상관 관계가 없다. 마찬가지로 서부 평원에서 이들 환상을 구하는 민족을 다른 집단과 구별짓게 하는 생물학적 단일성은 없다. 이 지역에 거주하는 부족은 널리 산재해 있는 알곤킨, 아사바스칸, 수우 등의 어족들로 성립되어 있으며 그들은 아직도 각각 특정한 언어계의 언어를 사용하고 있다.[1] 이들 모든 언어계는 평원의 방식에 따라서 환상을 추구하는 부족과 그것을 추구하지 않는 부족 등 양쪽을 모두 포함하고 있다. 다만 평원이라는 지리적 한계 안에 거주하는 사람만이 모든 정상적이고 건전한 남자가 갖추어야 하는 기본적인 일부분으로서 환상을 추구한다.

공간상의 분포를 고려하지 않고 대신 시간상의 분포만 문제로 삼을 때에는 환경적인 설명이 한층 더 불가피해진다. 심리적인 행동에서의 가장 격심한 변화는 생물학적 구성이 감지할 수 있을 정도로 변하지 않는 집단에서 일어났다. 이것은 우리들 자신의 문화적 배경 속에서도 얼마든지 볼 수 있다. 유럽의 문명은 중세 시대의 신비적 행동이나 심령 현상의 전염병에 걸리기 쉬웠다. 그것은 19세기에 와서 가장 강경한 유물주의에 경도되기 쉬웠던 점과 마찬가지였다. 문화는 그 문화의 편견을 변화시켜오면서도 집단의 인종적인 형질에서는 그것에 상응하는 변화를 수반하지 않았다.

행동의 문화적 해석에는 생리학적 요소도 포함되어 있음을 부정할 필요는 전혀 없다. 이 같은 것을 부정하는 것은 과학적인 설명

---

1) 여기에 속하는 언어 집단은 생물학적 관계와 상관 관계가 있다.

을 오해하는 데에서 근본적으로 일어나는 것이다. 예컨대 비록 화학이 생물학적 현상을 설명하기에 부적당하다고 해도 생물학은 화학을 부정하지 않는다. 그리고 생물학이 분석하는 여러 사실의 기초가 되는 것이 화학의 법칙들임을 인정한다고 해도 화학적 법칙에 따라 생물학 연구를 진행해야 할 필요는 없다. 과학의 어느 분야에서나 관찰중인 상황을 가장 적절하게 설명해주는 여러 법칙들과 경과에 중점을 두는 것이 필요하다. 그러나 동시에 아직 다른 요소들이 존재하는 것을 주장할 필요도 있다. 비록 그 요소들이 최종적인 결과에서 결정적인 중요성을 보여줄 수는 없다 하더라도 말이다. 따라서 인간의 문화적 행동에 대한 생물학적 기초는 그 대부분이 적절하지 못하다고 지적하는 것은, 그러한 기초가 존재함을 부정하지 않는다는 의미가 된다. 그것은 다만 역사적 요인 쪽이 활성적이라는 사실을 강조할 뿐이다.

  실험 심리학은 우리 자신의 문화를 다루는 연구에서조차 같은 점을 강조하지 않을 수 없게 되었다. 퍼스낼리티의 특성을 다룬 최근의 실험에 의하면 사회적 결정 요인이 정직성과 리더십의 특성에서조차 결정적이라는 점을 알 수 있다. 어느 한 실험적인 상황에서 어떤 아이가 정직하다고 해서 그것이 그 아이가 다른 상황에서 남을 속일 것이냐 어떠냐를 확실하게 보여줄 수 있는 것은 아니다. 따라서 정직한 사람, 거짓말하는 사람이 따로 존재하는 것이 아니라 정직해질 수 있는 상황, 거짓말하는 상황만이 있다는 것이 판명되었다. 마찬가지로 지도자의 연구에서도 우리 자신의 사회에서조차 표준으로 정할 수 있는 일정 불변의 관습은 없다는 것이 증명되었다. 역할이 지도자의 성격을 발달시키며 그의 자질은 상황이 강조하는 대상일 뿐이다. 이 같은 "상황적" 결과로 다음과 같은 것이 한층 더 명백해졌다. 즉 어떤 임의의 사회에서의 사회적 행위는 "행위의 특수한 양식을 미리 결정짓는 고정된 메커니즘의 단순한 표현이 아니라 오히려 우리가 직면하는 특정한 문제에 의해서 여러 가지 양상으로 야기된 일련의 경향"이라는 것이다.

심지어 한 사회에서도 인간 행동에서 동적인 이러한 상황이 예컨 대 주니 족과 콰키우틀 족 사이의 대조만큼 목적이나 동기가 서로 상반되는 문화간에서 증폭될 때, 이 결론은 피할 수 없는 것이 된 다. 만일 우리가 인간의 행동에 흥미를 가지고 있다면 어떤 사회에 서도 준비되어 있는 제도들을 무엇보다 먼저 이해할 필요가 있다. 그 까닭은 인간의 행동은 이러한 여러 제도가 극단적으로까지 시사 하고 있는 형태를 취하기 때문이다. 그런데 그러한 제도들의 극단 은 그 문화에 소속되어 있으면서 거기에 깊이 물들어 있는 관찰자 도 전혀 친숙해질 수 없는 것이다.

이 같은 관찰자는 자기 자신의 문화가 아닌 다른 문화에서만 기 묘한 행동의 전개를 보게 될 것이다. 그러나 이것은 분명히 지역적 이며 일시적인 편견이다. 어느 한 문화가 영원히 건전하며 인간 문 제의 유일한 해결법으로서 역사에 존재하고 있다고 생각하는 것은 전혀 합당치 못하다. 심지어 바로 그 다음 세대만 되어도 그 앞 세 대보다 더 많은 것을 알게 될 것이기 때문이다. 우리들 자신의 문 화를 가능한 한 인간 문화의 다양한 통합 가운데 들어 있는 무수히 많은 보기 중의 하나로 생각하는 것이 우리들이 취할 수 있는 가능 한 과학적인 사고이다.

어떤 문명에서도 문화적 타입은 커다란 호(弧)와 같이 되어 있는 잠재적인 인간의 목적과 동기 가운데서 그 단편을 이용하고 있다. 그것은 앞의 장에서 말한 것처럼 어느 문화이건 간에 어떤 선택된 물질적 기술이나 문화적 관습을 이용하고 있음과 똑같은 것이다. 모든 가능한 인간 행동이 분포되어 있는 그 큰 호는 너무나 거대하 고 너무나 모순에 가득 차 있으므로 어떤 문화라고 할지라도 그 호 의 큰 부분을 이용하고 있지는 못하다. 따라서 선택이 가장 먼저 필요한 것이다. 선택이 없이는 어떤 문화라도 이해 가능한 것이 되 지 못한다. 그리고 문화가 선택하여 그것을 자신의 것으로 만드는 의도는, 문화가 똑같은 방법으로 선택하는 특정 기술의 세부 사항 이나 결혼 절차보다 한결 더 중요한 문제이다.

서로 다른 민족이 선택하여 자기들의 전통적인 제도 안에서 이용하고 있는 잠재적 행동의 이 서로 다른 호들은 앞에서 말한 세 개의 문화에서 예증되고 있다. 그 세 문화가 선택한 목표와 동기를 세계에서 가장 특징적인 것으로 간주할 수는 결코 없다. 필자가 이 세 문화를 실례로 선택한 까닭은 우리가 현존하는 문화 가운데 이것들에 대해서는 다소나마 알고 있기 때문이며 따라서 문화의 논의에 늘 수반하는 의혹——관찰에서 이를 조사하는 것은 이제는 불가능하다——을 피할 수 있기 때문이다. 예컨대 대평원 인디언의 문화는 우리들이 매우 잘 알고 있는 문화 중의 하나이며 매우 일관성 있는 것이다. 그 심리적인 패턴은 그 고장의 문헌, 여행가의 이야기, 민속학에 의해서 수집된 관습에 관한 추억담이나 유물을 통해서 꽤 분명하게 알려진 것이다. 그러나 그 문화는 이미 상당 기간 동안 기능하고 있지 않으며 그 문화에 대해서는 의문점도 있는데, 이것은 당연한 일이다. 교의(dogma)와 실제의 관행이 어떻게 일치되고 있는지, 실제의 관행을 교의에 적응시키는 일반적 방법에는 어떤 것이 있는지에 대해서 사람들은 아무도 쉽게 말하지 못한다.

이 통합들은 고정된 특성군(特性群)을 나타낸다는 의미에서 말하는 우리가 논한 "유형들"(types)과는 다르다. 각각의 통합은 경험적인 성격짓기(empirical characterization)이며 아마 전세계를 찾아보아도 그것과 똑같은 통합이란 없을 것이다. 모든 문화를 일정하고 선택된 유형의 한정된 수의 전형으로서 그 특징을 규정지으려는 노력처럼 무익한 것은 없을 것이다. 카테고리라는 것을 모든 문명이나 모든 사건에 다같이 필연적이고 또한 응용될 수 있는 것으로 생각할 경우, 그 카테고리는 무거운 짐이 된다. 도부 족과 북서 해안 지방에 사는 인디언의 공격적이며 과대망상적인 경향은 이들 두 문화에서의 매우 상이한 관습과 결부되어 있다. 불변의 무리〔群〕란 없는 법이다. 주니 족과 그리스에서의 아폴로 형의 강조는 본질적으로 그 발전 과정이 서로 다른 것이었다. 주니 족의 억제와 중용의 미덕은 아폴로 형과는 다른 성질의 모든 것을 그들의 문명에서 제외하고 말았다. 그러나 그리스 문명 쪽은 그 문명이 제도화하고 있었던 디오니소스 형의 보충을 인정하지 않고서는 이해할 수가 없다. "법칙"은 없으나 그 대신 어떤 지배적인 태도가 취할 수 있는 몇 가지 다른 특색 있는 과정은 있다.

서로 매우 닮은 문화의 패턴들이 그 지배적인 목적에 따라서 취급해야 할 상황을 동일하게 선정하는 일은 없을 것이다. 현대 문명에서 사업의 경쟁에서는 가차없이 무정한 남자라도 집으로 돌아가면 다정한 남편이며 자식에게 약한 아버지인 경우가 많다. 서구 문명에서 강박 관념적인 성공에 대한 추구는 사업의 세계에서는 상당히 널리 전개되어 있지만 가정 생활에는 전혀 그런 정도에 이르지 않고 있다. 이 두 활동을 둘러싸고 있는 여러 제도는 예컨대 도부 족에서는 도저히 믿지 못할 정도로 서구 문명과는 대조적이다. 도부 족의 결혼 생활은 마치 쿨라의 거래에서와 같은 동기에 의해서 영위되고 있다. 도부 족에서는 경작조차도 타인의 얌(yam)의 줄기를 자기의 것으로 착복하는 것이다. 그러나 문화의 패턴이 어떻든 간에 경작은 거의 영향을 받지 않는 일상의 정해진 활동이다. 즉 그것은 지배적인 동기가 개입되지 않는 상황이든가 아니면 그 같은 동기가 박탈된 상황이다.

이처럼 행동이 문화적인 패턴의 성질에 따라서 물들여지는 정도는 일정하지 않는데 이것은 콰키우틀 족의 생활에서도 명백히 나타난다. 이미 말한 대로 고귀한 성인(成人)의 죽음에 대한 콰키우틀 족의 특징적인 반응 방법은 복수의 계획을 실행하는 것을 말하며, 이것은 그들에게 창피를 준 운명을 격퇴하는 것이었다. 그러나 자기들의 갓난애의 죽음을 한탄하는 젊은 부모는 이와 같은 방식에 따라 행동할 필요는 없다. 모친의 한탄은 슬픔으로 가득 찬다. 모든 여자들은 와서 한탄하며 슬퍼하고, 그 모친은 죽은 갓난애를 껴안고 계속 눈물을 흘린다. 그녀는 조각가와 인형 만드는 사람에게 온갖 종류의 장난감을 만들게 하여 그것을 사방에 뿌린다. 여자들은 탄식하며 슬퍼하고 모친은 죽은 갓난애에게 이렇게 말한다.

　아아, 아아, 아아, 내 자식아, 어째서 이런 짓을 했니? 너는 나를 엄마로 골랐고 나는 너를 위해서 무엇이건 하려고 했다. 장난감을 보려무나. 너를 위해 만든 온갖 것을 보려무나. 나의 자식아, 어째서 나를 버리는가? 내 탓인가, 자식아, 네가 돌아온다면 좀더 잘 해주지. 이것만은 부탁한다. 지금 네가 간 곳에서 잘 지내다가 몸이 튼튼해지면 곧 돌아와야 해. 제발 떠나지 말아다오. 자식아, 네 어미인 나를 불쌍히 여겨다오.

그녀는 죽은 자식이 돌아와 자기의 몸에서 다시 태어나기를 기원하고 있는 것이다.
　사랑하는 사람과 헤어질 때의 콰키우틀 족의 노래도 또한 슬픔으로 가득 찬 것이다.

　오오, 그는 멀리 사라져간다. 그는 뉴욕이라는 아름다운 곳으로 떠나야 한다, 사랑하는 사람이여.
　오오, 작은 가여운 까마귀와 같이 그이 곁으로 날아갈 수 있다면, 내 사랑이여.
　오오, 내가 그의 곁으로 날아 갈 수 있다면, 내 사랑이여.
　오오, 사랑하는 사람의 곁에 누울 수 있다면, 나의 고통이여.
　사랑하는 사람에 대한 사랑이 나를 죽인다, 나의 주인이여.
　나에게 생명을 준 그의 이야기가 나를 죽인다, 사랑하는 사람이여.
　그는 그의 얼굴을 2년간이나 내게 돌리지 않겠다고 이야기하지 않았던가, 내 사랑이여.
　오오, 내가 당신의 잠자리의 깃털 이불이 될 수 있다면, 사랑하는 사람이여.
　오오, 내가 당신이 쉴 수 있는 베개가 될 수만 있다면, 사랑하는 사람이여.

잘 가거라! 나는 풀이 죽어, 내 사랑을 위해서 운다.

그러나 이 콰키우틀 족의 노래들에서조차 깊은 슬픔은 그 괴로워하는 자에게 가져다준 치욕감과 혼합되었고 그리고 그 다음에 그 감정은 통렬한 비웃음과 형세를 일변시키려는 욕망으로 변한다. 버림받은 여자들이나 젊은이들의 노래는 우리가 우리들 자신의 문화에서 잘 알고 있는 표현과 그다지 차이가 없다.

오오, 사랑하는 처녀여, 내 사모의 정이 네게 도달할는지, 너에 대한 내 사모의 정이, 사랑하는 처녀여.
오오, 그것은 웃음거리이다, 사랑하는 처녀여, 그것은 웃음거리이다, 너의 행동은, 사랑하는 처녀여.
오오, 그것은 경멸의 대상이다, 사랑하는 처녀여, 그것은 경멸의 대상이다, 너의 행동은, 사랑하는 처녀여.
잘 가거라, 내 사랑하는 처녀여, 잘 가거라, 애인이여, 네 행동 때문에 이별하련다. 내 사랑하는 처녀여.

또는 이렇게도 노래한다.

그녀는 무관심한 척, 나를 사랑하지 않는 척한다. 내 진정한 사랑아, 나의 사랑아.
나의 사랑아. 너는 너무 지나쳤다. 그래서 그 좋던 네 이름은 점점 나빠지고 있구나. 사랑하는 사람아.
벗이여, 멀리 가버릴 사람이 부르는 노래를 이제는 더 이상 들려주지 말아다오.
벗이여, 내게 새로운 진정한 사랑, 귀여운 사랑이 생긴다면 모든 것이 잘 되련만.
새로운 애인을 부르는 내 사랑의 노래를 그에게 들려주고 싶구나.

깊은 슬픔이 쉽사리 치욕으로 변한다는 것은 명백한 일이나 그럼에도 불구하고 어떤 한정된 상황에서는 깊은 슬픔을 표현하는 것이 허락되고 있다. 콰키우틀 족의 친밀한 가정 생활 안에서는 따뜻한 마음이 담긴 애정을 표현할 기회가 있으며 게다가 기분좋은 인간관계를 주고받을 수도 있다. 콰키우틀 족의 생활에서의 모든 상황은 그들의 생활에서 가장 특색이 있는 몇개의 동기를 똑같이 요구하는 것은 아니다.

콰키우틀 족의 생활에서의 경우와 마찬가지로 서구 문명에서도 생활의 모든 측면이 현대 생활의 현저한 특징이 되어 있는 권력에 대한 의지를 늘 충족시키고 있는 것은 아니다. 그러나 도부 족과 주니 족에게서는 생활의 어느 측면이 문화의 통합에서 영향을 조금밖에 받고 있지 않는가를 알아보기가 그렇게 쉽지 않다. 그것은 아마도 문화의 패턴의 성질에 기인한 것일 수도 있고, 아니면 일관성에 대한 특징에서 기인한 것일 수도 있다. 현 시점에서 그것을 딱 잘라 말하기는 불가능하다.

문화의 통일성을 조금이라도 이해하려면 반드시 고려해야 할 하나의 사회학적 사실이 있다. 그것은 전파(傳播)의 중요성이다. 인류학적 연구의 방대함은 인간의 모방성의 사실들을 깊이 조사하는 데 집중적으로 그 힘이 모아졌다. 미개지에서 관습이 전파되는 범위는 인류학의 가장 놀라운 사실의 하나이다. 의복, 기술, 의식, 신화, 혼인 때의 경제적 교환 같은 관습을 가지게 될 때가 자주 있다. 그럼에도 불구하고 이 같은 광대한 지역에서 어떤 지방은 이 낯설은 재료 위에다 명백히 다른 목표와 동기를 새겨넣었다. 푸에블로 족은 북아메리카의 광대한 지역에서 행해지는 농경 방법과 주술의 수법, 널리 알려진 신화를 사용한다. 다른 대륙에 있는 아폴로 형의 문화는 필연적으로 다른 낯선 소재로 작용할 것이다. 이 두 문화는 각기 그 대륙에서 손에 넣을 수 있는 낯선 소재를 수정했던 방향을 공통으로 가지고 있을 것이다. 그러나 손에 넣을 수 있는 그 관습은 다를 것이다. 그러므로 세계의 다른 지역에서 비교할 수 있는 통합은 필연적으로 그 내용도 다를 것이 틀림없다. 우리는 푸에블로 족의 문화를 북아메리카의 다른 문화들과 비교함으로써 푸에블로 족의 문화가 움직여나가는 방향을 이해할 수 있다. 북아메리카의 여러 문화는 푸에블로 족과 같은 요소를 공유하고 있으나 다만 다른 방법으로 그것을 사용할 뿐이다. 마찬가지 방법으로 우리는 그리스 문명에서의 아폴로 형에 대한 강조를 동부 지중해 문화라고 부르는 그 지방적 상황에서 연구함으로써 이해할 수 있다. 문화의 통일 과정을 분명히 파악하기 위해서는 전파의 여러 사실에 대한 지식을 그 출발점으로 하지 않으면 안 된다.

다른 한편 이와 같은 통일 과정을 인식하게 되면 폭넓게 퍼진 관습의 성질을 전혀 다른 모습으로 볼 수 있게 된다. 결혼 또는 성인 의식, 종교에 대한 극히 일상적이고 개괄적인 연구에 의하면 각각의 관습은 독자적인 동기를 낳는 특수한 행동 영역이라고 추론된다. 웨스터마크는 결혼을 성적 선택의 상황이라고 설명하고 있다. 또한 성인식의 절차는 그것이 사춘기의 성적 충동의 결과라고 하는 것이 일반적인 해석이다. 따라서 결혼이나 성인식의 절차가 아무리 수정되었다 하더라도 그것은 하나의 연속된 사실이며 다만 일반적 상황 속에 암암리에 포함되어 있는 하나의 충동이나 필연성을 다른 가락으로 되풀이하고 있는 것일 뿐이다.

큰 사건을 이처럼 단순한 방법으로 취급하는 문화는 거의 없다. 이 같은 사건——그것이 결혼이든, 죽음이든, 초자연에 대한 기원이든 간에——은 각각의 사회가 그 특징적인 목적을 표현하기 위해서 갖추고 있는 상황이다. 사회를 지배하는 동기들은 선정된 특정 상황에서는 나타나지 않지만 그 문화의 보편적 성격에 의하여 그 사회에 새겨진다. 결혼은 배우자의 선택과는 전혀 관계가 없을 수도 있지만——배우자의 선택은 다른 방법으로 결정된다——처를 몇이고 거느린다는 것은 부의 축적의 현대판이 될 수도 있다. 경제적 관행은 식량과 의복의 필수품을 공급한다는 그 본래의 목적에서 완전히 벗어나, 모든 농경 기술이 인간에게 필요한 식료품을 필요한 것보다 몇배나 쌓아올려서 과시하고 허영심으로 해서 어봐라는 듯이 그 식량을 썩히는 방향으로 흐를 수도 있다.

앞에서 선택한 세 문화의 묘사에서도 명백하게 드러났듯이 심지어 단순한 문화적 반응조차도 그 사건의 성격에서 이해하기는 매우 어렵다. 사건이라는 관점에서 볼 때 초상(初喪)은 손실의 상황에 대한 깊은 슬픔 또는 위안의 반응이다. 우연이기는 하겠지만 앞에서 말한 세 문화 중 그 어느 것도 초상 제도에 대하여 이와 같은 유의 반응을 나타내고 있지 않다. 다만 푸에블로 족이 이것과 가장 가까운 반응을 나타내고 있다. 즉 그들의 의식은 친척의 죽음을 사회가 그 불쾌감을 제거하기 위해서 총력을 모아야 할 비상 사태의 하나로 취급하고 있다. 깊은 슬픔은 그들의 행동에서 거의 제도화되지는 않고 있지만 그들은 그 손실의 상황을 어떻게든 최소한으로 줄여야 할 비상 사태로서 인식하고 있다. 콰키우틀 족은 진실로 슬픔이 있는지 없는지는 고려하지도 않고 초상 제도를 문화적인 편집광의 특수한 예로 생각한다. 즉 그들의 경우에 따르면 초상 제도는 친척의 죽음으로 자기 자신이 수모를 당했다고 간주하고 따라서 분기하여 복수를 해야 하는 경우가 된다. 도부 족에서도 초상의 관습은 콰키우틀 족과 공통점이 많지만, 근본적으로는 자기들의 친척 중의 일원을 죽게 한 그 배우자에게 죽은 자의 혈족이 가하는 형벌인 것이다. 즉 초상의 관습도 역시 도부 족에게는 배신으로 생각하여 형벌을 가할 희생의 대상자를 선택함으로써 처리해나가는 무수한 사건들 중의 하나인 것이다.

전통이 환경이나 생활의 주기(life-cycle)가 제공하는 모든 상황을 취하여 일반적으로는 전혀 무관계한 목적들을 결부시키기 위하여 그 상황을 이용하는 일은 지극히 간단한 일이다. 이하선염(耳下腺炎)으로 죽은 아이로 인해서 전혀 관계없는 사람을 살해하는 일이 생길 정도로 사건의 특성은 너무나 희미하게 나타나기도 한다. 소녀의 초경이 실질적으로 부족의 모든 재산의 재분배를 일으키는 경우도 있다. 초상이나 결혼, 성인 의식 혹은 경제 등은 자체의 과거의 역사도 결정했고 또 미래도 결정할 각각의 포괄적인 충동과 동기를 가지고 있는 인간 행동의 특별한 항목들이 아니다. 그것들은 어느 사회이든지 자체의 중요한 문화적 의도를 표현하기 위해서 붙잡을 수 있는 어떤 기회라고 말할 수 있다.

그러므로 이러한 관점에서 본다면 중요한 사회학적 단위는 제도가 아니라 문화 통합이다. 가족이나 미개 경제, 혹은 도덕적 사상에 관한 연구는 여러 경우에서 이 관습들을 지배해왔던 상이한 문화 통합을 강조하는 연구로 분해되어가야 할 필요가 있다. 콰키우틀 족의 생활의 특이한 성격은 그 가족만을 논의의 대상으로 골라내어 결혼의 상황에서부터 콰키우틀 족의 결혼 때의 행동을 끌어내는 식의 논의로는 결코 명료해질 수 없다. 마찬가지로 우리 자신의 문명에서의 결혼도 성적 결합과 가정 생활의 단순한 한 변형이라고만 생각해서는 결코 설명될 수 없는 상황이다. 우리의 문명에서 인간의 지상의 목적은 대개 사유 재산을 축적하여 과시의 기회를 증대하는 것이라는 단서가 없이는 아내의 현대적인 지위라든가 질투라는 현대적인 감정도 역시 이해할 수 없게 된다. 이와 똑같이 아이에 대한 우리의 태도도 이와 동일한 문화적 목표의 증거가 된다. 우리들의 아이들은 몇몇 미개 사회가 그러하듯이 어려서부터 그들의 권리 또는 기호가 별 생각 없이도 존중되는 그러한 개인이 아니라 흡사 우리들의 재산과 같아서 특별한 부담이 되는 것이며 따라서 우리는 경우에 따라 그 부담에 굴복하기도 하고 그것을 자랑하기도 한다. 기본적으로 아이들은 우리 자신의 자아의 연장이며 우리의 권위를 과시할 수 있는 특별한 기회를 마련해준다. 이 패턴은 우리가 아주 그럴듯하게 생각하고 있듯이 부모와 자식 간의 상황에서 선천적인 것은 아니다. 그 패턴은 우리 문화의 주된 충동에 의하여 그 상황에 새겨지며 또한 그것은 우리가 우리의 전통적인 고정 관념에 따르게 되는 여러 경우 중의 한 예에 불과한 것이다.

우리는 점점 더 문화를 의식하게 됨에 따라 어떤 상황 안에서 보편적인 작은 핵과 지역적이고 문화적이며 인위적인 방대한 부가물을 분리해낼 수 있게 될 것이다. 이 부가물들이 상황 그 자체의 필연적인 결과가 아니라고 해서 그것들이 보다 쉽사리 변화될 수 있다거나 혹은 우리의 행동에서 그 중요성이 보다 줄어드는 것은 아니다. 오히려 그것들은 어쩌면 우리들이 알고 있는 것보다 변화되기가 더 어려운 것이 될 수도 있다. 예컨대 어머니의 육아 행동에서의 세세한 변화는 신경 과민의 아이가 모순된 상황에 빠졌을 경우 그를 구하기에 적당하지 않게 되는데 이는 당연한 일이다. 그 상황은 그가 행하는 모든 접촉으로 더욱 강화되며 그의 어머니를 거쳐서 학교와 사업 및 아내에게까지 미치게 될 것이다. 그에게 주어지는 인생의 전과정은 경쟁과 소유를 강조하는 것이다. 십중팔구 그 아이가 빠져나갈 수 있는 길은 운 아니면 초연한 입장을 취하는 데 있을 것이다. 어쨌든 문제의 해결은, 친자 관계의 상황에 본래부터 있는 어려움에는 비중을 보다 적게 두고 자아의 확대와 개인적인 관계를 개발함으로써 서구인의 행동 속에 받아들여진 여러 형식에 중점을 두는 편이 나을 것이다.

사회적 가치의 문제는 여러 문화의 상이한 패턴화의 사실과 밀접하게 관련되어 있다. 과거의 사회적 가치에 관한 논의는 인간의 특정 종류의 관습을 바람직한 것으로 특징짓고 이 미덕들을 포함하는 사회적 목표를 지적하는 데 보통 만족해왔다. 확실히, 집단적 활동에 몰두하는 것이 좋다는 말을 듣는 반면 개인적인 관계에서 타인을 이용하는 것과 자아의 오만한 주장은 나쁜 일이라고들 말하고 있다. 즉 사디즘이나 마조히즘에서 만족을 구하지 않고 기꺼이 서로 간섭 없이 살려는 기질은 좋은 것이라는 말이다. 그렇지만 주니족처럼 "선"(善)을 표준화하고 있는 사회 질서도 유토피아와는 거리가 먼 것이다. 그것은 그 미덕의 결점도 마찬가지로 밝히고 있다. 우리가 높이 평가하는 데 익숙해져 있는 기질들, 예컨대 의지의 힘이라든가 개인적인 창조력 혹은 산더미 같은 곤란에 대항하여 무기를 드는 것과 같은 기질은 주니 족에서는 전혀 도외시되고 있다. 그 질서는 말할 수 없이 평온하다. 주니 족에서 존재를 충족시켜주는 집단적인 활동은 출생, 사랑, 죽음, 성공, 실패, 권위와 같은 인간 생활과는 거리가 먼 것이다. 의식상의 행사는 그들의 목적에 맞는 것이며 보다 인간적인 이해를 최소화시켜주고 있다. 온갖 형태의 사회적 착취라든가 사회적 사디즘으로부터의 해방은 인간 존재의 주요한 목표에 이바지하도록 되어 있지 않는 무한한 형식주의와 같아서 동전의 뒷면에 나타나 있다. 윗부분이 있으면 아랫부분이 있기 마련이고 오른쪽이 있으면 왼쪽이 있다는 것은 예부터 움직일 수 없는 사실이 되어 있다.

사회적 가치의 문제의 복잡성은 콰키우틀 족의 문화에서 특히 명료하게 나타난다. 콰키우틀 족의 여러 제도가 의존하고 있으며 또 현대 사회와 많은 점을 공유하고 있는 그들의 주요 동기는 맞겨룸의 동기이다. 맞겨루기는 그 활동의 진실한 목적에 중심을 두는 것이 아니고 상대를 이기는 데에 중심을 두는 싸움이다. 맞겨루기란 이제는 가족을 충분히 부양하거나 또는 유용하게 사용할 수 있거나 즐길 수 있는 재산의 소유에 관심을 돌리는 것이 아니라, 자기 이웃을 훨씬 앞지르고 누구보다도 많은 재산을 소유하려는 방향으로 그 관심을 돌리고 있다. 승리라는 하나의 위대한 목적 앞에서는 다른 것은 전혀 안중에 없게 된다. 맞겨루기는 경쟁과 같아서 그 본래의 활동에는 주의를 기울이지 않는다. 망태기를 만들건 신발을 팔건 간에 그것은 하나의 인위적인 상황, 즉 타인을 제압하고 승리를 얻을 수 있는 것을 과시하는 게임을 만들어낸다.

맞겨루기는 알려진 바와 같이 소모적이다. 그것은 인간의 가치 기준으로 보면 하위에 속한다. 그것은 일종의 독재 정치와 같아서 그 어느 문화에서나 일단 그것이 고취되면 아무도 거기서 빠져나올 수가 없게 된다. 남보다 우위에 서겠다는 바람은 굉장히 크고 그 바람은 결코 충족되지 않는다. 그 경쟁은 영원히 계속된다. 공동체가 보다 많은 재산을 축적할수록 사람들이 가지고 노는 계산자 (counter)도 더욱더 많아진다. 그렇지만 그 게임에서 이길 확률은

판돈이 적을 때나 많을 때나 다같이 적어진다. 콰키우틀 족의 제도에서는 투자를 재산의 대규모적인 파괴와 동일시하는 데에서 그 어리석음이 절정에 이른다. 그들은 주로 재산의 축적을 통하여 그 우월성을 다투는데, 때로는 파괴와 축적의 차이를 의식하지도 않고, 그들의 가장 가치 있는 단위인 구리판을 산산조각내고 집의 판자나 담요 및 카누를 파괴하여 큰 화톳불을 피우는 일로 우월성을 다투기도 한다. 그것은 사회적으로 낭비임이 분명하다. 그것은 집을 짓고 의복을 구입하며 오락에 참가함으로써 각 가정이 맞겨루기의 게임에서 뒤쳐지지 않았다는 것을 증명하려는 미들타운(Middletown : 린드 부처가 연구한 아메리카 중서부의 중산층을 대표하는 도시의 가명/역자 주)의, 무엇에 홀린 듯한 경쟁에서도 마찬가지로 명백히 드러난다.

그것은 매력 없는 풍경이다. 콰키우틀 족의 생활에서는 상대편의 패망 위에서 모든 성공이 이루어져야 한다는 방식으로 맞겨루기가 행해진다. 그리고 미들타운에서는 개인의 선택과 직접적인 만족을 최소한으로 줄이고 다른 모든 인간적인 만족감을 초월하여 조화를 추구하는 방식으로 맞겨루기가 행해진다. 이 양자의 경우에서 볼 때 명백한 것은 부는 인간의 욕구의 직접적인 만족을 위해서 추구되거나 귀중하게 여겨지는 것이 아니라 맞겨루기의 경기에서 일련의 계산자로 생각되기 때문에 추구되며 중요시되고 있다는 점이다. 주니 족의 경우와 같이 만일 경제 생활에서 승리에 대한 의지가 제거된다면 부의 분배와 소비는 전혀 다른 "법칙"을 따르게 될 것이다.

그럼에도 불구하고 승리에 대한 악착같은 추구는 인간 존재에 활력과 기쁨을 줄 수 있다. 우리는 이와 같은 것을 볼 수 있다. 콰키우틀 족의 사회와 미국의 개척 시대의 엄격한 개인주의 가운데서 볼 수 있듯이 콰키우틀 족의 생활은 그 자체로서도 풍부하고 힘차다. 그 선정된 목표는 그것에 알맞는 미덕이 있으며 콰키우틀 족의 문명에서의 사회 가치는 주니 족의 경우 이상으로 한층 더 복잡하게 얽혀 있다. 그 사회적 지향이 어떠하든지 간에 그 목표를 힘차게 예시하고 있는 사회는 그 사회가 선정한 목표에 알맞은 어떤 미덕을 발전시킬 것이다. 그러나 가장 우수한 사회라고 할지라도 우리가 인간 생활에서 높이 평가하는 모든 미덕을 한 사회 질서 안에서 강조할 수는 없을 것 같다. 인간 생활이 참으로 나무랄 데 없는 최고 상태에 도달한 최종적이며 완성된 구조로서의 유토피아가 되는 것은 실현 불가능하다. 그런 종류의 유토피아는 순전히 백일몽이라고 인식해야 한다. 사회 질서의 참다운 개량은 보다 온당하고 어려운 판단력에 의존하고 있다. 사회적 자본과 제도와 그것이 자극하는 바람직스럽지 않은 행동 특질 및 인간의 고뇌 또는 불만의 견지에서 서로 다른 제도를 자세히 조사하여 그 대가를 치르는 일은 가능하다. 만일 어떤 사회가 스스로 선택하고 자기에게 알맞은 관습에 대한 대가를 치르고자 하면 그 패턴이 아무리 "나쁜" 것이라고 할지라도 어떤 가치가 그 패턴 속에서 발생할 것이다. 그러나 그 위협은 크며 또는 그 사회 질서는 그 대가를 지불하지 못할지도 모른다. 혁명의 결과로 나타나는 무절제한 낭비와 경제적 및 감정적 황폐로 해서 그 사회는 스스로 선택한 가치하에서 붕괴할는지도 모른다. 현대 사회에서 이 문제는 지금 우리 세대가 직면하고 있는 가장 절실한 문제이며, 이 관념에 사로잡힌 사람들은 어떠한 사회 질서도 그 장점이 내포하고 있는 결점으로부터 그 장점만을 분리해 낼 수 없다는 것은 잊어버린 채 경제 조직을 재편성함으로써 자기의 백일몽에서 나온 유토피아를 이 세상에 가져다줄 수 있다는 상상을 너무나 자주 하고 있다. 참다운 유토피아로 가는 지름길은 결코 없다.

그러나 우리가 점차로 문화를 더욱더 의식하게 됨에 따라 우리들에게는 늘 경험하게 되는 하나의 곤란한 과제가 생긴다. 우리는 우리 문명의 지배적인 관습을 판단하도록 스스로를 훈련시킬 수 있을 것이다. 그 같은 지배적인 관습의 영향하에서 자라난 사람이 그것을 의식하기는 어렵다. 그보다 더더욱 어려운 일은 필요에 따라서 그 지배적인 관습에 대한 일방적인 편애를 배제하는 일이다. 지배적인 관습은 말하자면 예전의 그리운 내 집과 같이 친숙한 것이다. 그러한 관습이 없는 세상은 음산하고 참고 살 수 없는 장소인 것같이 생각된다. 그러나 기본적인 문화 과정의 작용으로 인하여 자주 극단으로 나아가는 것은 바로 이 같은 지배적인 관습이다. 그것은 지나치면 쓸모 없게 되며 또 다른 그 어떠한 관습 이상으로 제동하기도 어렵다. 비판이 가장 필요하다고 생각되는 바로 이 점에 대하여 우리는 거의 비판을 하지 않으려 한다. 수정이 가해지기는 하나 그것은 혁명이나 붕괴와 같은 방법을 취한다. 해당되는 세대는 지나치게 성장한 제도를 전혀 평가할 수 없으므로 질서 있는 진보의 가능성은 봉쇄되고 만다. 그 세대는 자기들의 제도를 객관적으로 조사할 힘을 이미 상실했으므로 이익과 손실이라는 견지에서 그들의 여러 제도를 평가할 수 없다. 그 상황은 구제가 가능하기 전에 붕괴점으로 다가서지 않을 수가 없을 것이다.

문제의 관습이 더 이상 활발한 논쟁점이 되지 않은 후에야 우리들은 자신의 지배적인 관습에 대해서 평가를 할 수 있었다. 종교가 객관적으로 논의되기 시작한 것은 종교가 우리의 문명이 가장 깊이 관련되어 있는 문화적 관습으로부터 벗어난 뒤부터였던 것이다. 종교의 비교 연구에서 여러 문제점을 자유롭게 추구하게 된 것은 오늘날이 처음이다. 그러나 아직도 자본주의를 이와 똑같은 방법으로 취급할 수는 없으며 또 전시중에는 전쟁이나 국제 관계의 여러 문제를 논의하는 것도 마찬가지로 금기가 된다. 우리는 우리 문명의 지배적인 관습이 강제성을 띤 것이라는 점을 인식해야 할 필요가 있다. 그러나 그 강제성은 그 관습이 인간 행동의 토대가 되고 본질적인 것이라는 점에서 강제성을 띠는 것이 아니라 단지 그 관습이 지역적이고 우리 자신의 문화에서 지나치게 성장했기 때문에 강제성을 띠고 있는 것이다. 도부 족이 인간성에서 기본적이라고 간주하는 유일한 생활 방법은 근본적으로 배신적이며 병적인 공포로 수호되는 것이다. 콰키우틀 족도 역시 마찬가지로 인생을 경쟁적인 상황의 연속으로 간주하고 있으며 그 안에서의 성공은 자기 동료에게 어느 정도까지 수모를 주느냐 하는 것으로 측정된다. 그들의 생각은 자기 문명에서의 이러한 생활 양식의 중요성에 기초를 두고 있다. 그러나 어떤 한 문화에서 어떤 제도가 중요성을 가진다고 해서 그것이 곧 그 제도의 유익성이나 필연성을 직접적으로 나타내는 것은 아니다. 그러한 논의는 의심스럽다. 그리고 우리가 행사할 수 있을지도 모르는 어떠한 문화적인 통제도 우리가 애호하고 열심히 키워낸 우리의 서구 문명을 어느 만큼 객관적으로 평가할 수 있는가 하는 것에 달려 있을 것이다.

# 제8장

## 개인과 문화의 패턴

이제까지 우리가 논한 집단의 단체적인 행동은 개개인의 행동이기도 하다. 이 집단의 단체적인 행동은 각 개인에게 개별적으로 주어진 세계이며 그 세계로부터 각 개인은 자기 자신의 인생을 꾸려나가지 않으면 안 된다. 어떤 문명에 대해서도 그것을 불과 십여 페이지로 요약하다 보면 필연적으로 집단의 표준말을 부각시키지 않을 수 없고 또한 개인의 행동을 그 문화의 동기를 설명하는 것으로 묘사하지 않을 수 없게 된다. 그러나 이러한 필연성을 보고 개인은 문화라는 광대한 대해(大海)에 매몰되어 있다는 뜻으로 간단히 생각해버린다면 그것은 상황을 잘못 인식하고 있는 셈이 된다.

사회와 개인의 역할 간에는 타당한 대립 관계가 있을 수가 없다. 이와 같은 이원론은 19세기의 것인데 여기서 기인된 가장 오도된 개념 중의 하나는 사회에서 빼낸 것은 개인에게 부가되고 개인에게서 빼낸 것은 사회에 부가된다는 견해였다. 자유의 철학이나 **자유방임**의 정치적 신조와 왕조를 전복한 혁명은 이 이원론에 바탕을 두고 있다. 이 사회의 본질에 대한 기본적인 개념에서 볼 때 문화의 패턴과 개인 중 어느 쪽이 중요하냐 하는 문제는 인류학상의 논쟁에서 아주 사소한 문제에 지나지 않는다는 것이다.

실제로 사회와 개인은 적대자가 아니다. 문화는 개인이 생활을 영위하는 데 필요한 원자재를 제공한다. 만일 그것이 빈약하다면 개인은 고통을 당하고 그것이 풍부하다면 그는 그 기회를 타고 일어설 수 있게 된다. 모든 남녀의 모든 사적인 관심은 각각의 문화의 전통적인 축적의 풍부함에 의해서 도움을 받는다. 가장 풍부한 음악적 감수성은 그 전통적인 설비와 기준의 범위내에서만 작용할 수 있다. 어쩌면 그 감수성은 전통을 추진해가는 데 중요한 역할을 다할 수도 있겠지만 그 달성은 그 문화가 마련하고 있는 여러 가지 악기와 음악의 이론에 비례하여 이루어진다. 마찬가지로 뛰어난 관찰력도 멜라네시아 부족에서는 주술적·종교적 영역의 보잘것없는 분야에 쓰인다. 그 가능성의 실현 여부는 과학적인 방법론의 발전에 따라 좌우되며 만약 그 문화가 필요한 개념과 수단을 정교하게 만들어놓고 있지 않다면 그 재능은 아무런 성과도 거두지 못하게 된다.

일반 사람은 지금까지도 여전히 사회와 개인이 필연적으로 서로 대립하는 것으로 생각하고 있다. 이것은 대체로 우리 문명 사회에서는 이미 조정된 사회적 활동이 선택되고, 우리에게는 법률이 우리에게 부과하는 규제를 사회 그것과 동일시하려는 경향이 있기 때문이다. 법률에는 내가 차를 운전할 때 1시간에 몇 킬로미터라는 식으로 정해져 있다. 만일 이 규칙이 제거된다면 나는 그만큼 더 자유로울 수가 있는 것이다. 사회와 개인이 근본적으로 대립하려면 그 대립이 기본적으로 철학적·정치적 관념으로까지 확대되었을 때이며 그때 비로소 그 대립의 기초는 제 모습으로 된다. 사회는 단순히 부수적으로만 그리고 특정한 상황에 있어서만 조정적이며 법은 사회 질서와 대등한 것이 아니다. 보다 단순하고 동질적인 문화에서는 집단의 습관이나 관습이 공적인 법의 힘의 발전보다 한결 필요할 수도 있다. 아메리카 인디언은 때때로 다음과 같이 말한다. "옛날에는 수렵터나 어장에 관한 싸움은 없었다. 그 무렵에는 법률도 없었지만 모두 올바른 일만 했다." 이 말은 옛날에는 밖으로부터 그들에게 부과된 사회적 통제에 그들이 복종한다고 생각하지 않았다는 점을 분명히 해주고 있다. 심지어 우리 문명에서도 법률이라는 것은 결코 조잡한 사회적 도구 이상의 아무것도 아니며, 따라서 법률의 오만함을 억제할 필요가 충분히 있다. 법률을 사회의 질서와 동등하다고 간단히 생각해서는 결코 안 된다.

지금까지 우리가 이 책에서 논의한 바와 같이 사회란 어떤 의미에서 보더라도 그것을 구성하고 있는 개인에게서 분리된 존재는 결코 아니다. 또 어떠한 개인도 자신이 일부분으로서 참여하고 있는 그 문화가 없다면 자기가 원래 가지고 있는 가능성의 문턱에도 다다를 수 없다. 반대로 어떤 사회도 결국은 개인의 기여라고 할 수 있는 요소를 조금이라도 지니고 있다고 말할 수 있다. 그 사회의 어떠한 특성도 한 남자나 여자 또는 어린애의 행동에서 나오지 않은 것이 있을 수 있겠는가?

문화를 강조하는 것이 개인의 자율성을 부정하는 것으로 해석되는 경우가 너무 자주 있는데 그것은 개인과 사회의 갈등에 대해서 이제까지 생각되어왔던 것이 그대로 받아들여졌기 때문이다. 섬너의 「습속」(*Folkways*)을 읽어보면 이 같은 해석 때문에 생기는 개인의 역량과 독창성에 대한 한계에 대체로 항의하고 싶은 마음이 일어난다. 인류학은 가끔 사람들이 가지고 있는 자비스러운 환상을 계속 유지할 수 없게 하는 절망적인 조언이라고 여겨진다. 그러나 다른 문화에 대한 경험을 가지고 있는 인류학자라면 누구나 개인이 그 문명의 신조들을 기계적으로 실행하는 자동 인형이라고는 결코 생각하지 않았다. 이제까지 관찰된 어떤 문화도 그 문화를 구성하고 있는 사람들의 성질에서 그 차이를 없애지 못했다. 그것은 말하자면 언제나 대등한 거래이다. 개인의 문제는 문화와 개인 사이의 대립을 강조함으로써가 아니라 그것들이 서로 보완하는 것임을 강조함으로써 명백해진다. 이 양자간의 **친화 관계**는 매우 밀접하므로 특히 문화의 패턴과 개인의 심리학과의 관계를 고려하지 않고서는 문화의 패턴을 논할 수가 없다.

우리는 어느 사회라도 가능한 인간 행동의 호(弧)에서 어떤 부분을 선택하고 있음을 보았다. 그리고 그 사회가 통일을 이루는 한, 그 사회의 제도들은 그 사회가 선정한 행동은 촉진하고 반대의 현상은 억제하는 경향을 가지고 있음도 보아왔다. 그러나 이 반대 현상들도 그 문화의 담당자 중의 특정한 일부 사람들에게는 알맞는 반응이다. 앞에서 이미 말한 바와 같이 이러한 선택은 주로 문화적인 것이며 생물학적인 것이 아니라고 생각할 만한 근거는 충분히 있다. 따라서 어떤 문화라고 할지라도 그 문화의 여러 제도가 그 사회의 모든 사람들에게 알맞는 반응을 똑같이 지지하고 있다는 것은 비록 이론적으로라도 상상할 수 없다. 개인의 행동을 이해하려면 그 개인의 생활사를 선천적인 재능과 결부시키는 일도 필요하지만 임의로 선택된 표준에 대응시켜서 판단하는 일도 필요하다. 또한 그 개인에 알맞는 반응을 그의 문화의 여러 제도에서 선정된 특정한 행동과 관련시켜볼 필요도 있다.

이제까지 본 바와 같이 어떤 사회라고 할지라도 거기에서 태어난 개인의 대다수는 그 사회의 제도의 특질이 어떤 것이든지 간에 항상 그 사회가 지시하는 행동을 몸에 지니고 있다. 그 문화의 담당자는 그러한 사실은 그들의 특유한 제도들이 하나의 절대적이며 보편적인 정상 상태를 반영하고 있다는 사실에서 기인한다고 항상 해석한다. 그러나 실제로는 그 이유는 전혀 다른 데에 있다. 대부분의 사람은 선천적으로 순응성이 대단히 크기 때문에 그들의 문화 형식에 따라서 형성된다. 그들은 그들이 태어난 사회가 꾸미는 대로 그 모양이 형성된다. 그것은 북서 해안 부족에게 필요한 자아 관여(self-reference)의 환각이나 우리 자신의 문명에서 필요로 하는 재산의 축적과는 관계가 없는 문제이다. 그 어느 경우에도 대다수 개인은 그들에게 주어지는 형태를 매우 쉽게 받아들인다.

그러나 모든 사람들이 그것을 똑같이 적합한 것이라고 생각하지는 않는다. 그들의 잠재 능력이 그 사회가 선정한 행동의 유형에 대체적으로 일치하는 사람은 유리하고 행운아이다. 푸에블로 족의 문화에서는 실패했을 경우 가능한 한 빨리 그 사건을 남의 눈에 띄지 않게 처리하는 방법을 모색하는 사람이 좋은 대우를 받는다. 위에서 말한 바와 같이 남서부 지방의 제도는 중대한 실패가 일어날 수 있는 상황을 되도록 극소화시키고 그 실패가 인간의 죽음처럼 피하기 어려울 경우에는 재빨리 그 사태를 처리할 수 있는 수단을 마련해놓고 있다.

한편 북서 해안 지방에서는 실패를 모욕이라고 하여 반발하고 우선 복수를 생각하는 사람들에게 충분한 여건이 주어진다. 그들은 노가 부러지거나 카누가 전복되거나 또는 친척의 죽음으로 손실이 올 경우에까지도 타고난 반발을 보여준다. 그들은 최초의 불쾌한 반응에서 분연히 일어나 원상을 회복하려 하고 재산이나 무기를 수단으로 "싸우려고" 한다. 그 사회에서는 타인에게 수모를 주는 것으로써 자신의 절망을 진정시킬 수 있는 사람은 갈등 없이 마음 내키는 대로 살아갈 수 있다. 그것은 그들의 기질이 그들의 문화와 깊숙히 연관되어 있기 때문이다. 도부 족에서도 그 같은 상황에 처한 사람이 최초의 충동으로 희생자를 선정하고 여러 가지 형벌의 절차를 통하여 그에게 자기의 비참함을 투영시킬 수 있다면 그도 역시 북서 해안 지방의 사람과 마찬가지로 운이 좋다고 말할 수 있다.

우연이기는 하지만 이제까지 말해온 세 문화 중에서 어느 하나도, 최초의 중단된 경험을 계속하기를 강조했기 때문에 현실적인 방법으로는 실패에 대응하는 일이 없었다. 사망과 같은 경우에는 이 같은 것이 불가능하다고까지 생각할 수 있을 것이다. 그럼에도 불구하고 많은 문화의 여러 제도는 그러한 시도를 하고 있다. 실패를 보상하는 형식 중에는 우리들에게는 불쾌하게 보이는 것도 있지만 그러한 형식만이 다음의 사실, 즉 그와 같이 행동할 수 있는 가능성에 자유 재량권을 줌으로써 실패를 처리하는 문화에서는 그 사회의 여러 제도가 극단적인 정도로까지 그러한 방향으로 나아간다는 사실을 보다 더 명백하게 해준다. 에스키모 인들은 한 남자가 다른 남자를 죽였을 경우 피살된 남자의 가족이 자기 집단내의 손실을 보충하기 위해서 그 살인자를 자기 가족 집단으로 데려가게 하기도 한다. 그러면 살인자는 자기의 행위로 인해서 과부가 된 여자의 남편이 된다. 이것은 우리들에게는 그야말로 중요하다고 생각되는, 상황의 모든 다른 국면을 무시하고 보상만을 강조하는 것이다. 그러나 전통이 그러한 어떤 목표만을 선정했을 경우에 그밖의 다른 모든 것이 무시되는 것은 너무나 당연한 일이다.

초상(初喪)의 상황에서는 보상이 서양 문명의 기준과 그다지 다르지 않은 방법으로 행해질 수도 있다. 오대호 남부의 중앙 알곤킨 인디언 사이에서는 양자 들이기가 일반적으로 행해졌다. 아이가 죽으면 그와 아주 닮은 아이를 대신 데려왔다. 그 닮은 아이는 여러 가지 방법으로 정해졌다. 습격으로 인하여 붙잡혀온 아이는 가끔 완전히 가족의 일원으로 받아들여져서 죽은 아이에게 주어졌던 모든 특권과 애정을 받았다. 혹은 대부분의 경우 죽은 아이의 친구였거나 친척 관계에 있는 집안에서 키와 용모가 비슷한 아이를 양자로 데려오는 경우도 무척 많았다. 이 같은 경우 아이를 양자로 보내게 된 가족은 기쁜 일로 생각하였다. 그것은 우리들의 제도하에서 생각되는 것같이 대단한 일은 결코 아니었다. 그 아이는 항상 수많은 "어머니들"을 알고 있으며 친숙하게 드나들 수 있는 가정도 많이 알고 있었다. 새 가족의 일원이 됨으로써 그 아이는 다른 집에 있으면서도 자기 집만큼이나 편안한 기분으로 지낼 수 있었다. 아이를 잃은 부모의 입장에서 보면 그 상태는 자기네의 아이가 죽기 이전에 있었던 **상태 그대로를** 되찾은 것과 같이 되었다.

이러한 문화에서는 사망한 사람보다는 오히려 주로 그 사망으로 야기된 상황을 애도하는 사람에 대한 배려가 우리들의 제도하에서는 상상조차 할 수 없을 정도로 많이 마련되어 있다. 우리는 이와 같은 위로의 가능성을 인정하고 있지만 애초의 손실과 그것과의 관련은 극소화시키도록 주의하고 있다. 우리는 그 같은 애도 방법은 사용하지 않는다. 그 같은 해결 방법으로도 제법 만족할 만한 사람들은 그 어려운 위기가 사라질 때까지 도움을 받지 못하고 그대로 방치된다.

좌절에 대해서 취할 수 있는 다른 태도가 또 하나 있다. 그것은 푸에블로 족의 태도와 전혀 반대인 것인데 우리는 그것을 다른 대평원 인디언의 디오니소스적 반응에서 말한 바 있다. 가능한 한 당혹감을 최소한으로 줄여 그 체험을 넘겨버리려고 하는 대신 슬픔을 매우 과장해서 표현함으로써 위안을 찾는 태도가 그것이다. 평원의 인디언들은 감정에 마음껏 빠지고 격렬하게 그것을 표현하는 것을 당연하다고 생각했다.

　어떤 개인들의 집단에서도 슬픔과 실패에 대한 이러한 상이한 반응들, 예컨대 그것을 무시한다든지 표현을 억제하지 않고 생각나는 대로 발산시킨다든지, 표현을 억제하지 않고 마음껏 빠진다든지, 복수를 한다든지, 희생자를 벌한다든지, 원래대로의 회복을 모색한다든지 하는 반응들의 성질과 맞는 사람들이 있음을 우리는 인정할 수 있다. 우리 사회의 정신병리학적인 기록 중에서는 이러한 충동들 가운데서 어떤 것들은 상황을 처리하는 데 나쁜 방법으로 생각되고 또 어떤 것들은 좋은 방법이라고 생각되기도 한다. 나쁜 것은 비적응과 정신병의 결과를 가져오며 좋은 것은 적절한 사회적 기능을 다한다고들 말하고 있다. 그러나 분명한 것은 어떤 "나쁜" 경향과 절대적인 의미에서의 비정상성 사이에는 상관 관계가 없다는 점이다. 슬픔에서 도피하고 어떻게 해서든지 간에 그것을 잊고 싶다는 소망은 푸에블로 족에서의 경우와 같이 그것이 제도적으로 마련되어 있고 집단의 모든 태도에 의해서 지지를 받고 있는 곳에서는 정신병적인 행동이 되지 않는다. 푸에블로 족은 신경병에 걸린 종족이 아니다. 그들의 문화는 정신의 건강을 기르고 있다는 인상마저 주고 있다. 마찬가지로 콰키우틀 족 사이에서 매우 격렬하게 표현되는 편집광적인 태도도 우리 문명 사회에서 생각하는 정신병 이론으로 보면 완전이 "나쁜 것"이 된다. 즉 그것들은 갖가지 방법으로 인간의 개성을 파멸로 인도하는 것으로 생각된다. 그러나 콰키우틀 족 사이에서는 그러한 태도를 가장 자유롭게 표현하는 것을 그들의 성질에 알맞은 것으로 생각하는 바로 그러한 개인들이야말로 그 사회의 지도자가 되며 그 문화 가운데서 위대한 성공을 이룩하는 사람이 된다.

　분명히 개인의 적절한 적응은 일정한 동기에는 따르지만 다른 것
은 피한다는 것에 좌우되는 것은 아니다. 상관 관계가 이루어지는
방향도 역시 다르다. 자기의 성질에 알맞은 반응이 그 사회의 특징
적인 행동에 매우 가까운 사람들은 쉽사리 생활할 수 있지만 자기
마음에 드는 반응이 그 문화 안에서는 이용되지 않는 행동의 호
(弧)에 속하는 사람은 당황하지 않을 수 없다. 이러한 비정상적인
사람들은 그들의 문화의 제도로부터 지지를 받지 못한다. 그들은
자기의 문화의 전통적인 형식을 용이하게 받아들이지 못하는 예외
자들이다.

　타당성 있는 비교 정신병리학에서 보면 자기 문화에 적절히 적응
하지 못하는, 방향 감각을 잃은 사람들이 가장 중요하다. 정신병리
학에서의 문제는 그들의 특징적인 반응이 사회에서 타당성을 인정
받지 못하는 사람들에 대한 연구에서부터 출발하지 않고 단순히 징
후의 고정된 분류에서 출발하고 있기 때문에 너무나 자주 심한 혼
란을 일으키고 있다.

　이제까지 이야기한 종족들에게는 모두 그 집단들에 참여하지 못
한 "비정상적인" 사람들이 있었다. 도부 족에서 완전히 방향을 상
실한 개인은 선천적으로 사교적이며 활동 자체에서 목적을 찾는 사
람이었다. 그는 동료를 벌하거나 괴롭혀주기를 바라지 않는 쾌활한
남자였다. 도움을 청하는 사람에게는 항상 도움을 주었고 싫증내지
않고 그들의 요구에 응했다. 그는 동료들처럼 어둠을 무서워하지
않았다. 다른 사람들은 남들이 보는 데에서는 아내나 자매와 같은
가까운 관계의 여자들에게 전혀 친하게 대하지 않았지만 그는 그렇
게 하지 않았다. 가끔 그는 사람들 앞에서 장난삼아 그녀들을 애무
하기도 했다. 다른 모든 도부 족에게 이것은 수치스러운 행위가 되
었지만 그에게는 단순히 익살스러운 행동으로 여겨졌던 것이다. 그
마을로서는 그를 이용하거나 장난삼아 조소하거나 하지 않았으며
무척이나 친절한 방법으로 그를 대했다. 그러면서도 그를 완전한
국외자로 간주했다.

도부 족의 바보에게 알맞은 행동은 우리 문명의 어떤 시대에서는 이상으로 간주되었고 지금도 그의 반응은 대부분의 서양 사회에서 받아들여지는 성질의 것이다. 특히 여성에 대해서 생각해본다면 그러한 여성은 오늘날의 우리들의 **습속**에서도 좋게 생각되고 있으며 그녀는 자신의 가족과 사회에서도 훌륭하게 기능을 다하고 있다. 도부 족에서 그 같은 사람들이 자기의 문화 안에서 기능을 다하지 못한다는 사실은 그 자신의 성격에 맞는 특별한 반응의 결과가 아니라, 그 문화의 패턴과 그의 반응 사이에 가로놓여 있는 큰 간격 탓이었다.

경멸을 당하여 사회의 울타리 밖에 놓인 사람이 다른 문화 안에서 생활하고 있었다면 그같이 울타리 밖에 머물지는 않았을 것이라는 것을 대부분의 민족학자들은 그와 유사한 경험을 통하여 인정하고 있다. 로위는 평원의 크로 인디언 중에서 자기가 속한 문화의 패턴에 대해서 특히 많이 알고 있는 한 남자를 알게 되었다. 그는 이들 문화의 패턴을 객관적으로 생각하고 상이한 측면들을 서로 관련시키는 데 흥미를 가지고 있었다. 그는 족보적(族譜的)인 사실에 흥미를 느끼고 있었으므로 그는 역사적인 면에서는 매우 귀중한 존재였다. 요컨대 그는 크로 족의 생활에 대한 이상적인 해설자였다. 그러나 이러한 특징은 크로 족 사이에서는 명예로 통하는 암호가 아니었다. 그는 위험으로부터 무척 몸을 사리는 편이었는데 그 부족이 미덕으로 여기는 것은 허장성세였다. 설상가상으로 그는 거짓으로 전투 때의 공적을 주장하여 인정을 받으려고 했다. 그는 적의 캠프에 매어 있던 말을 끌어왔다고 주장했는데 그것은 거짓임이 드러났다. 전공(戰功)을 거짓으로 주장하는 것은 크로 족 사이에서는 최악의 죄였다. 그리고 늘 반복되는 일반적인 여론에 의하면 그는 무책임하고 무능한 자로 간주되었다.

이러한 상황은 우리의 문명에서 개인의 재산 소유를 가장 중요한 것으로 생각할 줄 모르는 사람에 대해서 취하는 태도와 비교될 수 있다. 우리 사회의 부랑자의 인구는 부의 축적을 최고의 목적으로 여기지 않는 사람에 의해서 항상 그 수가 유지되고 있다. 그 같은 사람들이 부랑자들과 사이좋게 지냈을 경우에 여론은 그들을 잠재적으로 사악하다고 본다. 또 실제로 그들은 반사회적인 상황으로 휩쓸려들기 때문에 쉽사리 그렇게 된다. 그러나 그러한 사람들은 자신의 예술적인 기질을 강조함으로써 자기 입장을 보충하고, 대단찮은 예술가들의 방랑자 집단의 일원이 되는 경우에는 여론은 그들을 사악하다고 하지 않고 바보라고 생각한다. 그 어느 경우가 됐든 간에 그들은 사회의 여러 형태로부터 지지를 받지 못한다. 또한 자기 자신을 마음껏 표현하려는 노력은 보통 그들이 달성할 수 있는 것보다 더 힘드는 일이 된다.

　이러한 개인적인 딜레마는 때때로 그의 가장 강한 타고난 충동을 무릅쓰고 그 문화가 명예로 여기는 역할을 받아들임으로써 가장 성공적으로 해결된다. 사회의 인정을 꼭 필요로 하는 사람일 경우에는 그것이 그가 취할 수 있는 유일한 수단이다. 주니 족 가운데서 가장 눈에 띄는 존재였던 한 사람이 이 필요성을 받아들였다. 어떤 종류의 권위도 전혀 인정하지 않는 사회에서 그는 어느 집단에 들어가도 눈에 띌 만한 매력을 선천적으로 가지고 있었다. 중용과 평온함을 칭찬하는 사회에서 그는 떠들썩했고 경우에 따라서는 난동도 부렸다. "잘 지껄이는," 즉 친하게 재잘대는 유순한 성격을 칭찬하는 사회에서 그는 오만하고 냉담한 사람이었다. 이 같은 성격의 사람에 대한 주니 족의 유일한 반응은 흑주술사라는 낙인을 찍는 것이었다. 그는 창 밖에서 엿보았다는 말을 들었는데 이것은 그가 흑주술사라는 확실한 증거였다. 어쨌든 그는 어느 날 술에 취해서 사람들이 자기를 죽이지 못할 것이라고 자랑했다. 그는 전쟁 사제 앞으로 끌려갔다. 사람들은 그가 흑주술을 자백할 때까지 그의 두 엄지손가락을 묶어 들보에 달아 매었다. 이 같은 방식은 흑주술을 적발할 때 보통 취하는 절차이다. 그는 정부 군대에게 사자를 보냈다. 그러나 군대가 도착했을 때 그의 어깨는 이미 평생 치유되지 못할 만큼 망가져버렸다. 재판관에게는 이 극악한 만행에 대한 책임이 있는 전쟁 사제들을 투옥하는 것 외에 달리 아무런 방책이 없었다. 이들 전쟁 사제 중의 한 사람은 주니 족의 최근의 역사상 가장 존경받는 중요한 사람이었는데 그는 주(州) 형무소에 투옥되었다 돌아온 다음에 다시는 사제의 직책을 맡지 않았다. 그는 자기의 힘이 파괴된 것으로 생각했다. 아마 이 사건은 주니 족의 역사상 유례 없는 복수였을 것이다. 물론 그것은 사제들에 대한 하나의 도전이었고 그 흑주술사는 자신의 행동으로 공공연하게 사제들에게 적대적인 태도를 취했던 것이다.

그러나 그 도전 이후의 40년간의 그의 인생의 과정은 우리가 간단하게 예언할 수 있는 것이 아니었다. 흑주술사는 저주받았다고 해서 의식 집단의 회원이 되는 데 방해를 받지는 않는다. 그리고 그가 인정을 받는 길은 그러한 활동을 통해서 이루어졌다. 그는 말에 대한 기억력이 뛰어났고 감미롭게 노래할 수 있는 목소리를 지니고 있었다. 그는 믿을 수 없을 정도로 많은 신화와 비밀 의식 그리고 제가(祭歌)를 외고 있었다. 그는 죽기 전에 수백 페이지에 이르는 이야기와 의식의 시가를 자기의 구술에 의해서 기록하게 했다. 그리고 그는 자기의 노래가 한층 더 널리 퍼질 것으로 생각했다. 그는 의식 생활에서 빼놓을 수 없는 존재가 되었으며 죽기 전에는 주니 족의 장관이 되었다. 그의 성격에 알맞는 성향이 사회와는 도저히 화해할 수 없는 갈등 속으로 그를 던져넣었는데 그는 우발적인 재능을 이용해서 자기의 딜레마를 해결했다. 충분히 짐작할 수 있듯이 그는 행복하지 않았다. 그는 주니 족의 장관이었고 의례 집단 중에서 높은 지위를 차지한 그 사회의 유명인이었지만 죽음의 귀신에 사로잡혔다. 그는 평온하며 행복한 민중 속에서 살다 간 한 사람의 기만당한 남자였다.

만일 그가 대평원 인디언 가운데서 생활했더라면 그 생애는 상상하기가 쉬웠을 것이다. 거기에서는 어떤 제도도 그가 천성으로 가진 여러 특질에 유리하게 작용하고 있기 때문이다. 개인적인 권위와 거친 행동, 경멸은 모두 그가 개척한 경력에서 명예가 되었을 것이다. 그의 기질로 볼 때 주니 족에서의 성공한 사제로서 그리고 장관으로서의 불행은 불가피했으나, 그가 샤이엔 족의 전쟁 수장이 되었더라면 그 같은 불행은 없었을 것이다. 그 불행은 타고난 그의 재능의 특질에서 비롯된 것이 아니고 그가 선천적으로 가진 반응을 위한 출구가 마련되지 않은 그 문화의 기준에서 비롯된 것이다.

우리가 이제까지 논한 사람들은 어떤 의미에서도 정신병적인 사람이 아니다. 그들은 자기들에게 알맞은 성향이 그 문화의 제도에서는 지지를 받지 못하는 개인의 딜레마를 예증하고 있다. 이 딜레마가 정신병리학적인 중요성을 가지게 되는 것은 문제의 행동이 한 사회에서 무조건 비정상적이라고 간주되는 때이다. 서구 문명에서는 경미한 동성애까지도 비정상으로 간주하는 경향이 있다. 동성애에 대한 임상적인 설명은 그것이 일으키는 신경증과 정신병을 강조하며 또한 이와 거의 같은 정도로 성도착자(性倒錯者)의 적절하지 못한 기능과 그의 행위를 강조하고 있다. 그러나 간단히 다른 문화들을 살펴보기만 해도 우리는 동성애가 한결같이 사회 상황에 부적당한 것만은 결코 아니라는 것을 알게 된다. 동성애가 항상 기능을 다하지 않은 것은 아니었다. 어떤 사회에서는 특히 환영을 받기조차 했다. 플라톤은 「공화국」(*Republic*)에서 동성애가 칭찬할 가치가 있다고 매우 확신에 차서 말했다. 그 책에는 동성애가 보다 좋은 생활을 하는 주요 수단의 하나로서 제시되고 있다. 이것에 대한 플라톤의 높은 윤리적 평가는 당시의 그리스의 관습적 행위의 지지를 받았다.

아메리카 인디언은 동성애를 높이 평가하는 플라톤의 도덕적 주장을 지지하지는 않으나 동성애를 하는 사람을 상당히 유능하다고 보는 경우는 가끔 있다. 대부분의 북아메리카 지역에는 프랑스 어로 베르다슈(berdache)라는 제도가 있다. 이 남녀추니들(men-women, 半陰陽)은 사춘기 또는 그후에 여자 옷을 입고 여자의 일을 하는 남자들이었다. 때로는 다른 남자와 결혼을 하여 동거하기도 했다. 때로는 성적 능력이 약한 남자들이 여자의 모멸을 피하기 위하여 이러한 역할을 선택하기도 했으나 그들은 성도착자는 아니었다. 이들 베르다슈는 시베리아의 남녀추니들과 같이 제1급의 초자연력을 소유하고 있다고는 결코 생각되지 않았으며 오히려 여자들의 일에 대한 지도자로서, 질병의 치료자로서 혹은 어떤 부족에서와 같이 세상사의 친절한 조직자로 생각되었다. 그러나 어떤 태도로 받아들여졌든지 간에 그들은 보통 어떤 면에서 난처한 존재로 간주되었다. 남자로 알려진 사람, 남자 쪽의 무덤에 묻히는 사람을 —— 주니에서는 그렇다 —— "그녀"라고 부른다는 것은 약간 우스꽝스럽게 생각되었다. 그러나 그들은 사회적으로 인정을 받았다. 대부분의 종족에서 강조된 것은 여자의 일을 하는 남자가 체력과 창조력을 가지고 있으므로 우수하고 따라서 여자의 기술과 여자가 만드는 갖가지 형태의 재산의 축적에서 지도자가 되었다는 사실이다. 한 세대 전에 모든 주니 족 중에서 가장 유명했던 사람 중에 웨-화라는 남녀추니가 있었는데 그의 친구인 스티븐슨 부인의 말에 의하면 그는 "확실히 주니 족 중에서 정신적으로도 신체적으로 가장 강한 사람"이었다. 그는 의식에 관해서 뛰어난 기억력을 가지고 있었으므로 의식 때에는 주요한 인물이 되었고 그의 강력함과 지력은 온갖 종류의 기술에서 그를 지도자가 되게 했다.

　주니 족의 남녀추니가 모두 다 강하고 독립심이 강한 인물은 아니다. 그중에는 남자의 활동에 참가할 능력이 없기 때문에 이와 같은 피난처를 구하는 자도 있었다. 어떤 이는 바보라고 해도 좋을 정도였고 또 어떤 이는 어린아이 정도밖에 안 되고 여자처럼 섬세한 얼굴을 하고 있었다. 주니 족에서 베르다슈가 되는 사람에게는 분명히 몇 가지 이유가 있다. 그러나 그 이유가 어떻든 간에 여자의 옷을 입기로 공공연히 선택한 남자도 다른 어떤 사람과 똑같이 사회의 구성원으로서 제 역할을 다하여 자기 자신을 확립할 수 있는 기회를 가지고 있다. 그들의 반응은 사회적으로 인정되고 있다. 선천적으로 능력이 있는 자는 그것을 발휘할 수 있다. 만일 약한 사람이라면 실패를 하는데, 그 원인은 나약한 성격 때문이지 성도

착 탓은 아닌 것이다.

인디언의 베르다슈 제도는 평원 지역에서 가장 강하게 발달했다. 다코다 족에게는 "베르다슈가 가진 것과 같은 훌륭한 소유물"이라는 속담이 있다. 그것은 여자의 살림살이를 한마디로 칭찬할 때 쓰는 표현이었다. 베르다슈는 그들의 활에 두 개의 시위를 가지고 있는 것과 같아서 여자가 하는 일에도 뛰어나고 또한 남자의 역할인 수렵 활동을 함으로써 세대를 부양할 수도 있었다. 그러므로 그보다 더 부유한 사람은 없었다. 특히 의식에 사용하는 훌륭한 구슬 장식 또는 무두질한 가죽을 필요로 할 경우에는 베르다슈가 만든 것이 다른 어느 누가 만든 것보다 더 많이 요구되었다. 다른 모든 것보다 더 강조되는 것은 그의 사회적 타당성이었다. 주니 족에서와 같이 베르다슈에 대한 태도에는 동시에 두 개의 상반되는 감정이 나타나는데 부조화가 인정되면서도 한편으로는 **불쾌하다**고 생각된다. 그러나 사회의 조소는 베르다슈에 돌아가는 것이 아니라 그와 함께 살고 있는 남자에게 돌아갔다. 그는 자기의 문화가 인정하는 목표를 선정하지 않고 편한 지위를 선택한 약한 남자로 간주되었다. 그의 살림은 이미 베르다슈 혼자의 노력으로 모든 세대의 모범이 되었기 때문에 그는 일을 할 필요가 없었다. 그의 성적인 적응은 그에게 내려진 판단에서 특별히 더 많은 고려의 대상이 되지는 않았지만 경제적인 적응이라는 관점에서 보면 그는 폐물이었다.

그러나 동성애의 반응이 변태 성욕이라고 간주되는 경우 그 성도착자는 탈선자가 항상 직면하는 모든 갈등에 즉각 부딪치게 된다. 그의 죄악감, 무력감, 그의 실패는 사회의 관습이 그에게 주는 비판에서 생긴 결과이다. 그리고 사회적 규범이 지지하지 않는데도 충족된 생활을 달성할 수 있는 사람은 거의 없다. 사회가 그들에게 요구하는 적응은 모든 사람의 생명력을 무리하게 혹사시킬 것이다. 우리는 이러한 갈등의 결과를 그들의 동성애와 동일시하고 있다.

무아경 (trance) 도 우리 사회에서는 동성애와 같이 비정상적인 상태로 생각된다. 서구 문명에서는 약간만 신비주의의 냄새를 풍겨도

상궤를 벗어난 것으로 간주된다. 우리 사회의 집단 안에서의 무아경이나 경직증(catalepsy)을 연구하려면 비정상적인 사람의 병력을 조사하지 않으면 안 된다. 따라서 무아경의 체험과, 신경증 및 정신병과의 상호 관계는 확실히 존재하는 것같이 보인다. 그러나 그것은 동성애의 경우와 마찬가지로 금세기의 특징이라고 할 수 있는 한 국지적인 상호 관계이다. 우리들의 문화적 배경 안에서만 보아도 다른 시대에는 지금과 다른 결과가 나타났다. 가톨릭이 황홀한 (ecstatic) 체험을 성인(聖人)의 증거라고 한 중세에서는 무아경의 체험이 매우 가치 있는 것이 되었고 그런 반응이 체질에 맞는 사람들은 우리의 세기에서와 같이 큰 재앙에 압도되지 않고 오히려 성공을 보장받았다. 그것은 정신병이라는 오명이 아니라 그들의 야심의 타당성을 인정하는 것이 되었다. 따라서 무아경에 빠지기 쉬운 사람은 타고난 능력 여하에 따라 성공하기도 하고 실패하기도 했다. 그러나 무아경의 체험이 높이 평가되었으므로 위대한 지도자는 대부분 그러한 능력을 소유한 사람이었다.

　미개 민족 사이에서는 무아경과 경직증이 극단적으로 존중되어왔다. 캘리포니아의 어떤 인디언 부족은 일정한 무아경의 체험을 겪은 사람에게 일차적으로 특권을 부여했다. 모든 부족이 그러한 축복을 받는 자는 여자에 한한다고 믿은 것은 아니지만 섀스타 족에서는 그렇게 생각하는 것이 관습이었다. 그들의 샤먼은 여자들이었으며 그녀들에게는 마을에서 최고의 특권이 부여되었다. 여자들이 선정되는 까닭은 선천적으로 무아경에 빠지기 쉬우며 계시를 받기 쉬운 체질이었기 때문이다. 어느 날 그러한 운명을 타고난 여자가 일상의 일을 하던 중에 갑자기 땅바닥에 쓰러졌다. 그녀는 어떤 목소리가 매우 격렬한 어투로 자신에게 말을 거는 것을 들었다. 뒤돌아보니 활의 시위을 당기는 남자가 보였다. 그는 그녀에게 노래를 부르라고 명하고 그렇지 않으면 활로 심장을 쏘아 죽이겠다고 했다. 그러나 그녀는 이러한 체험을 견디기 어려워서 의식을 잃었다. 그녀의 가족들이 모였다. 그녀는 빳빳하게 굳어져서 거의 숨도 쉬

지 못했다. 그들은 그녀가 얼마 동안 샤먼의 부름을 나타내는 특수
한 꿈을 꾸고 있음을 알았다. 그것은 회색 곰으로부터 도망치는 꿈
이나 절벽 또는 나무에서 떨어지는 꿈, 꿀벌떼에 둘러싸인 꿈 등이
었다. 그러므로 마을 사람들은 무엇이 일어날지를 알고 있었다. 두
세 시간이 지난 다음 그녀는 희미한 신음 소리를 내기 시작했고 격
심하게 떨면서 땅바닥에서 뒹굴었다. 그녀는 실신하고 있는 동안에
정령이 가르쳐주면서 부르도록 명령한 듯한 노래를 반복한다. 그녀
가 소생했을 때 신음 소리는 점점 더 분명하게 정령의 노래가 되었
고 마침내 그녀는 정령의 이름을 큰 소리로 외치기도 했다. 곧 이
어 그녀의 입에서는 피가 흘러나왔다.

맨 처음으로 정령과 만나고 난 뒤 정신을 차린 그녀는 그날 밤에
최초의 입문식에서 샤먼의 춤을 추었다. 그녀는 천장에 매어달린
새끼줄에 묶인 채 사흘 밤을 계속 춤추었다. 사흘째가 되는 날 밤
에 그녀는 정령으로부터 몸 속에 힘을 받아야만 했다. 그녀는 계속
해서 춤을 추었고 그 순간이 가까워옴을 느꼈을 때 큰 소리로 "그
가 나를 쏘려고 한다. 그가 나를 쏘려고 한다"라고 외쳤다. 일종의
경직증의 발작으로 그녀가 비틀거릴 때 쓰러지기 전에 붙잡아주지
않으면 죽을지도 모르므로 그녀의 친구들은 가까이에 서 있어야 했
다. 그때부터 정령의 힘이 뚜렷하게 그녀의 몸 안에서 모습을 나타
내었다. 그것은 마치 고드름과 같은 것이어서 그후 그녀가 춤출 때
그녀는 몸 한 구석에서 그것을 내밀었다가 몸의 다른 곳으로 되돌
려보내곤 했다. 그때부터 그녀는 한결 더 경직 증상을 나타내어 자
신이 초자연적인 힘을 가지고 있음을 계속 확인시켰다. 그녀는 생
사의 위급시에 부름을 받아 가서 치료를 해주거나 점을 쳐주었고
또한 조언을 해주기도 했다. 바꾸어 말하면 그녀는 그러한 행동으
로 인하여 위력과 중요성을 가진 여자가 된 것이다.

경직증의 발작을 그 가문의 불명예나 무서운 질병의 증거라고 생
각하기는커녕, 문화적 승인이 경직증의 발작을 이용하고 그것을 다
른 동료 위에 군림할 수 있는 권위로 통하는 길을 만들어주고 있음

이 명백하다. 그것은 가장 존경받는 사회적인 유형, 즉 그 사회에서 최고의 영예와 보수가 주어지는 유형 중에서도 두드러진 특징을 가진 것이었다. 그 문화에서 권위와 지도자로서의 지위로 발탁되는 자들은 바로 이 같은 경직증을 가진 사람이었다.

비정상적인 인간이 그 집단에 의하여 문화적으로 선정된 자라고 한다면 한 사회 구조에서 유용한 존재가 될 가능성이 있는 그 "비정상적인" 유형을 우리는 세계 도처에서 보고 있다. 시베리아에서는 샤먼들이 그 사회를 지배하고 있다. 시베리아 인의 생각에 따르면 그들은 정령의 의지에 복종하여 중병, 즉 발작의 내습에서 치유된 사람들이며, 그렇게 하여 위대한 초자연력과 비할 데 없는 활동력 및 건강을 획득한 사람들이다. 그들 중에는 정령의 부르심을 받는 동안 수년간 격심한 광기의 상태에 빠진 이도 있으며 또, 다른 사람들이 항상 지켜보지 않으면 눈 속에서 방황하다 동사할지도 모르는 어처구니없는 상태에 있기도 한다. 또한 병들어 사경에 빠지기도 하며 때로는 피땀을 흘리는 사람도 있다. 그들을 치료하는 것이 샤먼의 본업이다. 시베리아의 강신술회(降神術會, séance)는 힘을 다해서 그들을 진정시키고 곧 강신술회와 유사한 행위를 할 수 있는 상태로 만들어준다고들 주장한다. 경직증의 발작은 샤먼을 성취하는 데 반드시 필요한 부분이라고 생각된다.

샤먼의 신경증적인 상태와 샤먼을 보는 그 사회의 관심에 대해서는 예전에 캐넌 캘러웨이가 훌륭히 묘사해놓았는데, 거기에는 남아프리카의 줄루 족(Zulu) 노인의 말이 다음과 같이 기록되어 있다.

점쟁이가 되려고 하는 자의 상태는 다음과 같다. 처음에는 분명히 튼튼하게 보이지만 차차로 몸이 쇠약해진다. 이렇다 할 나쁜 곳이 없는데도 몸이 약해진다. 그는 늘 어떤 종류의 음식물은 피하고 좋아하는 것만을 편식한다. 그러나 그것도 많이는 먹지 않는다. 늘 몸의 여기저기가 아프다고 투덜거리며 강물에 떠내려가는 꿈을 꾸었다고 사람들에게 말한다. 여러 가지 꿈을

꾼 다음, 그의 몸은 [강물처럼] 진흙투성이가 된다. 마치 그 자신이 꿈의 집이 된 것처럼 여러 가지 꿈을 계속 꾸며 깨어나기만 하면 친구들에게 이렇게 말한다. "오늘 내 몸이 진흙투성이가 되었다. 꿈에 많은 사람들이 나를 죽이려고 했는데 어떻게 도망쳤는지 나도 모르겠다. 깨어보면 몸의 일부가 다른 부분과는 전혀 다른 것같이 느껴진다. 이젠 내 몸이 내 한 몸이라는 느낌이 나지 않는다." 마침내 그 남자는 정말로 심하게 앓는다. 그래서 사람들은 점쟁이에게 물어보러 간다.

점쟁이는 그 환자에게 바야흐로 약간의 두통[즉 샤머니즘과 관련된 민감성]이 일어나고 있다는 것을 금방 알아차리지는 못한다. 점쟁이라도 진실을 알기는 어렵다. 그는 갖가지 쓸데없는 말을 하며 엉터리 진단을 계속 내린다. 끝내는 부족의 정령이 가축을 먹기를 요구하고 있다고 말하여 환자의 가축은 몽땅 점쟁이의 명령에 따라 잡아 먹힌다. 마침내 그 환자는 재산을 전부 바치지만 여전히 병은 치유되지 않는다. 환자의 가축이 한마리도 남지 않고 없어지면 점쟁이들은 어리둥절하게 된다. 그래서 친구들이 환자를 위해서 필요한 것을 도와준다.

마침내 한 점쟁이가 나타나 다른 점쟁이들의 말은 모두 틀렸다고 말한다. "그에게는 정령이 붙었다. 그외에는 아무것도 아니다. 정령들은 두 편으로 갈라져서 어떤 정령은 '아니야, 우리 애를 상하게 하고 싶지 않아. 그런 짓은 하고 싶지 않다'라고 말하고 있다. 그의 병이 고쳐지지 않는 까닭은 바로 이 때문이다. 너희들이 정령을 방해하면 이 사나이는 죽게 된다. 왜냐하면 그는 이제 점쟁이도 되지 못하며 그렇다고 인간으로 되돌아갈 수도 없기 때문이다"라고 그는 말한다.

그렇게 하는 동안에도 병세는 호전되지 않고 2년 또는 그 이상의 기간이 지난다. 그는 집 속에 틀어박혀 있느라고 머리털도 죄다 빠져버리고 만다. 몸은 바싹바싹 마르고 비듬투성이가 되는데도 몸에 기름 바르기를 좋아하지 않는다. 하품도 자주

하고 재치기도 계속되어 점쟁이가 되려는 조짐을 보여준다. 그
것은 그가 코담배를 매우 즐기며 담배 없이는 오래 견디지 못
함을 보아도 분명해진다. 그래서 사람들은 무엇인가 좋은 것이
그에게 주어졌다는 것을 알기 시작한다.

　그후 그는 진짜로 병에 걸려 경련을 일으키는데 물을 끼얹으
면 잠시 경련이 멎는다. 그는 늘 눈물을 흘린다. 처음에는 약
간 훌쩍대다가 끝에 가서는 큰 소리로 울부짖는다. 사람들이
잠자고 있을 때 그는 시끄럽게 떠들고 노래를 불러 사람들을
깨운다. 그가 노래를 작곡한 것이다. 남자도 여자도 일어나서
그와 함께 노래한다. 그래서 촌락의 사람들은 모두 수면 부족
으로 고생한다. 바야흐로 점쟁이가 되어가고 있는 사람은 잠을
안 자고 끊임없이 머리를 쓰기 때문에 아주 성가신 일을 일으
킨다. 그는 잠깐씩 눈을 붙일 뿐이고 깨어 일어나 많은 노래를
부른다. 그의 이웃에 사는 사람도 밤에 그가 큰 소리로 노래를
부르면 마을을 떠나 그와 함께 노래하러 간다. 어쩌면 그는 아
침까지 노래를 계속할 것이다. 따라서 아무도 잠을 자지 못한
다. 그리고 나서 그는 개구리처럼 집 주위를 뛰어다닌다. 그러
는 그에게 집은 너무나 비좁아 보인다. 그래서 그는 밖으로 나
가 뛰고 노래하며 물 속에서는 풀처럼 몸을 떨고, 땀을 비오듯
이 흘린다.

　이러한 그의 모습을 보고 사람들은 매일 그가 죽을 것이라고
생각한다. 사람들은 그가 이제 뼈와 가죽만 남아서 내일 하루
가 가기 전에 죽을 것이라고들 생각한다. 이때 사람들은 그가
점쟁이가 되는 것을 격려하여 많은 가축을 잡아 식사로 제공한
다. 마침내 [꿈속에] 오래전의 조상의 정령이 그에게 나타난
다. 이 정령은 그에게 이렇게 말한다. "누구누구를 찾아가면
된다. 너를 위해서 구토제[이것을 마시는 것이 샤먼 입문식의
한 절차이다]를 제조해줄 것이다. 그러면 너는 정말로 점쟁이
가 될 것이다." 그는 자기를 위해서 조제된 약을 받으려고 그

점쟁이에게 가서는 며칠간 조용히 있는다. 그리고 그는 아주 딴 사람이 되어 돌아오는데, 이제는 몸도 깨끗해졌고 정말로 한 사람의 점쟁이가 된 것이다.

그후 평생토록 그는 정령이 붙어 있는 때는 사건을 예언하며 잃어버린 물건을 찾아낸다.

여기에서도 분명하듯이 문화는 이처럼 매우 불안정한 유형의 인간에게까지도 그 가치를 부여하며 사회적으로 유용한 존재가 되게 하기도 한다. 만약 문화가 이러한 사람의 특수성을 인간 행동의 가장 가치 있는 변형으로 선택하여 취급한다면 그에 해당하는 사람들은, 어떤 유형은 사회에 적응할 수 있지만 또 어떤 유형은 그렇게할 수 없다고 우리들이 늘상 생각하는 바와는 전혀 관계없이 위기에 대처하여 자기의 사회적인 역할을 수행할 것이다. 어떤 사회에서도 적절한 기능을 발휘하지 못하는 사람이란 결코 어떤 고정된 "비정상적인" 특질을 가진 사람이 아니라 오히려 그의 사회에 대한 반응이 그가 속한 문화 제도에서는 지지를 받지 못한 사람들이라고 하는 편이 더 타당한 말이 될 것이다. 상궤를 벗어난 사람들이 약하다는 것은 대부분 착각이다. 그들의 약함은 생활에 필요한 활력이 결여되었다는 점에서 생기는 것이 아니라 그들의 타고난 반응이 사회의 인정을 받지 못하고 있다는 사실에서 생기는 것이다. 사피어의 말을 빌리면 그들은 "견딜 수 없는 세계로부터 소외되어 있는" 것이다.

자기 시대와 자신이 살고 있는 곳의 기준에서 벗어나 지지를 받지 못하고 벌거벗은 채 조소의 바람을 맞은 사람이 돈 키호테라는 인물인데 그는 유럽 문학에 잊을 수 없는 모습을 남기고 있다. 세르반테스는 관념적으로는 아직도 존중되는 전통 위에 일련의 실제적인 기준이 변화되고 있음을 선명하게 보여주었다. 따라서 한 시대 전의 낭만적인 기사도의 정통적인 지지자인 이 가엾은 노인은 한낱 숙맥이 되었다. 그가 창 시합을 한 풍차는 거의 사라져버린 과거의 세계에서는 확실히 위험한 적이었으나 현재의 새로운 세계에서는 이미 위험하다고는 생각되지 않게 되었다. 이러한 때에 그러한 풍차와 창 시합을 한다는 것은 아주 미친 것이 되었다. 그는 둘시네아를 가장 전통적인 기사다운 방식으로 사랑했지만 그때에는 이미 다른 방식의 사랑이 유행하고 있었던 것이다. 따라서 그의 정열은 미치광이 짓으로밖에는 생각되지 않았다.

이 같은 대조적인 두 세계는 우리들이 고찰한 미개 사회에서는 서로 공간적으로 떨어져 있었지만 현대 서구의 역사에서는 시간상 서로 연속되는 경우가 더 많다. 그 어느 경우라도 중요한 문제는 동일하다. 그러나 현대 세계에서는 과거보다 특히 이것을 더욱 뚜렷하게 파악해야 한다. 그 까닭은 우리들의 현대 세계에서는 시간적 통합의 연속을 피하려 해도 피할 수가 없기 때문이다. 예컨대 비교적 안정된 에스키모 문화와 같이 어떤 문화가 그것만으로 하나의 세계를 형성하고 지리적으로 다른 문화로부터 고립되어 있을 경우에는 그 문제는 현실성이 없다. 그러나 우리의 문명은 우리 눈앞에서 사라져가는 문화의 기준과 어슴프레한 지평선으로부터 떠오르는 새로운 문화의 기준을 다같이 다루지 않으면 안 된다. 여기서 더 나아가 심지어 우리는 우리가 그 속에서 자라난 도덕이 문제가 될 때에도 기꺼이 규범의 변화를 고려에 넣어야 한다. 우리가 도덕의 절대적인 한계를 고수하는 한 우리는 윤리적인 문제를 제대로 다룰 수 없을 것이다. 이와 꼭 마찬가지로 우리가 살고 있는 지역의 규범을 인간의 피할 수 없는 필연성이라고 생각하는 한 우리는 인간 사회를 제대로 취급할 수 없게 된다.

어떤 사회도 다음 세대에서 창출되는 새로운 규범의 진행 방향을 의식적으로 결정해보려고 시도한 적이 없었다. 듀이는 이 같은 사회적인 설계가 얼마나 가능할까 그리고 가능하다면 과연 얼마나 철저하게 할 수 있을까 하는 점을 지적했다. 그러나 몇 가지 전통적인 조정을 위해서 인간은 고통과 불만에 의한 매우 비싼 값을 치르고 있음도 분명하다. 이러한 조정이 결코 우리에게 지상 명령이 아니라 단순한 조정에 불과하다면 그 조정을 합리적으로 선정된 목표에 적응시키도록 온갖 방법을 강구하는 것이 우리가 취할 합리적인 진로가 될 것이다. 그런데 우리는 그와 같이 하지 않고 대신 우리들의 돈 키호테, 즉 지난 시대의 전통의 우스꽝스러운 화신(化身)을 조소하고 지금 우리 자신이 가지고 있는 것을 최종적인 것, 당연히 그래야 하도록 정해져 있는 것으로 계속 생각하고 있다.

한편 이런 유형의 성격 이상자를 다루는 치료상의 문제는 바르게 이해되고 있지 않는 경우가 많다. 현실 세계로부터의 그들의 소외를 다루는 데에는 다만 그들에게 맞지 않는 생활 방법에 무리하게 그들을 순응시키려 하는 것보다는 좀더 현명한 방법으로 이 문제를 처리할 수 있는 경우가 있다. 거기에는 항상 두 가지 방법이 가능하다. 첫째로 사회에 적응하지 못하는 사람들은 자기 자신이 좋아하는 것에 보다 객관적인 흥미를 느껴서 일반 유형으로부터의 자신의 이탈 문제를 좀더 냉정하게 처리하는 방법을 배우면 된다. 자신의 괴로움이 전통적인 정신의 지지를 받지 않는 데서 기인하고 있는 그 정도를 알기만 한다면 그는 점차 고통을 보다 적게 느끼면서 자신의 틀린 점을 받아들일 수 있게 될 것이다. 조울증 환자의 심한 감정의 변동과 분열증 환자의 폐쇄적인 상태도 다같이 존재에 특정한 가치를 부여해준다. 그러나 그런 가치는 그들과 이질적인 사람은 도저히 알 수 없는 것이다. 비록 사회로부터 지지를 받지 못하는 개인이라도 자기가 좋아하는, 타고난 미덕을 용감하게 받아들인다면 자연히 자기에게 가능한 행동 방법을 달성할 수 있으며 따라서 자기 스스로 만든 자기만의 세계에 도피할 필요도 없어진다. 그렇게 되면 점차 자신의 일탈 현상에 대해서 보다 자유롭고 보다 덜 고통스러운 태도를 취할 수 있게 되며 그러한 태도 위에 충분히 자기의 기능을 다하는 인생을 구축할 수 있을 것이다.

둘째로는 약간 정상이 아닌 사람들에 대해서 사회가 더욱 관용을 베풀고 그 환자의 자기 교육에 보조를 맞추어주어야 한다. 이 방향으로의 가능성은 무한하다. 전통이란 환자와 같아서 몹시 신경질적이다. 우연히 생긴 전통적 기준에서 일탈하는 것에 대한 지나친 공포는 고스란히 그대로 성격 이상자의 일반적 정의와 일치한다. 이 공포는 사회적인 선을 위해서는 어느 정도까지 순응이 필요한가를 관찰하여 이에 따라 결정되는 것이 아니다. 어떤 문화에서는 다른 문화에서보다 훨씬 더 많은 일탈이 개인에게 허용되고 있으며 이 같은 일탈을 허락하는 문화가 그 특수성으로 해서 고통을 당한다고 볼 수는 없다. 십중팔구 미래의 사회 질서는 우리들이 이제까지 경험한 어떠한 문화보다도 더욱더 개개인의 차이를 관대하게 허용하고 이를 격려하게 될 것 같다.

현재의 미국의 경향은 이것과는 전혀 반대되는 극단의 방향으로 기울어지고 있으므로 이 같은 태도가 장차 초래할 변화를 상상하기란 용이하지 않다. 미들타운은 아무리 사소한 행동이라도 이웃과 달라서는 안 된다는, 도시에서 흔히 볼 수 있는 공포심을 전형적으로 보여주고 있다. 기이하다는 것은 기생충과 같은 생활 이상으로 두려운 것이다. 가족 전원이 기준에서 일탈하는 징후를 보이지 않으려고 시간과 평온함 등의 어떠한 희생도 치른다. 학교에 다니는 아이들에게는 어떤 종류의 양말은 신지 못하고 어떤 종류의 댄스 클럽에는 참가하지 못하며 어떤 종류의 자동차를 운전하지 못한다는 것이 그들의 최대의 비극이 된다. 타인과 다르다는 것에 대한 공포가 미들타운에서 기록된 행동의 지배적인 동기가 된다.

그러한 동기 부여로 해서 어느 만큼 정신적인 피해를 지불하고 있느냐 하는 것은 정신 장해를 치료하기 위한 미국의 여러 제도, 여러 시설을 보면 분명해진다. 그러한 동기가 다른 많은 동기 가운데서 극히 미소한 것으로 존재하고 있는 사회에서는 정신 장해의 양상이 미국과는 전혀 다른 모습을 띨 것이다. 어쨌든 현재 미국에서 무거운 짐이 되고 있는 정신 장해의 비극을 가장 효과적으로 처리하는 방법의 하나는, 교육적인 방법이라는 것은 의심할 바 없다. 즉 사회에서 관용을 배가하고 미들타운과 우리들의 도시의 관습에서는 생소한 일종의 자존심과 독립심을 배양하도록 교육하는 방법이 그것이다.

물론 모든 정신병자가 선천적으로 그 문화의 반응과는 다른 반응을 보이는 자라고 할 수는 없다. 또 하나의 큰 그룹은 다만 적응하지 못하는 사람들인데 그들은 너무나 강한 동기에 의해서 행동하고 있으므로 도리어 그 실패를 감당하지 못하게 된 사람들이다. 권력 의지가 높이 보상되는 사회에서 실패하는 사람은 타인과 다른 소질을 소유한 사람이 아니라 단지 재질을 충분히 타고나지 못한 사람들이다. 우리 사회에서 열등 의식은 고통이라는 대단한 세금을 지불한다. 반드시 그런 것은 아니지만 이 같은 괴로움을 안고 있는 사람은 타고난 강한 지향이 저지되었다는 의미에서의 좌절의 경험을 가지고 있다. 즉 그들의 좌절은 어떤 목적을 달성할 수 없는 자신의 무능을 반영할 따름인 경우도 자주 있다. 여기에서도 문화라는 것은 그 이면에서 작용하고 있는 것이다. 즉 어떤 문화에서 전통적인 목표는 많은 사람이 접근할 수 있는 경우도 있으나 극소수의 사람만이 접근할 수 있는 경우도 있기 때문이다. 또한 성공해야 된다는 강박 관념에 시달리면서도 정작 성공할 수 있는 사람은 극소수로 제한되는 경우에는 그 제한의 정도에 비례하여 더욱 많은 사람들이 사회에 적응을 하지 못하는 극단적인 시련을 받기가 쉬워진다.

따라서 보다 높고 보다 많은 노력이 요구되는 목표를 설정해놓고 있는 문명에서 비정상적인 사람의 수가 증가된다는 것은 어느 정도는 지극히 당연하다고 할 것이다. 그러나 이 점은 너무나 지나치게 강조되기 쉽다. 그 까닭은 사회적인 태도의 변화가 극히 적어도 그 상관 관계에 주는 영향은 훨씬 크기 때문이다. 일반적으로 사회가 개인을 얼마만큼 관용으로 받아들일 수 있느냐 하는 것은 실제로는 거의 밝혀지고 있지 않다. 그러므로 비관은 시기상조인 것 같다. 확실히 대부분의 신경증 환자와 정신병자를 보면 지금 논한 것과 전혀 다른 사회적 요인이 그 정신 질환의 직접적인 원인이 되고 있다. 그 문화는 그럴 의향만 있다면 이러한 사회적 요인을 필연적으로 본질적인 아무런 손실 없이 처리할 수 있을 것이다.

　우리는 이제까지 개인을 그 사회에서 적절한 기능을 다하는 능력의 관점에서 고찰해왔다. 이 적절한 기능이라는 것은 정상 상태를 임상적으로 정의하는 방법의 하나이다. 이 정상 상태는 또한 어떤 고정된 증상으로 정의될 수도 있으며 그 정상 상태를 통계적인 평균치와 동일하게 생각하는 경향이 있다. 이 평균치는 실제로는 연구실 안에서 얻어지는 것이며 그 평균치에서의 일탈은 비정상인 것으로 정의된다.

　한 문화의 관점에서 보면 이 방법은 매우 유용하다. 그것은 문명을 임상적으로 그려 보여주며 그 문명이 사회적으로 인정되는 행위에 대해서 많은 정보를 제공한다. 그러나 이것을 절대적인 정상이라고 일반화하는 것은 전혀 별개의 문제이다. 앞에서 말한 바와 같이 서로 다른 문화 사이에서는 정상 상태의 범위가 일치하지 않는다. 주니 족과 콰키우틀 족의 경우처럼 문화가 서로 매우 다를 경우에는 공통되는 정상 상태의 부분이 거의 없다. 즉 북서 해안 부족에서 통계적으로 정상이라고 결정된 것이 푸에블로 족에서는 비정상의 한계의 극한선에서도 훨씬 더 벗어나는 것이 된다는 점이다. 콰키우틀 족에서 정상이라고 인정되는 맞겨루기의 경쟁은 주니 족에서는 단순한 광기로밖에 생각되지 않으며, 우월감과 타인에 대한 모욕이라는 주니 족의 전통적인 무관심은 북서 해안 부족의 귀족 가문의 남자가 볼 때는 바보의 우둔함이라고밖에는 생각되지 않을 것이다. 어떤 행위의 최대 공약수를 사용한다 하더라도 우리는 결코 양자의 문화에서 어느 행위가 상궤를 벗어난 것이라고 결정할 수는 없을 것이다. 어떤 사회를 막론하고 그 사회의 주요한 선입관에 따라서는 심지어 히스테리, 간질, 편집광 따위의 징후가 늘어나기도 하고 강화되기도 한다. 그와 동시에 사회적으로는 그러한 징후를 나타내는 바로 그 사람들에게 점점 더 의존하게 된다.

　이 사실은 정신병리학상 중요한 의미를 가진다. 왜냐하면 이것은 어떤 문화에도 십중팔구 존재하고 있을 또 하나의 비정상인의 집

단, 즉 어떤 국지적인 문화 유형의 극단적인 전개를 나타내는 비정
상적인 집단들을 명백히 해주기 때문이다. 이런 집단과 사회적으로
정반대의 입장에 있는 집단들이 바로 앞에서 말한 바와 같이 자기
네 문화의 척도와 모순되는 반응을 나타내는 한 무리의 사람이다.
사회는 이들 전자에 속하는 사람을 어느 경우에서도 내버리기는커
녕 오히려 그들의 행동을 지지하여 그들로 하여금 극단적으로 일탈
행위를 하도록 내버려둔다. 말하자면 전자에 속하는 사람은 무제한
으로 사용할 수 있는 허가증을 가지고 있는 셈이다. 그러므로 이
사람들은 현대의 어떤 정신병리학의 대상도 결코 되지 않는다. 아
무리 주의깊게 기록된 책자라도 그것이 그들을 길러낸 바로 그 시
대의 것이라면 이런 종류의 사람에 대해서 기술하지 못할 것이다.
그러나 다른 세대나 다른 문화의 관점에서 본다면 대개 그들은 그
시대의 가장 기괴한 정신병의 유형에 속한다는 것이 밝혀진다.

　18세기 뉴 잉글랜드의 청교도 목사들을 정신병자로 간주한다는
것은 당시 그 식민지에 거주했던 사람들로서는 생각조차 할 수 없
는 의견이었다. 어떤 문화에서도 그들만큼 지적으로 감정적으로 완
전한 독재가 허용된 권위 있는 집단은 거의 존재하지 않았다. 그들
은 바로 신의 소리였다. 그러나 현대의 관찰자에게는 청교도적인
뉴 잉글랜드의 정신 신경증 환자란 그 목사들이 마녀로 낙인찍어
사형에 처한, 고통당한 여자들이 아니라 바로 그들 목사들이었다.
자기 자신은 말할 것 없고 개종자들의 개종 체험 때에 그들이 묘사
하고 요구한 그 극단적인 죄의식은 조금이라도 더 건전한 문명에서
는 정신 병원에서만 볼 수 있는 것이었다. 때로는 수년간이나 희생
자들이 회한과 공포의 고민에 시달려 녹초가 될 만큼 양심의 가책
을 느끼지 않으면 구원을 허락하지 않았다. 어린아이에게까지 지옥
의 두려움을 가르치며 모든 신자에게 만일 신이 벌을 주어야겠다고
생각할 때는 그 처벌을 기꺼이 받아들이도록 강제하는 일이 바로
목사의 의무였다. 당시의 뉴 잉글랜드 청교도 교회의 기록 가운데
서 마녀를 다루는 방법이나 아직 열 살도 넘지 않은 구원받지 못한

어린애를 다루는 방법, 저주와 숙명 같은 문제를 다루는 방법 등 그 어느 것을 보더라도——그것은 문제가 안 된다——여기에서 하나의 사실, 즉 당대 문화의 교리를 가장 명예롭게 생각하면서 그리고 가장 극단적인 정도로까지 실행한 한 무리의 사람들이야말로 약간 변화된 우리 세대 기준으로 측정했을 경우, 도저히 어찌할 수 없는 정신 이상의 희생자였다는 사실에 부딪치게 된다. 비교 정신 병리학적 입장에서 본다면 그들은 비정상인의 범주에 들어간다.

이것과 아주 닮은 것인데, 현대의 문화 중에서는 극단적일 정도로 자아의 충족의 형태가 긍정되고 있다. 거만 무례하고 방종한 에고이스트들이 가정적인 사람, 경관, 실업가로서 소설가와 극작가에 의해서 거듭 묘사되었고 이제 그들은 어떤 사회에서도 친숙하게 생각된다. 그들의 행동은 그 청교도 목사의 그것과 마찬가지로 형무소의 죄수 이상으로 반사회적인 경우가 이따금 있다. 그들이 자기들의 주위에 만연시킨 고통과 좌절은 아마 그 어느 것과도 비교할 수 없을 정도이다. 적어도 정신의 왜곡이 상당히 크다는 것만은 확실한데 그럼에도 불구하고 그들은 큰 영향력을 가진 중요한 지위에 있으며 또한 한 가정의 가장들이다. 그들이 자기 자식들과 사회 구조에 미친 영향은 결코 지울 수가 없다. 그러나 그들은 현대 문명의 온갖 이념의 지지를 받고 있으므로 정신병학의 책자에 기록되는 일이 없다. 그들은 실생활에서 아주 자신에 차 있는데 그것은 그 자신들의 문화의 나침반이 지시하는 방향으로 나아가고 있다고 자부하는 사람들에게만 비로소 가능한 태도인 것이다. 그러나 장래의 정신병학은 어김없이 우리들의 소설과 편지들과 공문서의 기록을 샅샅이 뒤져서 다른 사회에서는 절대로 신뢰하지 않을 비정상적인 유형을 해명하려 할 것이다. 이는 당면한 것이다. 그 어떤 사회에서든 가장 극단적인 유형의 인간 행위가 육성되는 것은 바로 이와 같은 집단이 문화적으로 조장되고 강화되는 곳에서이다.

현대 사회를 고찰할 때 최대의 과제가 되는 것은 문화의 상대성을 올바르게 설명하는 일이다. 사회학과 심리학의 영역에서도 이것이 가지는 의미는 기본적인 것이다. 그리고 여러 민족의 접촉과 서구 문명이 변화해가는 기준에 대하여 현대적인 사고를 하는 데에도 이성적이며 과학적인 방향 감각이 크게 필요한 것이다. 병적이라고 할 만큼 예민하게 된 근대인의 기질은 사회가 상대적임을 알고서 그 상대성으로——비록 아무리 작은 영역에만 존재한다고 하더라도——절망의 교리를 만들어냈다. 그것은 사회의 상대성이 근대 문명의 영속성과 이상을 구하는 정통적인 꿈과 조화를 이루지 못하고 있는 점과, 개인의 자립성이라는 환상과도 서로 조화되지 못하고 있음을 지적했기 때문이다. 그리고 또한 그것은 만일 인간의 경험이 이 같은 꿈을 포기해야만 한다면 하찮은 인간의 존재는 공허하다고 논했다. 그러나 이러한 식으로 우리의 딜레마를 해석한다면 시대 착오를 범하게 될 것이다. 우리들은 과거의 것을 다시금 새로운 것 안에서 발견해야 하며 과거의 확실성과 안전성을 새로운 가변성에서 찾아보는 수밖에는 달리 해결 방법이 없다고 주장하는데, 이것은 단지 피할 수 없는 문화의 후진 때문이다. 문화의 상대성을 인정한다는 것은 그 자체에 가치가 있는 것이다. 따라서 그 가치는 절대주의자의 철학의 그것일 필요는 없다. 그것은 관례적인 견해에 도전하는 것이며 그러한 견해 안에서 자란 사람들에게는 심한 불쾌감을 불러일으킨다. 그러나 그것이 비관주의를 야기하는 까닭은 전통적인 공식을 혼란에 빠뜨리기 때문이지, 그것이 본질적으로 곤란한 점을 포함하고 있기 때문인 것은 아니다. 새로운 의견이 상식적인 생각으로 받아들여진다면 그것은 금새 좋은 생활을 위해서 믿을 수 있는 또 하나의 보루가 될 것이다. 그렇게 되면 우리는 보다 더 현실적이고 사회적인 신념에 도달하게 될 것이며 또 인류가 생활의 소재로부터 스스로 창조한, 누구에게나 타당한 공존의 생활 양식을 희망의 근거와 관용의 새로운 토대로 받아들이게 될 것이다.

# 해설

## 1. 인류학과 인간

근대 서구 인류학은 서구인 나름의 기준으로 본 원시인 내지 야만인 연구에서 비롯되었다. 그리하여 불행하게도 그 원시인 내지 야만인이 자기들 문명인과는 아예 "다른 인간임"을 증명하려고 들었다. 근대 휴머니즘에 계몽의 빛을 던진 루소조차도 백인과 인연을 맺은 바다 너머 낯선 땅의 원주민들을 "착한 야만인"이라고 불렀을 정도이다. 하긴 아리스토텔레스, 저 인간의 위대한 스승이라고 일컬어지는 철인마저도 그리스 인 아닌 사람들을 짐승처럼 다루는 것이 문화인다운 소행이라고 말했다니까 더 할 말은 없겠다. 어떻든 근대 인류학은 옛날 중국인이 그러한 것처럼 이른바 "에스노센트리즘"(ethnocentrism)의 테두리를 벗어나지 못하였다.

관리를 포함한 식민지 지배자들과 선교사들은 아프리카와 아시아, 오세아니아 그리고 아메리카 대륙에서 "다른 종류의 인간들"의 경제적 재보와 함께 그들의 문화재와 지식을 가지고 돌아갔다. 그리고는 이 "다른 종류의 인간들"이 씨가 다르고 유전자가 사뭇 다른 별종의 하급 인간임을 밝히려 들었다. 아니면 진화를 멈춘 지금의 인간으로 취급해버리려고도 하였다.

그러나 많은 자료가 모이고 연구가 진전되는 동안 근대 인류학은 기묘한 자기 모순에 봉착하였다. "차이"를 찾아 기를 썼더니 인간이 서로 다른 것도 사실이지만 동시에 인간은 인종을 넘어서서 서로 비슷한 공통점을 나누어 가지고 있음을 밝히는 꼴이 된 것이다. 인간의 보편성이 그만큼 크게 눈에 띄게 된 것이다. 이 같은 보편성을 전제하고 보니 인간의 차이에 대한 생각이 달라지게 되었다. 인간의 차이는 씨나 유전자의 차이가 아니라 문화의 차이라고 생각한 것이다. 그리고 문화의 차이는 역사와 환경의 특성에 기인하는 것이지 체질이나 인간 성장의 차이에서 비롯되는 것이 아님을 이해하기에 이르렀다.

루스 베네딕트 또한 유전은 다만 한 가족의 계보 안에서만 이야기되어야함을 강조하고 있다. 유전이 가계를 떠난 민족이나 종족에게 확대된다면 그것은 이미 허구에 불과함을 덧붙였다(제1장 관습의 과학 참조). 이처럼 베네딕트 여사의 인류학이 있기까지 이만한 내력을 겪어온 것이다. 그녀가 문화적으로 특성지어진 인간 행위와 사고가 지닌 조직이나 체제를 인류 전체에 공통된 것으로 생각되는 그 같은 조직이나 체제와 구별짓고 그것을 그녀의 연구 대상으로 삼기까지에는 이만한 우여곡절이 있었던 것이다.

## 2. 베네딕트 여사의 생애

베네딕트(Ruth Fulton Benedict : 1887-1948) 여사는 뉴욕 시에서 태어났다. 그녀는 두 살 때 아버지를 여읜 뒤 뉴욕 주의 외가에서 경영하던 농장에서 유년기를 보내게 된다. 그러나 국민학교를 다닐 무렵부터 학교 선생이 된 어머니를 따라서 미주리 주와 미네소타 주로 옮겨다니다가 열두 살이 되던 해부터 그녀는 뉴욕 주의 버펄로로 전근을 한 어머니와 함께 그곳에서 살게 되었다. 그후 베네딕트 여사는 성년이 되기까지 도서관 근무를 한 어머니와 함께 여기를 떠나지 않았다.

그녀는 1909년 어머니의 모교이던 바사 대학을, 전미국 대학의 우등 졸업생들에게 주어지는 파이 베이터 캐퍼(Phi Beta Kappa) 상을 받고 졸업하고 이듬해까지 장학금으로 유럽 여행을 하게 된다. 그러다가 스물일곱 살이 되던 해 나중에 코넬 대학의 교수가 된 스탠리 R. 베네딕트와 결혼한다.

그러나 성격이 서로 맞지 않았던 탓으로  결혼한 지 15년 만에 별거하게 된다. 한편 그녀는 그에 앞서 결혼 생활 7년을 지나던 해에 뉴욕에 있는 New School for Social Research에 입학하여 인류학을 공부하게 되고 미국 인류학의 중흥조인 프란츠 보아스 교수와도 만나게 된다. 이것은 자식도 없이 불행한 결혼 생활을 보내고 있던 베네딕트 여사로서는 운명의 전환을 의미하는 커다란 사건이었다. 서른 살이 넘은 나이에 시작한 만학으로 현대 미국 인류학의 여걸이 탄생하게 되었기 때문이다. 영국 케임브리지 학파의 거인 제인 해리슨(Jane Harrison), 그리고 베네딕트 여사와 함께 보아스 교수에게서 배우면서 베네딕트 본인에게서도 가르침을 받은 마가레트 미드, 이들과 함께 베네딕트 또한 현대 인류학의 여걸로 길이 그 이름이 기억될 것이다.

베네딕트는 보아스 교수의 지도를 받으면서 종교와 주술이 지닌 문화적 특색의 분포를 조사한 "북아메리카의 수호 신령의 개념"(1923)이라는 논문으로 박사 학위를 받는다. 이어서 1930년과 1932년에 각각 "남서부의 문화가 지닌 심리적 패턴"과 "북아메리카의 문화의 통합" 등을 발표하기에 이르렀다. 앞의 논문은 푸에블로 인디언의 조사를 통해서 특징 있는 문화적 요소를 선택하고 연관지우는 일이 민족에 따라 그 패턴을 달리함을 밝혔거니와 그 이후 그녀는 이른바 "문화의 패턴"에 관한 관심을 표면화하고 그것이 뒤의 논문에서 더욱 발전되어 마침내 유명한 「문화의 패턴」이라는 한 권의 책을 낳기에 이른다.

문화의 패턴이라는 개념은 가령 베네딕트와 함께 보아스 교수 밑에서 배우되 박사 학위는 그녀를 앞질러 받은 클라이드 클럭혼(Clyde Kluckhohn) 교수의 "나바호 족 문화의 패턴화"(Patterning in Navaho Culture)에도 보이는데, 한 스승 아래서 자란 두 학자가 더불어 같은 문제를 다루었음을 알 수 있다. 그것은 이른바 보아스 학파가 지닌 공통의 특색의 하나이기도 했다.

## 3. 문화란?

문화란 말은 매력 있는 말이다. 그것은 "정신적 가치"를 함축하고 있는 듯이 느껴지기 때문이다. 문화인, 문화 민족 등의 말에는 언제나 이 같은 함축성이 진하게 간직되어 있다. 이 말에는 우쭐대고 잘난 척해 보이는 기운 같은 것이 따라다닌다. 우리나라 말로 억지로 옮기자면 "문화화"라고나 할 "cultured"나 "cultivated"라는 말이 사람에 덧붙여 꾸밈말로 쓰일 때는 어느 경우에나 예능적 정서가 잘 개발되고 높은 수준의 지식 교육을 받았고 그리고 세련된 교양과 우아한 품위를 갖추었다는 것을 뜻하게 되는 것이 상식이다. 문화화를 그같이 이해하지 않으면 그야말로 문화화하지 못한 사람 대접을 받을 것이다.

그러나 오늘날의 인류학에서는 이 같은 문화의 함축성은 그다지 중요한 것이 못 된다. 이 경우의 문화는 "인간 행위의 모든 영역에서 비롯되는 온갖 행동 양식"을 통틀어 일컫게 된다. 우리는 오세아니아 주에 살고 있는 도부 족의 행동에서 발견되는 생활 양식이나 소위 문화화하였다는 백인들의 그것을 다같이 문화라는 이름으로 부른다. 인류학에서는 속된 의미의 "문화화"와 "비문화화" 그리고 정신 문화와 물질 문명의 구별을 즐겨 하지 않는다.

그리고 인류학에서는 역사학자나 문화사가들이 하듯이 문화에다 발전이니 미개니 하는 관형사를 붙이려고 하지 않는다. 인류학에서는 "그리스 문화"라고 부를 때의 문화와 "에스키모 문화"라고 부를 때의 문화에 결코 높낮이를 매기려 하지 않는다. 인류학자는 문화의 코즈모폴리턴이다. 그들은 한양(漢陽)의 문화가 지금의 서울 문화보다 못하다고 생각하는 사람 앞에서 이맛살을 찌푸린다. 인류학에서 말하는 문화는 대단히 민주적이고 균등하다.

그리고 그것은 또 대단히 포괄적인 개념이다. 교회와 성당이 문화인가 하면 전쟁 또한 문화이다. 종교가 문화이듯이 남을 저주하

는 흑주술 또한 문화이다. 술을 빚는 것이 문화라고 하면서 금주법
또한 문화라고 부른다.

그러나 인류학자들이라고 해서 문화라는 말을 언제나 두리뭉실하
게 쓰는 것은 결코 아니다. 그들은 문화의 포괄성과 보편성을 이야
기하는 한편 문화의 지역적, 사회적 차이를 이야기한다. 이 같은
사회적, 지역적 차이를 고려에 넣는다면 문화는 다음과 같이 네 범
주로 갈라볼 수 있을 것이다.

1) 어느 한 시대에 걸쳐 모든 인류에게서 공통으로 찾아볼 수 있
는 생활 방식이나 양식

2) 다소간 서로 상관성을 가지고 있는 여러 공동체나 사회 속의
한 작은 단위 조직에 특유한 생활 양식

3) 한 공동체(사회)에 특유한 행동 양식

4) 유기적으로 복합되어 짜여진 거대한 사회에 속하는 분자들의
특수한 행동상의 특색

이같이 인류학에서 규정하는 문화의 포괄성과 개별성에 유념하지
않고는 인류학 분야의 저서들이 이야기하는 문화를 제대로 이해할
수 없게 된다. 베네딕트 여사의 「문화의 패턴」에서 문화를 올바르
게 포착하기 위해서도 역시 그 같은 문화 개념의 이해가 선행되어
야 할 것이다.

그러나 인류학적인 문화의 차이가 결코 발전의 차이, 개발의 차
이 등을 포함한 질적인 차이가 아님을 명심해야 한다. 요약해서 말
하면 그 차이는 모양의 차이, 형태, 엮음새의 차이라고 말해야 하
는 것임을 명심해야 한다. 여기서 이 책, 「문화의 패턴」이 매우 요
긴한 몫을 다하게 되는 것이다. 구조와 조직의 차이가 문화를 이해
하게 되는 중요한 이정표 구실을 하게 되는 것이다. 생활해나가기
위해서 필요한 요소들을 선택하여 행동하는 기틀로서 이 책은 문화
를 이해하고자 하는 것이다.

여기서 또 하나 명심해야 할 일이 있다. 그것은 문화가 추상이라
는 사실이다. 그러나 이 추상이란 말에는 오해가 따르기 쉽다. "문

화는 행동과 물건 등속 그 자체가 아니다. 문화는 행동과 물건 등속 속에 표상되는 것이다"라고 한 레드필드(Redfield)의 말을 연상하면 그 오해가 풀릴 것이다. 토기와 청동기 그리고 말연장이며 무기 등은 그 자체가 곧 고분 문화일 수 없다. 그것들이 전체로서 주어진 사회 속에서 이루어지던 생활과 사고 양식이 빚은 결과를 나타낼 수 있을 때 비로소 고분 속에 간직된 문화가 드러나는 것이기 때문이다. 문화 현상, 문화재, 문화 유물, 문화 유적 등과 문화를 구별할 필요가 있다. 이러한 것들과 구별될 때, 문화는 이미 양식이고, 원리라고 바꾸어 말해도 좋을 것이다. 문화는 그 자체가 움직이는 틀이고 패턴이다. 그런 점에서 이 책이 「문화의 패턴」이라고 불릴 때, 이것은 문화의 일부에 관한 이야기가 아니라, 문화의 본질에 관한 이야기라는 것을 시사하게 된다.

## 4. 문화의 패턴

엄밀한 뜻에서 인간에게 순수한 생물학적 본능은 없다. 이 말은 좀 과격하게 들릴지도 모른다. 따라서 이것은 "인간은 순수한 동물적 본능을 가지고 있지 못한 것은 아닐까?"하는 의문을 좀 힘있게 내보이는 명제라고 생각해도 좋을 것이다.

가령 먹는 일만 해도 그렇다. 음식을 입에 넣는 일은 본능일는지도 모른다. 그러나 "음식을 입에 넣는 일" 정도로 단순화할 수 있는 행위가 인간에게는 없다. 음식은 어떤 것으로 고르고, 어떻게 장만하고 어떤 그릇에 담아 어떤 모양으로 차려서 어떻게 먹는가 하는 절차가 인간의 먹는 일에는 반드시 따라다닌다. 그냥 먹어서 배만 부르면 그만이라는 생각은 여간한 급박한 환경이나 경우가 아니고는 통할 수가 없다. 인간은 먹을 때도 "무엇을 어떻게"라는 것이 문제가 된다. 먹는 데도 일정한 절차, 격식이 있게 마련이다. 그것은 문화적인 전통 내지 관습에 의해서 정해진 "무엇"이고 "어떻게"이다. 인간에게는 먹는 본능조차도 이같이 전통과 관습의 제

약을 받는다. 아니 먹는 본능 그 자체가 한 관습을 이루고 있다고 말해야 할 것이다. 먹는 일도 인간에게는 문화이다.

이처럼 먹는 일에도 따라다니는 "무엇을 어떻게"로 표현되는 격식이라는 생각에서 가장 소박한 "문화의 패턴"이라는 개념이 그 기틀을 잡기 시작한다.

먹는 일을 가장 간략하게 추렸을 때 음식을 입에 넣는 일이 되기는 하지만, 그 앞뒤에는 선택이 있고 맥락이 있고 조직이 있다. 가령 아이누 족이 곰의 고기를 먹기까지에는 사냥을 위한 종교적 의식이 있어야 하고, 곰을 창으로 찌르되 일정한 부분에 일정한 정도 이상의 상처를 내지 말아야 한다. 또 잡아와서 머리를 먹지 말아야 하며, 나머지 몸부분의 여러 토막들을 먹는 데도 일정한 순서가 있다. 그리고 그것을 먹는 사람에게도 차례가 있기 마련이다. 그것을 먹기 이전과 이후에는 곰의 넋이 다시 하늘로 되돌아가므로 그들은 이 다음에 곰이 육신을 지니고 내려와주기를 바라는 제사를 드린다. 이것은 아이누 족이 곰을 그들의 조상, 하늘에 있는 조상이라고 생각하고 있기 때문이다.

먹는 일 하나에도 선택의 원리와 조직의 원리가 작용한다. 베네딕트 여사의 생각대로 말하면, 인간 문화는 구성원들이 지닌 관심과 목적에 따라 선택된 요소들을 조직하고 그것을 전체 속에 통합한다. 이 같은 선택과 통합의 원리로 문화의 패턴이 형성되는 것이다.

여기서 패턴은 유형(type)과는 다른 개념이다. 후자는 환원론적이다. 이미 세워진 기준에 맞추어 한 집단의 문화를 양식화한 것이 유형이라면, 패턴은 실제로 문화 현상을 관찰하고 성찰하여 사회 현장에 살아 움직이고 있는 원리로서 파악한 것이다.

"문화란 개인과 마찬가지로 정도의 차이가 있기는 해도 앞뒤와 옆이 잘 짜여진 생각과 행동의 패턴이다. 각 문화에는 독자적인 목적이 생성되는데 다른 형태의 사회에서 이것이 반드시 공유되는 것은 아니다. 이 목적에 따라서 사람들은 누구나 경험들의 매듭을 차츰 엮어가게 된다. 이 같은 통일성의 충동이 절실하면 할수록 행동의 이질적 요소들은 더욱더 잘 어울린 모습을 갖추게 된다(본문, 제3장, p. 62에서). "

이 같은 통합의 원리에 따라 잘 어울려진 행동 양식과 사고 방식 그것이 곧 "문화의 패턴"이다. 이 결과 베네딕트 여사는 아폴로 형, 디오니소스 형을 각기 푸에블로 인디언의 주니 족과 콰키우틀 족이 지닌 문화 통합적인 패턴으로서 제시하기에 이르렀다.

이 두 종족은 다같이 초현실적인 힘을 추구한다. 그 점에서는 아무런 차이도 없다. 그러나 두 종족이 그 목적을 무엇을 어떻게 선택해서 어떻게 엮어나가고 실천함으로써 달성하게 되는가에 이르러서는 전혀 상반되는 특성이 드러난다. 후자는 금식과 자학, 약물의 사용 등 자극적이고도 과격한 행동과 수단을 통한 환각 경험에 의지하여 그 목적을 이루려고 하는 데 비해서, 주니 족은 환각 경험을 피하고 전체 집단의 종교 행사에 복종하는 규율과 중용을 보다 더 중요하게 여긴다.

가령 모리스 오플러(Morris Opler)가 비판하였듯이 이같이 기술되고 추출된 문화의 패턴이 선택적이고 부분적인 것은 사실이다. 그리고 그 제시된 명제 가운데는 사실과 거리가 있고 따라서 충분하지 못한 분석이 있는 것도 사실이다. 가령 주니적인 것과 콰키우틀적인 것으로 양분된 아폴로적 문화형과 디오니소스적 문화형만 해도 비판의 여지가 있다. 초현실적인 힘을 추구하는 종교적 의식, 특히 원시 종교의 의식에서는 사실상 그 두 가지는 공존한다. 명상과 격정, 정화와 흥분 등의 대립은 원시 종교의 제전을 지탱하는 두 개의 기둥이다. 디오니소스적인 것과 아폴로적인 것이 그리스 문화 속에 공존하였다는 것은 누구나 아는 일이다. 그런 의미에서 베네딕트 여사의 「문화의 패턴」은 베네딕트 여사 자신의 학문적 목적과 그에 따른 선택과 통합에 의해서 이루어진 점도 없지 않다. 그러나 학문의 방법에 여의주나 여의봉은 없다. 모든 현장, 모든 자료의 구석구석을 모조리 통합하여 하나로 제시하기란 실제로 불가능에 가깝다.

학문의 방법은 새 소재와 새 문화를 제기하는 것에서 이미 가치를 지니고 빛을 지닌다. 이 「문화의 패턴」은 이미 현대 인류학의 한 고전이면서 문화와 인간을 이해하려는 사람들의 다시없는 필수적 교양 서적으로서 한 자리를 굳게 차지하고 있다. 이것은 말리노프스키의 「서태평양의 선원들」(*Argonauts of the Western Pacific*), 레비-스트로스의 「슬픈 열대」(*Tristes tropique*)와 더불어 철학이 기울어져간 시대의 새로운 인간학, 새로운 형이상학으로 기억될 것이다. 그리고 그녀의 학문적 노력은 파시즘에 대한 강력한 항의에 기초하고 있다.

번역을 하면서 부딪힌 가장 큰 어려움은 용어들의 문제였다. 한 가지 예로 pattern을 어떻게 처리할 것인가 고민하다가 끝내 원어 그대로—— 거의 외래어가 된 느낌이 있기도 하지만—— 쓰기로 하였던 것이 그것이다. 어색한 일이었지만, 최선이 못 되면 차선이라는 생각에서 어쩔 수 없었다. 번역은 Routledge & Kegan Paul Ltd.(1971년) 판을 썼으며, A Mentor Book(1960년) 판도 참조했다. 아무래도 화보가 있는 것이 좋을 것 같아 마땅한 것들을 구했으나 도부 족에 관한 것은 끝내 구할 수 없었다. 앞으로 기회가 오면 보충하기로 하고 우선 가능한 것만으로 화보를 꾸며보았다.

1980. 9. 10    김열규

# 인용 문헌

페이지                                    제1장

26  Itard, Jean Marc Gaspard, *The Wild Boy of Aveyron,* Humphrey, George
    and Muriel 역, New york, 1932.
    이런 아이들 중 몇몇의 지능이 보통 이하였기 때문에 버려졌을 수는 있다.
    그러나 그들 모두가 비록 관찰자에게 정신박약아 같은 인상을 준다고 하더
    라도, 실제로 그렇다고 생각할 수는 없다.

28  Boas, Franz, *Anthropology and Modern Life,* New York, 1932, pp. 18-100.

                                         제2장

40  위기 의례(crisis ceremonialism)로서의 성인 의례에 관한 분석으로는 Van
    Gennep, Arnold, *Les Rites de Passage,* Paris, 1909를 참조할 것.

44  Mead, Margaret, *Coming of Age in Samoa,* London, 1928.

48  Howitt, Alfred William, *The Native Tribes of South-East Australia,* New
    York, 1904.

53  Benedict, Ruth, "The Concept of the Guardian Spirit in North America,"
    *Memoirs of the American Anthropological Association,* no. 29, 1923.

                                         제3장

66  Malinowski, Bronislaw, *The Sexual Life of Savages,* London, 1929 ; *Ar-
    gonauts of the Western Pacific,* London, 1922 ; *Crime and Custom in Savage
    Society,* London, 1926 ; *Sex and Repression in Savage Society,* London,
    1927 ; *Myth in Primitive Psychology,* London, 1926.
    Stern, Wilhelm, *Die differentielle Psychologie in ihren Grundlagen,* Leipzig,
    1921.

67  Worringer, Wilhelm, *Form in Gothic,* London, 1927.
    Koffka, Kurt, *The Growth of the Mind,* London, 1927.
    Köhler, Wilhelm, *Grstalt Psychology,* London, 1929.

게슈탈트 학파의 업적을 요약한 것으로는 Murphy, Gardner, *Approaches to Personality,* New York, 1932, pp. 3-36을 볼 것.

68  Dilthey, Wilhelm, *Gesammelte Schriften,* Band 2, Leipzig, 1914-31, p. 8. 이 책에서는 Oswald Spengler의 책인 *Der Untergang des Abendlandes, Umrisse einer Morphologie der Weltgeschichte*의 영역본인 *The Decline of the West,* London, 1934를 참조하였다.

## 제4장

73  Zuñi라고 전통적인 철자법으로 쓰는 것은 애매모호한 것이다. "주니"에서 의 n 음은 영어 단어에서의 n 음과 같게 발음된다.

다음은 주니 족에 관해서 가려서 뽑은 참고 문헌이다. 이 장에서 인용한 논문은 이 목록에 의해서 번호를 매겨서 지칭하고자 한다.

Benedict, Ruth
1.  "Zuñi Mythology," *Columbia University Contributions to Anthropology,* 2 vol., XXI, New York, 1934.
2.  "Psychological Type in the Cultures of the Southwest," *Proceedings of the Twenty-Third International Congress of Americanists,* New York, 1928, pp. 572-81.

Bunzel, Ruth L.
1.  "Introduction to Zuñi Ceremonialism," *Forty-Seventh Annual Report of the Bureau ofAmerican Ethnology,* Washington, 1932, pp. 467-54
2.  "Zuñi Ritual Poetry," 같은 책, pp. 611-835.
3.  "Zuñi Katchinas," 같은 책, pp. 837-1086.
4.  "Zuñi Texts," *Publications of the American Ethnological Society,* XV, New York, 1933.

Cushing, Frank Hamilton
1.  "Outlines of Zuñi Creation Myths," *Thirteenth Annual Report of the Bureau of American Ethnology,* Washington, 1926.
2.  "Zuñi Folk Tales," New York, 1901.
3.  "My Experiences in Zuñi," *The Century Magazine,* n. s. 3, 4, 1888.
4.  "Zuñi Breadstuffs," *Publications of the Museum of the American*

*Indian, Heye Foundation,* VIII, New York, 1920.

5. "Zuñi Fetishes," *Second Annual Report of the Bureau of American Ethnology,* Washington, 1883.

Kroeber, Alfred Louis, "Zuñi Kin and Clan," *Anthropological Papers of the American Museum of Natural History,* vol. XVIII, part 2, New York, 1917.

Parsons, Elsie Clews, "Notes on Zuñi," I and Ⅱ, *Memoirs of the American Anthropological Association,* vol. 4, no. 3, 1927.

Stevenson, Matilda Cox

1. "The Zuñi Indians," *Twenty-Third Annual Report of the Bureau of American Ethnology,* Washington, 1904.

2. "The Religious Life of the Zuñi Child," 같은 책, V, Washington, 1887.

73  Kidder, Alfred Vincent, *Southwest Archeology,* Yale University Press, New Haven, 1934.

77  주니 족의 의식의 기도에 대한 것은 번즐의 논문 2에 기록되어 있다.

78  번즐의 논문 2, p. 626.

79  번즐의 논문 2, p. 689.

80  번즐의 논문 2, p. 645, 716.

83  번즐의 논문 2, pp. 666-67.
   번즐의 논문 1과 3을 볼 것.

85  스티븐슨의 논문 1, pp. 94-107.

88  같은 논문, pp. 407-576.

91  이혼에 관한 주니 족의 온화한 태도에 대한 것은 이 책 pp. 124-25를 참조할 것. 그 아래에서 언급되는 두 여인의 주먹 싸움은 흥미로울 것이다.

95  Nietzsche, Friedrich, *The Birth of Tragedy,* New York, 1924.

96  "그리스적인 감각의 척도"에 대해서는 같은 책, p. 40을 참조할 것.
   "시민으로서의 명성을 잊지 않는다"에 대해서는 같은 책, p. 68을 참조할 것.

97  Benedict, Ruth, "The Vision in Plains Culture," *American Anthropologist,* n. s. 24, 1922, pp. 1-23.

101 Fortune, Reo F., "Secret Societies of the Omaha," *Columbia University Contributions to Anthropology,* XII, New York, 1932.

102 베네딕트의 논문 1.

Lewin, Louis, "Über Anhalonium Lewinii und andere Cacteen, Zweite Mitteilung," *Separatdruck aus dem Archiv für experimentelle Pathologie und Pharmaklilgie,* Bd. XXXIV, Leipzig, 1894.

Wagner, Günther, "Entwicklung und Verbreitung des Peyote-Kultes," *Bässler Archiv,* 15, Hamburg, 1931, pp. 59-144.

104 베네딕트의 논문 2.

번즐의 논문 1, p. 482에서 인용.

105 Stevenson, Matilda Cox, *Thirtieth Report of the Bureau of American Ethnology,* p. 89.

108 선인장 결사의 입회식에 관해서는 쿠싱의 논문 3, 제4권, pp. 31-32를 참조할 것.

불의 결사의 입회식에 관해서는 같은 책, pp. 30-31과 스티븐슨의 논문 1, p. 526을 참조할 것.

110 Lawrence, David Herbert, *Mornings in Mexico,* New York, 1928, pp. 109-10.

110-111 제단(祭壇) 위에서 춤을 추는 코라 족의 윤무에 관해서는 Preuss, Konrad Theodor, *Die Nayarit Expedition,* Leipzig, 1912, p. 55를 참조할 것.

호피 족의 춤에 관해서는 Voth, H. R., "Oraibi Summer Snake Ceremony," *Field Columbian Museum Publication,* no. 83, Chicago, 1903, p. 299를 참조할 것.

116 번즐의 논문 1, p. 480에서 인용.

119 Malinowski, Bronislaw, *Sex and Repression in Primitive Society,* London, 1927.

Junod, Henri A., *Story of a South African Tribe,* I, Neuchâtel, 1912, pp. 73-92. 이것은 바통가(Bathonga)에 관한 서술이다.

121 베네딕트 논문 1, 제2권에 수록된 이 전설은 1850년경에 일어났던 한 사건에 기초한 것으로서 그 가족의 딸이 이야기한 것이다. 번즐의 논문 4,

pp. 35-38 참조.

124 질투와 관련된 문화적 논의에 관해서는 Mead, Margaret, "Jealousy, Primitive and Modern," *Woman's Coming of Age,* Schmalhausen, S. D. and Calverton, V. F. 편, New York, 1931을 참조할 것.

126 Parsons, Elsie Clews, "Isleta, New Mexico," *Forty-Seventh Annual Report of the Bureau of American Etnology,* pp. 248-50 ; Goldfrank, Esther Schiff의 원고.

128 죽은 아내에 대한 기도에 관해서는 번즐의 논문 2, p. 632를 참조할 것.

129 대평원 인디언들의 상중의 행위에 관해서는 Grinnell, George Bird, *The Cheyenne Indians,* II, Yale University Press, 1923, p. 162를 참조할 것.
초상을 당한 사람이 무덤을 떠나지 않으려는 행위에 관해서는 같은 책, Ⅱ, p. 162 참조.
무덤으로 계속 찾아가는 행위에 관해서는 Donaldson, Thomas, "The George Catlin Insian Gallery in the U.S. National Museum," p. 277을 참조할 것.
또한 (Smithsonian Institution), *Report of the Board of Regents of the Smithsonian Institution to July,* Part V, Washington, 1886, p. 1885도 참조할 것.
다코타 족의 상중의 행위에 관해서는 Deloria, Ella의 원고를 참조할 것.

130 여기서의 인용문은 Denig, Edwin T., "The Assiniboine," *Forty-Sixth Annual Report of the Bureau of American Ethnology,* Washington, 1930, p. 573에서 인용한 것이다.
이러한 이상(異常) 상태에 관한 논의는 이 책의 제7장을 볼 것.

131 번즐의 논문 2, pp. 679-83.

133 Grinnell, George Bird, *The Cheyenne Indians,* ⅱ, New Haven, 1923, p. 8-22.

134 머리 가죽 춤에서의 어릿광대에 관한 것은 같은 책, pp. 39-44를 참조할 것.

135 베네딕트의 논문 1.

139 Bourke, John J., "Notes on the Cosmology and Theogony of the Mojave Indians of the Rio Grande, Arizona," 175, *Journal of American Folklore,* II,

1889, pp. 169-89.

141 호피 족의 다산(多産)의 상징에 관한 예는 Haeberlin, H. K., "The Idea of Fertilization in the Culture of the Pueblo Indians," *Memoirs of the American Anthropological Association,* III, no. 1, 1916, pp. 37-46을 참조할 것.

142 페루에서 행해지는 남녀간의 경쟁에 관해서는 Arriaga, P. J., *Extirpacion de la Idolatria del Peru,* Lima, 1621, p. 36을 볼 것.

143 주니 족의 성에 대한 그릇된 해석의 극단적인 예에 관해서는 Parsons, Elsie Clews, "Winter and Summer Dance Series in Zuñi in 1918," *University of California Publications in American Archeology and Ethnology,* 17, no. 3, 1922, p. 199를 볼 것.
    쿠싱의 논문 1, pp. 379-81.

144 "상냥하고도 훈계적인 방법"이라는 말은 번즐 박사가 한 말이다. 번즐의 논문 3, p. 846 참조.

144-45 이 인용문들은 번즐의 논문 1, p. 486과 p. 497에서 인용한 것이다.

146 주니 족의 태도에는 체념이 없다는 인용문은 번즐의 논문 1, p. 486에서 인용한 것이다.
    의식(儀式)에 관한 발췌문은 번즐의 논문 2, p. 784, 646, pp. 807-08에 기초한 것이다.

## 제5장

149 이 장은 실지조사에 의한 Reo F. Fortune의 책인 *The Sorcerers of Dobu,* New York [and London], 1932를 기초로 하였다. 현재 이 장은 단지 포춘 박사의 전체 보고서를 요약한 것에 지나지 않는다. 또한 특별한 문제에 관해서는 이해를 돕기 위하여 참고로 페이지를 적어놓았다.

156 도부 족의 토템에 관해서는 포춘의 책, pp. 30-36 참조.

158 마누스 섬 사람들의 결혼에 관해서는 Mead, Margaret, *Growing up in New Guinea,* London, 1930을 볼 것.

164 이 인용문은 포춘의 책, p. 16에서 인용한 것이다.

165 밭의 의식에 관해서는 포춘의 책, pp. 106-31을 참조할 것.

166 이 주문은 요약된 것이다. 포춘의 책, pp. 139-40을 볼 것.

172 바다(vada)에 관한 설명은 포춘의 책, pp. 158-64를 보고 비교 자료로는 pp. 284-87을 볼 것.

173 Malinowski, Bronislaw, *Argonauts of the Western Pacific,* London, 1992. 쿨라의 경제적 배경에 관해서는 포춘의 책, pp. 200-10을 참조할 것.

178-79 포춘의 책, pp. 216-17.

180 배우자가 죽었을 때의 상중 의례에 관해서는 포춘의 책, p. 11, 57, 194를 참조할 것.

183 인용문은 포춘의 책, p. 11에서 인용함.

183-85 포춘의 책, pp. 197-200.

185 초상이 났을 때 오고가는 음울하고 의심이 담긴 이야기에 관해서는 포춘의 책, p. 23을 참조할 것.

186 포춘의 책, p. 170.
    얍에 관한 이러한 행동에 관해서는 포춘의 책, p. 222를 참조할 것.

187 포춘의 책, p. 78.

190 포춘의 책, p. 85.

191 포춘의 책, p. 109.

## 제6장

193 다음은 Franz Boas가 콰키우틀 족에 관해서 쓴 글 중에서 가려서 뽑은 참고 문헌이다.

 1. "The Social Organization and Secret Societies of the Kwakiutl Indians," *Report of the U.S. National Museum for 1895,* Washington, 1897, pp. 311-738.

 2. Boas, Franz and Hunt, George, "Kwakiutl Texts," *The Jesup North Pacific Expedition,* III, *Memoirs of the American Museum of Natural History,* New York, 1905.

 3. "Ethnology of the Kwakiutl," 2 vols., *Thirty-Fifth Annual Report of the Bureau of American Ethnology*, Washington, 1921.

 4. "Contributions to the Ethnology of the Kwakiutl," *Columbia University Contributions to Anthropology*, III, New York, 1925.

 5. "The Religion of the Kwakiutl Indians," vol. II, *Columbia University*

*Contributions to Anthropology,* X, New York, 1930.

196-97  인용문은 보아스의 논문 1, p. 446에서 인용함.

　　　　같은 논문, p. 513, 467.

197  비밀 결사의 행위에 관한 것은 보아스의 논문 1에 묘사되어 있다.

　　　　같은 논문, p. 459.

197-98  식인 무용에 관한 것은 같은 책, pp. 437-62, 500-44를 참조할 것.

201  엑소시즘에 관해서는 보아스의 논문 3, p. 1173을 참조할 것.

208  벨라 쿨라 족의 동족혼(同族婚)에 관해서는 Boas, Franz, "The Mythology
of the Bella Coola Indians," 125, *Publications of the Jusup North Pacific
Expedition* I, *Memoirs of the American Museum of Natural History,*
New York, 1898, pp. 25-127을 참조할 것.

209  "우리는 재산으로 승부를 결정한다"에 대해서는 보아스의 논문 1, p. 571
을 참조할 것.

209-11  보아스의 논문 3, p. 1291, 1290, 848, 857, 1281.

212-13  같은 논문, p. 1288, 1290, 1283, 1291,

214  보아스의 논문 1, p. 622.

216-17  같은 논문, pp. 346-53.

218-20  Hunt, George, "The Rival Chiefs," *Boas Anniversary Volume,* New
York, 1906, pp. 108-36.

221  보아스의 논문 3, p. 744.

221-22  보아스의 논문 1, p. 581.

223  보아스의 논문 4, pp. 165-229.

224  보아스의 논문 1, pp. 359 이하, 421 이하.

227  같은 논문, p. 422.

227  인용문은 같은 논문, p. 424에서 인용함. 결혼 경쟁에 관해서는 같은 논
문, p. 473을 참조할 것.

　　　　보아스의 논문 3, p. 1030.

228-29  보아스의 논문 1, p. 366.

229  보아스의 논문 3, p. 1075.

　　　　보아스의 논문 3, pp. 1110-17.

230  보아스의 논문 2, p. 441 등

232 "정령이 명하는 바에 따라서"는 보아스의 논문 3, p. 740을 참조할 것.
　　샤먼이 특권을 과시하는 것에 관해서는 보아스의 논문 5, p. 18, 30을 참조할 것.

233 샤먼의 경쟁자를 죽이는 것에 관해서는 보아스의 논문 5, pp. 31-33을 참조할 것.

234 샤먼의 염탐꾼에 관해서는 보아스의 논문 5, p. 15, 270을 참조할 것.
　　같은 논문, pp. 277-88.

235 같은 논문, p. 271.

236 뒤집힌 카누에 관해서는 보아스의 논문 4, p. 133을 참조할 것.
　　파괴된 식인 결사의 가면에 관해서는 보아스의 논문 1, p. 600을 참조.
　　도박에 탐닉하다가 파산한 사람에 관해서는 보아스의 논문 2, p. 104를 참조할 것.

237 "미친 짓"에 관해서는 보아스의 논문 3, p. 709를 참조할 것.
　　이러한 인두 사냥에 관해서는 보아스의 논문 3, p. 1385를 참조할 것.
　　같은 논문, p. 1363.

238 보아스의 원고.

239 보아스의 논문 3, pp. 1093-1104.

242 Mayne에서 인용한 것. Boas, Franz, "Tsimshian Mythology," *Thirty -Fifth Annual Report of the Bureau of American Ethnology,* Washington, 1916, p. 545.
　　보아스의 논문 1, p. 394.

제7장

252 Durkheim, Émile, *Les Règles de la méthode sociologique,* 제6판, Paris, 1912. Kroeber, Alfred Louis, "The Superorganic," *American Anthropologist,* n. s., XIX, 1917, pp. 163-213.
　　이 논쟁에 관한 것은 Folsom, J. R., *Social Psychology,* New York, 1931, pp. 296 이하를 볼 것.
　　"집단의 허구성"에 대한 비판에 관한 것은 Allport, Floyd Henry, *Social Psychology,* Boston, 1924를 참조할 것.

254 Rivers, William Halse Rivers, "Sociology and Psychology," *Psycholoy and*

*Ethnology,* London, 1926.

257 Murphy, Gardner, *Experimental Psychology,* p. 375.

261 보아스의 논문 5의 p. 202와 논문 3의 p. 1309. 앞의 장에서 나왔던 완전한 제목을 볼 것.

264 Westermarck, Edward Alexander, *History of Human Marriage,* 3 vols, 제 5판, London, 1921.

### 제8장

275 Sumner, William Graham, *Folkways,* Boston, 1907.

278 Jones, William, "Mortuary Observances and the Adoption Rites of the Algonkin Foxes of Iowa," 271-77. *Quinzième Congrès International des Américanistes,* Quebec, 1907, pp. 273-77.

279 대평원 인디언들의 상중의 관습에 관해서는 위의 책, p. 282를 볼 것.

280 Fortune, Reo F., *Sorcerers of Dobu,* London, 1932, p. 54.

282 흑주술사 사건에 관한 주니 족의 설명에 관해서는 Bunzel, Ruth L., *Publications of the American Ethnological Society,* XV, New York, 1933, pp. 44-52를 볼 것.

284-86 주니 족의 각양각색의 남녀추니에 관한 묘사는 Parsons, Elsie Clews, "The Zuñi Lámana," *American Anthropologist,* n. s. 18, 1916, pp. 521-28을 볼 것.

스티븐슨 부인이 웨-화(We-wha)에 대해서 기술한 것으로는 Stevenson, Mathilda Cox, "The Zuñi Indians," *Twenty-Third Annual Report of the Bureau of American Ethnology,* p. 37, pp. 310-31, p. 374를 참조할 것.

285 Deloria, Ella의 원고.

287-92 Benedict, Ruth, "Culture and the Abnormal," *Journal of General Psychology,* 1934, I, pp. 60-64에서 인용함.

287-88 Dixon, Roland Burrage, "The Shasta," *Bulletin of the American Museum of Natural History,* XVII, New York, 1907, pp. 381-498.

289 적당한 요약본으로서 Czaplicka, M. A., *Aboriginal Siberia,* Oxford, 1914 를 참조할 것.

Callaway, Canon H., "Religious System of the Amazulu," *Publications of the Folklore Society,* XV, London, 1884, pp. 259 이하.

292 Sapir, Edward, in *Journal of Abnormal and Social Psychology,* XXVII, 1932, p. 241.

293 Dewey, John, *Human Nature and Conduct,* New York, 1922.

295 Lynd, Robert and Helen, *Middletown,* New York, 1929.

299 이러한 인물들의 성격은 메이 싱클레어와 안톤 파블로비치 체호프의 소설 과 단편들에서 인기가 있는 주제들이다.

# 찾아보기

322 문화의 패턴